機械工学入門シリーズ

機械材料入門

第3版

佐々木雅人 著

Ohmsha

本書を発行するにあたって，内容に誤りのないようできる限りの注意を払いましたが，本書の内容を適用した結果生じたこと，また，適用できなかった結果について，著者，出版社とも一切の責任を負いませんのでご了承ください．

本書に掲載されている会社名・製品名は一般に各社の登録商標または商標です．

本書は，「著作権法」によって，著作権等の権利が保護されている著作物です．本書の複製権・翻訳権・上映権・譲渡権・公衆送信権（送信可能化権を含む）は著作権者が保有しています．本書の全部または一部につき，無断で転載，複写複製，電子的装置への入力等をされると，著作権等の権利侵害となる場合があります．また，代行業者等の第三者によるスキャンやデジタル化は，たとえ個人や家庭内での利用であっても著作権法上認められておりませんので，ご注意ください．
本書の無断複写は，著作権法上の制限事項を除き，禁じられています．本書の複写複製を希望される場合は，そのつど事前に下記へ連絡して許諾を得てください．

出版者著作権管理機構
（電話 03-5244-5088, FAX 03-5244-5089, e-mail：info@jcopy.or.jp）

JCOPY ＜出版者著作権管理機構 委託出版物＞

はしがき

　地球上にはさまざまな物質が存在しています．私たちは，それらの物質から材料をつくりあげ，自動車，飛行機，建築物などの大型のものから，冷蔵庫，洗濯機，電子レンジなど身近なものまで，たくさんの機械に囲まれて生活を送っています．従来，機械材料というと鉄鋼やアルミニウムが主要材料でしたが，機械工業や科学技術の進歩にともない，金属以外の材料でも機械がつくられるようになりました．また，機械材料の品質が一段と進歩して，機械の性能も大幅に向上しました．

　"ものづくり"は材料をよく知ることから始まるといいます．材料の選択にあたって，その性質や特長をどれだけ知っているかにより，材料を適材適所で利用することができ，それによってより優秀な工業製品をつくりあげることができます．

　そのためには，材料の素材にどのようなものがあり，機械材料としてどのようにつくられているか，また，どのようなところで使われているかなどを学び，知識を身につけることが，機械材料の学習の基本です．

　本書では，従来の金属材料，非金属材料から近年の複合材料，機能性材料まで，機械材料の全般を系統的にまとめ，"ものづくり"の基礎知識として必要な，材料の製法，特性，加工上の要点，用途などについて具体的に解説しました．

　また，材料学の難解な理論の記述は避けるとともに，図，表，写真を多くとり入れて，できるだけやさしく解説し，機械材料を初めて学習する皆さんに理解していただけるように努めました．

　なお，本書は初版を発行してから13年が経ちましたが，その間，2010年に第2版を刊行し，JIS材料規格の改正にともなう改訂や，金属材料記号の表し方などについて増補をしたものの，小規模改訂にとどまりました．

　このたび，第3版を刊行するに当たって，あらためて全編にわたる見直しを行うとともに，鉄鋼，非鉄金属，非金属各材料や機能性材料に関し，ここ10数年の間に開発され，実用化された新しい材料の知見を増補して，内容の充実を図りました．あわせて最新のJISにもとづいて，材料試験を含め，多くの材料規格関係を改訂しました．

　本書が機械材料を学ぶ方々の第一歩として，少しでも学習の役に立てば，筆者にとっ

てこれほど大きな喜びはありません．

　おわりに，本書をまとめるにあたり，数多くの文献などから，図表その他を引用・参考にさせていただいたことに対し，深く感謝申し上げます．また，出版にあたりご尽力いただいたオーム社書籍編集局の皆さんのご支援に対し，厚く御礼申し上げます．

　2018年10月

著　者

目次

1章 機械材料について

- **1·1** 金属材料と非金属材料 ･･････････････････････････････････ 001
- **1·2** 金属と合金 ･･･ 002
- **1·3** 特殊材料 ･･･ 003
- 1章 練習問題 ･･･ 004

2章 金属材料の性質

- **2·1** 金属の特徴 ･･･ 005
  - 1. 金属の一般的性質 *005*　2. 平衡状態図 *013*
  - 3. 金属材料の加工性 *017*
- **2·2** 材料試験 ･･･ 020
  - 1. 引張試験 *020*　2. 曲げ試験 *022*　3. 硬さ試験 *023*
  - 4. 衝撃試験 *027*　5. 疲れ試験 *028*　6. ねじり試験 *029*
  - 7. 火花試験 *029*　8. クリープ試験 *030*
  - 9. 金属組織試験 *030*　10. 非破壊試験 *031*
- 2章 練習問題 ･･･ 032

3章 鉄と鋼

- **3·1** 鉄鋼の製法と分類 ･･･････････････････････････････････････ 033
  - 1. 鉄鋼の製法 *033*　2. 鋼の5元素とその作用 *038*

  3．鋼材　*039*　　4．鉄鋼の分類　*040*
 3・2　炭素鋼の組織と性質 ･･････････････････････････････････････ 041
  1．炭素鋼の変態とその組織　*041*　　2．炭素鋼の機械的性質　*046*
 3・3　炭素鋼の熱処理 ･･ 047
  1．熱処理後の組織　*048*　　2．熱処理の種類　*050*
  3．等温変態の熱処理とその方法　*052*　　4．鋼の表面硬化　*054*
 3・4　炭素鋼の種類と用途 ･･････････････････････････････････････ 057
  1．構造用炭素鋼　*057*　　2．工具用炭素鋼　*059*
 3章　練習問題･･ 059

4章　合金鋼

 4・1　合金鋼の性質と種類 ･･････････････････････････････････････ 061
 4・2　機械構造用合金鋼 ･･･････････････････････････････････････ 062
  1．強靭鋼　*062*　　2．H鋼　*066*　　3．高張力鋼　*068*
  4．低温用鋼　*068*　　5．窒化鋼　*068*
 4・3　工具用合金鋼 ･･･ 068
  1．合金工具鋼　*068*　　2．高速度工具鋼　*070*
 4・4　耐食・耐熱用鋼 ･･ 072
  1．鉄鋼の腐食　*072*　　2．鉄鋼の防食法　*073*
  3．ステンレス鋼　*075*　　4．耐熱鋼　*078*
 4・5　特殊用途鋼 ･･･ 081
  1．快削鋼　*081*　　2．ばね鋼　*082*　　3．軸受鋼　*083*
  4．けい素鋼　*084*
 4章　練習問題･･ 084

5章　鋳鉄

 5・1　鋳鉄の成分と組織 ･･････････････････････････････････････ 085
  1．鋳鉄の製法　*085*　　2．鋳鉄の組織　*086*
  3．鋳鉄の状態図　*088*　　4．マウラーの組織図　*090*
  5．各種元素の働き　*091*　　6．黒鉛の形状と分布　*092*

- **5･2 鋳鉄の性質** ··· 093
  1. 鋳鉄の成長　*094*　　2. 鋳鉄の収縮　*094*
  3. 鋳鉄の機械的性質　*095*
- **5･3 鋳鉄の分類** ··· 096
  1. ねずみ鋳鉄　*096*　　2. 可鍛鋳鉄　*097*
  3. 球状黒鉛鋳鉄　*100*　　4. チルド鋳鉄　*101*
  5. 合金鋳鉄　*102*
- **5･4 鋳鋼** ··· 103
  1. 炭素鋼鋳鋼　*104*　　2. 合金鋼鋳鋼　*104*
- 5 章 練習問題 ·· 105

6章　非鉄金属材料

- **6･1 アルミニウムとその合金** ··· 107
  1. アルミニウムの製造と性質　*107*　　2. アルミニウム合金　*109*
- **6･2 マグネシウムとその合金** ··· 117
  1. マグネシウムの製錬と性質　*117*　　2. マグネシウム合金　*118*
- **6･3 チタンとその合金** ··· 120
  1. チタンの製造と性質　*120*　　2. 純チタン　*122*
  3. チタン合金　*122*
- **6･4 銅とその合金** ··· 124
  1. 銅の製錬と性質　*124*　　2. 純銅　*126*　　3. 銅合金　*127*
- **6･5 ニッケルとその合金** ·· 135
  1. ニッケルの製造と性質　*135*　　2. ニッケル合金　*136*
- **6･6 亜鉛・鉛・すずとその合金** ·· 138
  1. 亜鉛とその合金　*138*　　2. 鉛とその合金　*139*
  3. すずとその合金　*140*　　4. 白色合金　*140*
- **6･7 貴金属** ·· 142
  1. 金とその合金　*143*　　2. 銀とその合金　*143*
  3. 白金とその合金　*144*
- **6･8 希有金属** ··· 144
  1. ジルコニウムとその合金　*144*　　2. ベリリウムとその合金　*145*
  3. タンタルとその合金　*145*　　4. ニオブとその合金　*145*

    5. タングステンとその合金　*146*　　6. モリブデンとその合金　*146*
    7. コバルトとその合金　*146*　　8. ストロンチウムとその合金　*147*
    9. インジウムとその合金　*147*
  6 章　練習問題 ··· 148

7章　非金属材料

7・1　セメント，コンクリート ··· 149
    1. セメントの製造　*149*　　2. セメントの分類　*150*
    3. コンクリートの製造と性質　*151*　　4. コンクリートの種類　*152*
7・2　耐火材および断熱材 ··· 153
    1. 耐火材　*153*　　2. 断熱材　*155*
7・3　ガラス ··· 156
    1. ガラスの製造　*156*　　2. ガラスの性質　*156*
    3. ガラスの種類　*157*
7・4　研削材料 ··· 157
    1. 研削材，研磨材　*157*　　2. 研削砥石　*159*
7・5　セラミックス ··· 161
    1. 旧セラミックスとファインセラミックス　*161*
    2. ファインセラミックスの製造　*161*
    3. ファインセラミックスの性質　*162*
    4. ファインセラミックスの種類　*162*
7・6　プラスチック ··· 163
    1. プラスチックの原料　*164*　　2. プラスチックの性質　*164*
    3. 熱可塑性プラスチック　*165*　　4. 熱硬化性プラスチック　*167*
    5. バイオプラスチック　*169*
7・7　ゴム ··· 169
    1. ゴムの製造　*169*　　2. ゴムの性質　*170*
    3. ゴムの種類　*170*
7・8　木材 ··· 172
    1. 木材の構造　*173*　　2. 木材の含水率　*173*
    3. 木質材料の種類　*174*
  7 章　練習問題 ··· 176

8章 複合材料

8·1 複合材料の分類 ·· 177
   1. 母材による分類 *177*　2. 強化材による分類 *178*
8·2 複合材料の種類 ·· 179
   1. FRP *179*　2. FRM *180*　3. FGM *181*
   4. クラッド材 *181*　5. ナノコンポジット *183*
   6. C/C コンポジット *183*　7. SAP 合金 *183*
   8. ODS 合金 *183*
8 章 練習問題 ·· 184

9章 機能性材料

9·1 金属間化合物 ·· 185
9·2 形状記憶合金 ·· 186
   1. 形状記憶効果と超弾性効果 *186*
   2. 形状記憶合金の原理 *187*
   3. 形状記憶合金の種類と使われ方 *187*
9·3 アモルファス合金 ·· 188
   1. アモルファス合金の製造 *188*
   2. アモルファス合金の性質 *189*
   3. アモルファス合金の種類と使われ方 *189*　4. 金属ガラス *189*
9·4 水素吸蔵合金 ·· 190
   1. 水素吸蔵合金のメカニズム *190*
   2. 水素吸蔵合金の種類 *191*
9·5 制振合金 ·· 191
   1. 複合型制振合金 *192*　2. 強磁性型制振合金 *192*
   3. 転位型制振合金 *193*　4. 双晶型制振合金 *193*
9·6 超塑性合金 ·· 193
   1. 微細結晶粒超塑性合金 *193*　2. 変態超塑性合金 *194*
9·7 超伝導材料 ·· 194

    1. 超伝導の歴史　*195*　　2. 超伝導体の特性　*195*

    3. 高温超伝導体　*195*　　4. 超伝導材料　*196*

9·8 磁性材料 ··· 197

    1. 硬磁性材料　*197*　　2. 軟磁性材料　*198*

    3. 磁性記録材料　*198*

9·8 発泡金属 ·· 199

9 章　練習問題 ·· 199

■ 付録 ·· 201

  付 1　金属材料記号の構成と表し方　*201*

  付 2　主要金属材料の用途例　*205*

■ 練習問題解答 ··· 209

■ 索引 ·· 215

1 機械材料について

　私たちが生活している地球上のすべての物質は元素からできている．その数は100種類を超えていて，それらを互いに組み合わせて種々の材料がつくられ，さまざまな機械材料として使われている．

　機械で造られた構造物（図1・1）や建築物をはじめとし，自動車，鉄道車両，船舶，航空機などの乗物，家庭内での生活用品にも機械材料が使われていて，その数は無数であり，人間の生活にはなくてはならない材料である．

　機械材料は工業のあらゆる分野で使われているため**工業材料**（industrial materials）と呼ぶこともある．

図1・1　機械構造物

1・1　金属材料と非金属材料

　機械材料はその性質から**金属材料**（metallic materials），**非金属材料**（non metallic materials），**特殊材料**と大きく三つに分けることができ，使用目的からは**構造材料**と**機能性材料**に分けられる．金属材料は**鉄鋼材料**と**非鉄金属材料**に分けられ，鉄，銅，アルミニウムなどが主要な部分を構成する材料として使われている．また非金属材料は**高分子材料**と**無機材料**とに分けられ，プラスチック，セラミックス，ゴム，ガラスなどが，それぞれの特性を生かして各所に使われている．さらに，これらの材料を組み合わせてつくられる**複合材料**や機能性材料などの特殊材料と呼ばれるものがある．

　機械材料の中でおもに使用されているものは，大部分が金属材料であったが，化学工業が発達している現在では，セラミックスやプラスチックなどの非金属材料も金属材料に代わり，主要な機械部品として使用されている．これらの材料はそれぞれが特徴を

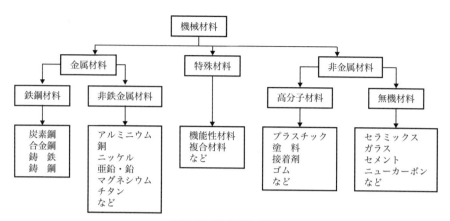

図 1・2　機械材料の分類

もっているため，使用するときはその材料の性質をよく把握する必要がある．

図 1・2 は機械材料の分類を示したものである．

1・2　金属と合金

　機械材料として使われている金属は，単体の金属としては強さや硬さが不十分なため，そのままで使用することはほとんどなく，単体の金属に他の金属や非金属を溶かし合わせて使われている．このように 2 種以上の金属や，非金属を溶かし合わせ，金属的な性質を示す物質を**合金**（alloy）という．

　合金をつくる各元素を**成分**（component）といい，その成分の割合を**組成**（composition）という．二つの成分元素からできている合金を**二元合金**（binary alloy）または**二成分合金**と呼び，原理的には 3000 種以上の二元合金があり，元素の混ざり方により固溶体合金，包晶合金，共晶合金，編晶合金などがある．さらに，三つの成分からできている合金を**三元合金**（ternary alloy）といい，多成分からなる合金を**多元合金**という．

　機械材料として使用される金属はほとんどが合金なため，合金の種類は多く実用的には千数百種あり，その性質も多様である．機械材料として使用されている合金を分類すると，以下のようになる．

① 鉄合金 … 鋼，ステンレス鋼，マルエージング鋼など．
② 銅合金 … 黄銅，青銅，丹銅など．
③ アルミ合金 … ジュラルミン，シルミンなど．

④ ニッケル合金 … ハステロイ，モネル，パーマロイなど．
⑤ その他 … はんだ，ウッドメタル，活字合金など．

また，金属の一般的性質は次のようになる．
① 常温では固体であり，結晶体である（水銀を除く）．
② 一般に不透明で，金属特有の光沢をもっている．
③ 電気や熱の良導体である．
④ 塑性変形の能力が大きく加工しやすい．

以上のほかに，機械材料として使われる金属材料は，弾性，延性，展性，塑性，硬さ，クリープ，じん性などの機械的性質をもっている．これらの性質は，合金の成分や配合割合を変えることにより調節することができる．しかし，一つの材料ですべての要求を満たすようなものはないので，金属材料を使用する場合は，金属材料の性質や特徴をよく理解して使用することが大切である．

1・3 特殊材料

省資源，省エネルギー，クリーンエネルギーなど，地球環境への負荷を減らそうという言葉がよく使われている．機械材料の世界にも，地球にやさしい材料，エコロジーを念頭においた材料が定着してきている．

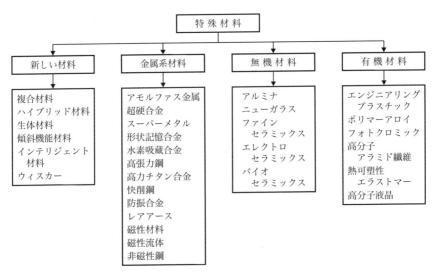

図 1・3 特殊材料の分類

これまでの構造材料に対し 2 種以上の異なる素材（金属材料，合成樹脂，無機質材料など）を組み合わせて，単体では得られない（単体での短所を補う）特性，機能をもった複合材料（8 章）や，特殊な機能を材料にもたせた機能性材料（9 章）など，また，材料自身がセンサー機能をもち，外部の変化に材料自身が適応するような知能材料など，新しい考えの材料が開発されてきていて，今後も高度な機能性の追求や技術開発にともない新素材が発展していくであろう．

図 1·3 は特殊材料の分類を示したものである．

1章 練習問題

問題 1. 機械材料を分類してみよ．
問題 2. 金属の一般的性質をあげなさい．
問題 3. おもな合金を述べよ．

2

金属材料の性質

　金属は特有の光沢をもち，電気や熱をよく通す性質がある．また，叩いて薄く箔状にひろげられる性質（**展性**：malleability）や，引張って細く引き伸ばせる性質（**延性**：ductility）などもある．金属は，この性質を利用することによって形をさまざまなものに変え，私たちの生活に幅広く利用されている．

　たとえば金などは，1 g のものを，厚さ 0.0001 mm の金箔にしたり，長さ約 3000 m の線にすることができる．また，アルミニウムも展延性の大きい金属で，アルミニウム箔などとして広い範囲で使われている．図 2·1 は厚さ 12 μm（マイクロメートル）のアルミニウム箔である．

　このように金属に展延性があるということは，金属を構成している原子が移動するためである．

　この章では金属の性質や特徴について述べたい．

図 2·1　アルミニウム箔

2·1 金属の特徴

1. 金属の一般的性質

（1）**結晶構造**　物質は，原子の集合状態によって，固体，液体，気体に分類することができ，金属は多数の原子が結合したものである．固体の中で原子や分子が規則正しく配列しているものを**結晶体**（crystal）といい，原子や分子が不規則に配列しているガラスのようなものを**非晶体**（amorphous）という．

　金属は固体の状態では結晶体であり，金属を構成している原子や分子の配列の状態のことを**結晶構造**（structure of crystal）という．金属内の原子や分子はたがいに接近しあってならび，一部の例外を除きそれぞれの金属によって決まった結晶構造をもってい

る．結晶構造の結晶粒をX線で見てみると，結晶内では原子が立体的に規則正しく配列している．

このように結晶内の規則正しい原子配列を**結晶格子**（crystal lattice）または**空間格子**といい，ほとんどの金属は，**面心立方格子**（fcc：face-centered cubic lattice），**体心立方格子**（bcc：body-centered cubic lattice），**稠密**（ちゅうみつ）**六方格子**（hcp：hexagonal close-packed lattice）の3通りに含まれていて，結晶格子によって性質が異なる．

（a）**面心立方格子** 図2・2（a）に示すように，立方体の各隅と各面の中心に1個ずつの原子が配列された結晶構造である．球体を最も密に積み重ねる方法で，展延性に富む多くの金属が含まれる．

（b）**体心立方格子** 図2・2（b）に示すように，立方体の各隅点とその中心に原子が配列された結晶構造である．面心立方格子の次に展延性が良好で，最も簡単な結晶構造をもつ．

（c）**稠密六方格子** 図2・2（c）に示すように，六角柱の各隅点

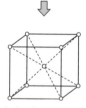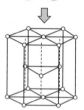

（a）面心立方格子　　（b）体心立方格子　　（c）稠密六方格子
立方体の頂点と各面の　立方体の各頂点と中心　正六角形の底面をもっ
中心に原子がある．　　に原子が位置する．　　た箱の形をしている．

図2・2　金属の結晶構造

とその中心に原子が配列された結晶構造である．展延性は良好ではない．

（2）**ミラー指数** 金属は原子の並んでいる面や方向によって性質が異なる場合がある．そのため面や方向の表示には**ミラー指数**（Miller index）が用いられている．立方格子の場合を例にして以下に説明する．

（a）**面のミラー指数**

面のミラー指数を求めるには，
① 図2・3のように座標軸（X, Y, Z）をとる．
② X, Y, Z軸との切り点（3, 2, 1）を求める．
③ 切り点の逆数（1/3, 1/2, 1）をとる．
④ 分母の最小公倍数6をかけて最小整数比（2：

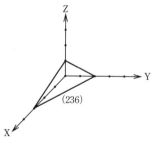

図2・3　面のミラー指数

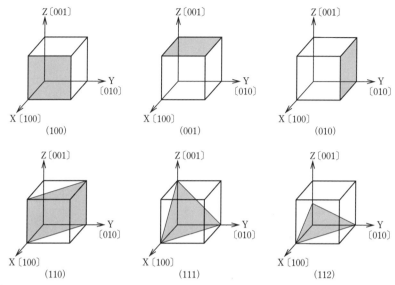

図2·4 代表的な面のミラー指数

3：6) に直す.

以上から，この面のミラー指数は (236) となる．また，面が一つの座標軸に平行な場合は0と示す．

図2·4は代表的な面のミラー指数であり，図中の (100), (001), (010) などの面は座標軸に対する相対的位置は同じなので，このような面を等価な面といい，等価な面を示す方法として {100} のように記す．

(b) 方向のミラー指数

方向のミラー指数を求めるには，

① 図2·5のように表示したい方向に平行な原点を通る直線を考える．

② 任意の1点の座標Aを選ぶと，この点の座標は121である．

③ この方向のミラー指数は〔121〕となる．

もし直線上のB点を選んでも，B点の座標は242なので，最小整数比に直せば同じ〔121〕となる．このため，この直線に平行な方向はすべて同じ指数

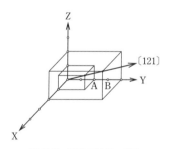

図2·5 方向のミラー指数

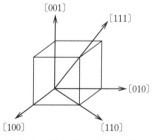

図2·6 主要なミラー指数の方向

で表すことができる.

図2・6は主要な方向のミラー指数であり,面のミラー指数同様に,座標軸に対して相対的対称性の同じ方向を等価な方向といい,図中の〔100〕,〔001〕,〔010〕は〈100〉と記す.

(3) 塑性変形 金属材料に外力を加えると,結晶粒をつくっている原子が結晶格子の定位置から動き出し,結晶粒にひずみが生じて材料が変形する.金属材料に外力を加えて変形させ,外力を取りはずすともとに戻る変形を**弾性変形**(elastic deformation)といい,外力を取りはずしても残る変形を**塑性変形**(plastic deformation)という.金属材料は一般に塑性変形しやすく,金属に塑性変形を与える加工を**塑性加工**または単に**加工**という.

金属材料の塑性変形は,結晶に外力を加えることにより,結晶をつくっている原子の配列が移動し,一定の原子面に沿って**すべり**(slip)が起きて変形する.すべりによる変形は,結晶面のうちでいちばんすべりやすい面や方向に起き,単結晶の試料の表面に肉眼でも見える縞模様が現れる.

図2・7は黄銅の表面に生じた**すべり線**(slip line)で,図2・8はすべり線の構造である.同図のように,すべり線は細かく原子面がすべっていて,すべりが生じている原子面を**すべり面**(slip plane),すべる方向を**すべり方向**(slip direction)という.

表2・1は各種金属のすべり面とすべり方向を示したものである.

また,金属の変形にはすべりによる変形のほかに**双晶**(twin)という変形がある.双晶による変形は特定の平面を境として,その面からの距離に比例しただけ原子がずれて起こるものである.

図2・9は面心立方格子の双晶変形である.点線の部分が図のように変形され,**双晶面**(twinning plane)に対して両側の原子が鏡面対称の関係になるような変形で

図2・7 黄銅表面に現れたすべり線

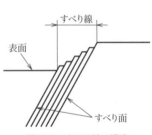

図2・8 すべり線の構造

表2・1 各種金属のすべり面とすべり方向

結晶構造	金属	すべり面	すべり方向
面心立方格子 (fcc)	Ag	{111}	〈110〉
	Cu	{111}	〈110〉
	Al	{111}	〈110〉
	Ni	{111}	〈110〉
体心立方格子 (bcc)	Fe	{110} {112} {123}	〈111〉
	Mo	{110}	〈111〉
稠密六方格子 (hcp)	Cd	{0001}	〈2$\bar{1}\bar{1}$0〉
	Zn	{0001}	〈2$\bar{1}\bar{1}$0〉
	Mg	{0001}	〈2$\bar{1}\bar{1}$0〉
	Ti	{10$\bar{1}$0}	〈2$\bar{1}\bar{1}$0〉

ある．双晶による塑性変形は，すべりによる変形ほど一般的ではなく，すべり系の少ない結晶構造のもの，衝撃的な荷重や低温における変形のときに起こりやすく，銅や黄銅は双晶変形が現れやすい．

このような変形は，いろいろな金属により決まった結晶面に起こると考えられているが，図2･10のように変形が起こっている部分は，原子の配列は正常な結晶格子ではなく，ひずんでいる．

すべりを起こすと金属は硬さが増し，すべり方向の多い金属ほど塑性変形がしやすく，強くて硬い金属ほど塑性変形させにくい．また，結晶構造としては，一般に稠密六方格子の金属は塑性変形がしにくく，面心立方格子の金属は塑性変形がしやすい．

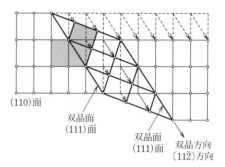

図2･9 面心立方格子の双晶変形

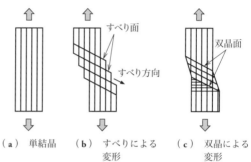

図2･10 結晶の塑性変形

（4）再結晶 金属を加熱せず常温のままで加工をする方法を**冷間加工**といい．一般に金属材料は，冷間加工をすると硬さが増し強くなるが，その反面もろくなるという性質がある．この現象を**加工硬化**（work hardening）という．これは，冷間加工によって変形が進み，結晶にひずみが起こり，変形しにくくなるからである．

加工硬化した金属材料を加熱すると，加工前に近い性質（物理的性質や機械的性質）にもどる．この現象を**回復**（recovery）という．これは，加工によって内部ひずみを受けた結晶粒が，加熱によってひずみの一部を消失して，その形のままで内部ひずみを解消するためである．

この回復を起こしている温度範囲では，金属材料の結晶のすべりは，ほとんどそのままで硬さはあまり変化しない．さらに加熱の温度を上げていくと，まだひずみの残っている結晶粒の中に，ひずみをもたない新しい結晶の核が生まれ，それが成長し，全体がひずみのない結晶粒に置き換わってくる．このような状態を**再結晶**（recrystallization）という．再結晶が起こると材料の強さや硬さは低下するが，伸びが大きくなる．再結晶の始まる温度を**再結晶温度**という．

表2･2は各種金属の再結晶温度を示す．再結晶温度は，同じ金属でも，加工度の高

いほうが低く，加工度の低いものは高くなる．

図2·11は再結晶における機械的性質の変化を示す．図からもわかるように，回復の間は温度が上がっても硬さや引張強さはあまり変化しない．しかし，再結晶の範囲では硬さは急激に低下し，伸びや絞りが大幅に向上する．

一般に再結晶温度を境として，低温側で行う加工を**冷間加工**（cold working）または**常温加工**といい，高温側で行う加工を**熱間加工**（hot working）という．冷間加工では加工硬化は起こるが，熱間加工では起こらない．

冷間加工は，加工温度と常温との差が大きくないので，機械部品や素材をつくる作業として広く行われており，寸法精度を上げることや，材質を強くすることができ，表面をきれいに仕上げることができる．

熱間加工は，再結晶温度以上に加熱するため原子の運動が活発になるので，結晶の変形に対する抵抗が少なく，同じ程度の変形をさせるのであれば，冷間加工よりも小さな力で行なえる．また，温度が高いので，材料の内部にある気泡やすきまなどが圧着されて，均質な組織になる．おもな金属材料の熱間加工の標準温度を表2·3に示す．

（5）**金属材料の状態変化** 物質の状態には，固体，液体，気体の三つがある．水から氷のように液体が固体へ，また固体から液体への状態変化が金属でも行われる．

金属を加熱すると，常温では固体で結晶格子によって規則正しく配列されている原子が，熱により運動エネルギーが増

表2·2 各種金属の再結晶温度

金　属	再結晶温度[℃]
Au（金）	約200
Ag（銀）	約200
Cu（銅）	約200
Fe（鉄）	約500
Ni（ニッケル）	530〜600
Mo（モリブデン）	約900
W（タングステン）	約1200
Sn（すず）	約0
Pb（鉛）	約0
Zn（亜鉛）	15〜50
Mg（マグネシウム）	約150
Al（アルミニウム）	約150
Pt（白金）	約450

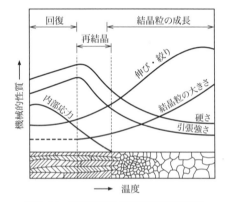

図2·11 再結晶における機械的性質の変化

表2·3 おもな金属材料の熱間加工の標準温度

金属材料	加熱温度[℃]	仕上げ温度[℃]
炭素鋼	1200	800
ステンレス鋼	1200	900
高張力鋼	1250	800
高速度工具鋼	1250	950
ばね鋼	1150	900
銅	870	750
七三黄銅	850	700
六四黄銅	750	500
Al·Cu·Mg系合金	510	400

して原子が格子点にとどまっていられなくなり，配列が乱れて結晶がくずれ，固体の状態の物質が液体の状態に変化をする．これを**融解**（melting）といい，融解するときの温度を**融点**（melting point）という．融解の行われる温度は，純金属の場合は金属の種類によって決まっている．

おもな金属の融点や物理的性質を表 2・4 に示す．

表 2・4　おもな金属材料の物理的性質

元 素	記 号	原子番号	密度（20℃）[g/cm^3]	融 点 [℃]	沸 点 [℃]	結晶構造（常温あるいは固体化した状態）
亜 鉛	Zn	30	7.133	419.5	906	稠密六方
アルミニウム	Al	13	2.699	660	2450	面心立方
アンチモン	Sb	51	6.62	630.5	1380	三方晶
金	Au	79	19.32	1063	2970	面心立方
銀	Ag	47	10.49	960.8	2210	面心立方
クロム	Cr	24	7.19	1875	2665	体心立方
コバルト	Co	27	8.85	1495	2900	稠密六方
水 銀	Hg	80	13.546	－38.36	357	三方晶
すず	Sn	50	7.2984	231.9	2270	正方晶
タングステン	W	74	19.3	3410	5930	体心立方
チタン	Ti	22	4.507	1668	3260	稠密六方
鉄	Fe	26	7.87	1536	3000	体心立方
銅	Cu	29	8.96	1083	2595	面心立方
ナトリウム	Na	11	0.9712	97.8	892	体心立方
鉛	Pb	82	11.36	327.4	1725	面心立方
ニッケル	Ni	28	8.902	1453	2730	面心立方
白 金	Pt	78	21.45	1769	4530	面心立方
マグネシウム	Mg	12	1.74	650	1107	稠密六方
マンガン	Mn	25	7.43	1245	2150	立方晶
モリブデン	Mo	42	10.22	2610	5560	体心立方

融解している金属を徐々に冷却すると，原子が運動エネルギーを失い，ある温度に達すると各原子が配列を始めて，結晶格子がつくられるようになり，液体から固体となる．液体の状態の物質が固体の状態に変わることを**凝固**（solidification）といい，凝固が始まる温度を**凝固点**（solidifying point）という．

金属を一定の速度で加熱または冷却させた場合，時間とともに変化する金属の温度を測定することを**熱分析**（thermal analysis）という．

いま，融解した金属を自然に冷却していき，経過する時間とともに一定の割合で熱を放出して，横軸に経過した時間，縦軸に金属の温度をとって測定してみると，図 2・12 のようになる．この曲線を**冷却曲線**（cooling curve）という．同図の ① から ② の区間では融液のままで冷却されることを示し，② で固体化が始まり，② から ③ の区間では，原子のもっている運動エネルギーを放出するため，全部が凝固するまでは金属その

ものの温度は変わらない．これは液体の金属が凝固するときの**潜熱**（latent heat）のためである．③では凝固が終わり固体となる．③と④の区間は，時間とともに温度が下がっていく．

固体から液体に変化してゆく，加熱の熱分析曲線もあるが，ふつうは冷却時の熱分析曲線の方が温度変化が均一なので，冷却曲線を用いている．冷却曲線は，金属の状態の変化や性質を調べるのに重要な方法である．

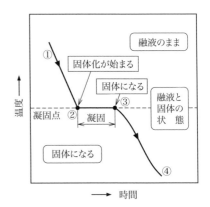

図 2・12 金属の熱分析曲線

（6）合金の組織と状態変化 合金は一つの金属に他の金属または非金属を加えてつくった材料ということは前章で述べた．純金属と同じように，合金の融液も自然に冷却していくと凝固が始まる．

合金の冷却曲線も純金属の冷却曲線とあまり変わらないが，図2・13のように，②から③の区間では温度が変化している．これは合金の場合，2種以上の元素が溶け合っているので純金属とは異なり，特定な温度では変化が終わらず，ある温度区間をもつ．

合金の凝固過程は，合金の成分や組成によって異なる．合金が冷却されて融液から固

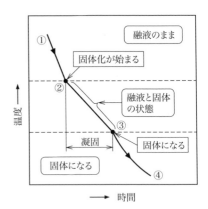

図 2・13 合金の熱分析曲線

体になるのに，いろいろな条件がすべて異なるので，純金属のように簡単ではない．一般に純金属より融点が低くなる．

融液のときに，A，B 2種の金属が完全に溶け合った合金では，固体となったその組織を顕微鏡で観察しても，A，B二つの金属を識別することはできない．これは，Aの母体金属の結晶格子にBの原子が入り込んで，全体が均一な固体となっているからである．この状態を**固溶体**（solid solution）といい，入り込むのが非金属の原子であっても，固溶体という．原子の入り込み方によって**置換型固溶体**（substitutional solid solution）と**侵入型固溶体**（interstitial solid solution）の2種がある．

図2・14に固溶体の原子配列を示すが，置換型固溶体は，固溶する金属原子が結晶格子をつくる母体金属の原子と置き換わったもので，侵入型固溶体は結晶格子のすきまに侵入したものである．二つの形の固溶体はどちらも母体金属に他の合金の原子を加え，

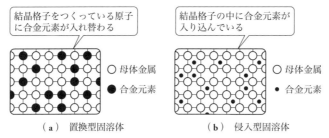

図2·14 固溶体の原子配列

結晶格子にひずみを生じさせたものであり,母体金属とは違ったものになる.一般に,母体金属に比べて,強くて硬くなり,電気抵抗が増す.金属同士では置換型固溶体を,金属と非金属では侵入型固溶体を形成しやすい.

また,母体金属元素と合金元素が化学的に結合したものを**金属間化合物**(intermetallic compound:9章9·1節参照)という.金属間化合物は,決まった結晶格子をもち,硬くてもろいため変形しにくい.半導体的性格も多いので,電気用材料としても注目されている.

2. 平衡状態図

(1) **全率固溶体型** 二つの成分元素からできている合金が二元合金である.二元合金の凝固過程は複雑ではあるが,状態図(diagram)で説明することができる.その基本である**平衡状態図**(equilibrium diagram)は,横軸に固溶する成分の量をとり,縦軸に温度をとって,成分割合により,溶けている状態から固まって常温になっている状態を表したものである.合金の性質や組織を調べたり,研究したりするのに使われる.

図2·15は熱分析曲線の冷却曲線と状態図の関係を示している.この状態図を理解することができれば,複雑な状態図も理解することができる.

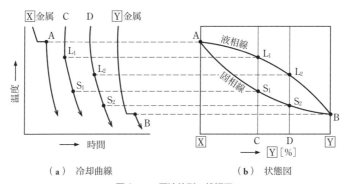

図2·15 固溶体型の状態図

いま，図2·15(a)は，$\boxed{X}$金属および$\boxed{Y}$金属と，$\boxed{X}$金属に$\boxed{Y}$金属を合金したC,D二つの金属の冷却曲線を求めている．純粋な金属$\boxed{X}$と$\boxed{Y}$は，図2·12で示したようにA,B点で凝固が起こり，温度は一定値を維持する．また，図2·13で示したように，$\boxed{X}$金属中にC%の$\boxed{Y}$金属を合金したものは，凝固開始点はL_1，終了点はS_1となり，$\boxed{X}$金属中にD%の$\boxed{Y}$金属を合金したものは，凝固開始点がL_2，終了点がS_2と温度が変化している．

これらの凝固開始点と終了点を図2·15(b)に移し，凝固の始まる温度を結ぶと，AL_1L_2B曲線となり，この線を**液相線**（liquidus）という．また，終了温度を結べばAS_1S_2B曲線が得られ，この線を**固相線**（solidus）という．液相線より上は全部が溶けて均一な液体の状態で，固相線から下は全部が凝固して固体である．液相線と固相線の間は融液と固体が共存する**凝固区間**（freezing interval）である．

このような図をX,Y二元合金の状態図という．また，この状態図は「液体状態でも固体状態でも成分元素が完全に溶け合う場合」の状態図なので，全率固溶体型と呼ぶ．機械材料として実際に使用されている金属材料は二元合金が多く，状態図にも基本的なものが多いので，本書では二元合金だけをとり上げる．

図2·16は，図2·15(b)の状態図の横軸を拡大したものである．$\boxed{X}$金属中にC%の$\boxed{Y}$金属を合金した成分割合（X,Y）を，線分$\boxed{X}$100%，$\boxed{Y}$100%上の点として示している．Zが$\boxed{X}$点に近いほど$\boxed{X}$金属が多く，$\boxed{Y}$金属の少ない割合の合金ということになる．

この量関係は，Z点を支点として，$\boxed{X}$点，$\boxed{Y}$点にそれぞれX,Yの量におもりをのせたときの，てんびんのつり合い関係と同じである．

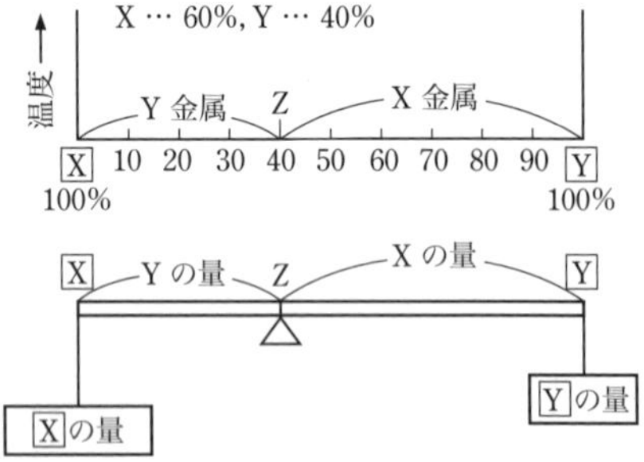

図2·16 てこの関係

つまり，合金の成分割合は

　　　$\boxed{X}$金属：$\boxed{Y}$金属＝Y（ZYの長さ）：X（ZXの長さ）

となる．このように，線分上ではX,Y合金のすべての割合の組成を表すことができる．また，その量関係は，線分の長さに置き換えて表示できる．この関係はつり合いのとれた，はかりと同じような関係であるので，**てこの関係**（lever relation）という．

（2）共晶型合金 タイプ①　融液ではお互いに完全に溶け合っている二つの成分金属が，固体状態になるとまったく溶け合わない合金がある．これは融液から固体になるときに，二つの異なる金属が**晶出**＊（crystallization）することである．すなわち，固体では二つの成分金属の細かな結晶が混ざり合っている組織となる．このように凝固時に

一つの融液から同時に，二つの固体に変化することを**共晶反応**（eutectic reaction）といい，その組織を共晶組織という．

図 2·17 は，このように共晶反応が起こる場合の状態図である．A は，X 金属の融点，B は，Y 金属の融点である．AEB 線が液相線で，E 点を**共晶点**（eutectic point）といい，E 点の示す温度を**共晶温度**という．CED が固相線（共晶線）である．

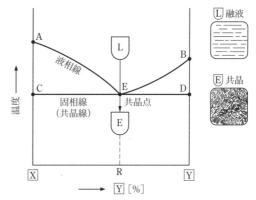

図 2·17 共晶型合金 タイプ ① の状態図（その 1）

図 2·18 も共晶型合金 タイプ ① の状態図である．いま，この図で点 Q，R，P の組成の合金を融液から固体になるまでの経過を説明する．

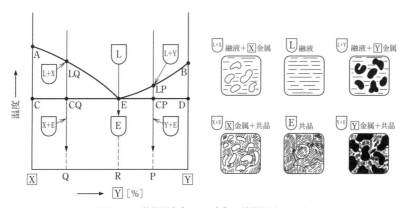

図 2·18 共晶型合金 タイプ ① の状態図（その 2）

点 Q の合金を冷却すると，点 LQ の温度で融液中の X 金属より晶出が始まる．最初に融液から晶出したものを**初晶**（primary crystal）という．さらに温度が下がると，X の晶出が進み融液の濃度は Y が増えていく．点 CQ の温度では，融液の濃度は E 点の組成になり，X 金属，Y 金属が同時に晶出して共晶組織になる．凝固が終わるまでは温度が下がらない．

点 R の組成の合金は，点 E の温度で凝固が始まり，X 金属と Y 金属が同時に晶出

---

*融液が凝固するときに結晶が出てくる現象．

し，共晶組織になる．固溶体型合金と違い，図2・19のように，Ⓧ金属とⓎ金属が混同しているだけである．

また，点Pの組成の合金を融液から冷却すると，点LPの温度

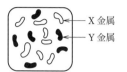

図2・19 共晶組織

で融液中のⓎ金属より晶出が始まる．点CP以降はⓍ金属とⓎ金属を入れ替えると，点Qの組成の合金の場合と同じように変化する．以上のように共晶型合金の状態図では，組成によって凝固組織が違っている．

（3） 共晶型合金 タイプ② 図2・20も共晶型合金の状態図である．タイプ①（図2・17, 図2・18）では，Ⓧ金属とⓎ金属が固体の状態ではまったく溶け合わなかったのに対し，図2・20では，Ⓧ金属の中にⓎ金属の一部が溶けてACFHの範囲内でα固溶体と，Ⓨ金属の中にⓍ金属の一部が溶けてBDGIの範囲内でβ固溶体をつくる場合である．AEBが液相線で，ACEDBが固相線（共晶線）である．

点Eは共晶点，曲線CFはⓍ金属に対してⓎ金属が固溶する限度を示す曲線で**溶解度曲線**（solubility curve）という．曲線DGはその逆である．

図2・21も共晶型合金 タイプ②の状態図である．いま，この図で点Q，Pの組成の合金が融液から固体になるまでの経過を説明する．点Q

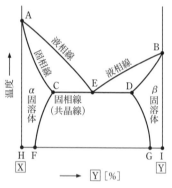

図2・20 共晶型合金 タイプ②の状態図（その1）

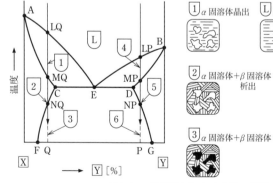

図2・21 共晶型合金 タイプ②の状態図（その2）

の合金を冷却すると点 LQ の温度で凝固が始まり，融液から α 固溶体の晶出も始まる．点 MQ の温度で凝固が終了し均一な α 固溶体となる．さらに温度が下がっても，α 固溶体は状態を変化せずに冷却されていく．点 NQ の温度になると，曲線 CF（溶解度曲線）上の点なので，α 固溶体から β 固溶体の**析出**＊（precipitation）が起きる．

さらに温度が下がると，α 固溶体の濃度は NQF 線に沿って濃度が変化する．常温では α 固溶体と β 固溶体が共存する組織になる．また，点 P の組成の合金を融液から冷却すると，点 LP の温度で凝固が始まり，融液から β 固溶体の晶出も始まり，点 MP の温度で凝固が終了する．点 MP 以降の変化は，X 金属と Y 金属を入れ替えると，点 Q の組成の合金の場合と同じように変化する．

金属を加熱したり冷却したりすると，固体から液体，液体から固体へと状態が変化する．このように，温度の高低によって結晶格子が変化して存在形態が変わることを**変態**（transformation）といい，変態の起こる温度を**変態点**（transformation point）という．したがって，融解も凝固も一種の変態現象である．図 **2・22** は二元合金の平衡状態図の基本型を示す．

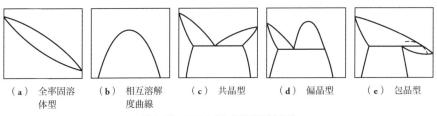

（a）全率固溶体型　（b）相互溶解度曲線　（c）共晶型　（d）偏晶型　（e）包晶型

図 **2・22**　二元合金の状態図の基本型

3. 金属材料の加工性

金属材料は，それぞれが特徴のある性質をもっている．その材料の性質や特徴をよく理解し，生かして使わなければならない．金属材料の加工も同じで，性質をよく理解した上で使用される大きさや，形状にするため加工法を選択しなければならない．加工のしやすさを示す性質を**加工性**（workability）といい，加工性には展延性，可融性，溶接性，被削性がある．加工の程度を示すものを加工度という．

（1）**展延性**　文字の通り，金属材料に力や圧を加えて板や紙のようにひろげたり（展），棒のようにのばしたり（延），曲げたりすることができる性質である．展性，延性のおかげで，薄い板や箔，細い線などに加工することができる．この性質を利用した

＊ 一つの結晶からある温度で他の結晶ができること．

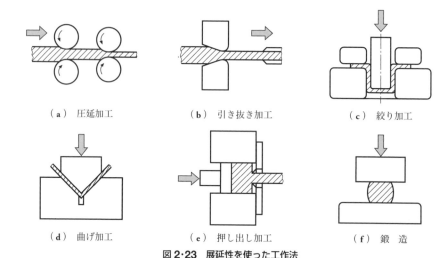

(a) 圧延加工　　(b) 引き抜き加工　　(c) 絞り加工
(d) 曲げ加工　　(e) 押し出し加工　　(f) 鍛造

図 2·23　展延性を使った工作法

工作法が**塑性加工**である．塑性加工は比較的多く用いられていて，圧延加工，絞り加工，押し出し加工，引き抜き加工，曲げ加工，鍛造，転造などがある．

図 2·23 は展延性を使った工作法を示す．図 2·24 の上のボルトは転がして塑性変形させ，**転造**（form rolling）で加工した転造ねじであり，下のねじはバイトで削りねじを加工したものである．

図 2·24　転造ねじ（上）と切削ねじ（下）

（2）　**可融性**　金属を加熱してある限度以上に温度を高めると，溶けて液体になる．このように加熱して溶かすことができる性質を**可融性**（fusibility）という．この可融性を利用した工作法が**鋳造**である．

鋳造は溶かした金属を**鋳型**（空間部分をつくる型）に流し込み製品をつくる方法で，鋳造しやすいかどうかを示す性質を**可鋳性**という．同じ成分の金属で比較した場合，鋳造でつくったものは圧延加工や鍛造でつくったものと比べると，強さはおとるが，複雑な形状のものや大きなものの加工に適していて，原材料コストや型も砂を

図 2·25　砂型での鋳込み

使っているので安価である．

図2・25はホワイトメタルを鋳型に流し込んでいるところである．

（3） **溶接性** つなぎ合わせようとする二つの材料の接合部を，局部的に熱や圧力で溶かして結合する方法を**溶接**（welding）といい，溶接しやすいかどうかを示す性質を**溶接性**という．鉄鋼材料は溶接をして使われていることが多く，用途によっては製品の性能を向上さ

図2・26　ガス溶接

せることができる．図2・26はガス溶接を利用しての結合である．

（4） **被削性** 金属材料をバイトや砥石などの刃物で削り，所定の形状に加工する際に材料の種類によって加工のしやすさが違う．削りやすいかどうかを示す性質を**被削性**（machinability）という．切削加工，研削加工などは，この性質を利用したものであり，一般に軟らかいものは削りやすく，硬いものは削りにくいといわれている．

図2・27は被削性を利用しての工作法を示す．

（a）穴あけ

（b）フライス削り

（c）旋削

（d）のこ引き

図2・27　被削性を利用した工作法

2·2 材料試験

機械や構造物をつくるときには，その材料を選ばなければならない．図 2·28 は構造物を支えている鉄鋼材料である．

これらの構造物の設計にあたっては，構造物がどこで使われるのか，どんな目的で使用されるのかを知った上で材料を選ばなければならない．使用目的に合う材料を選択するには，材料自身の性質や特徴をよく理解することである．このように材料の**機械的性質**＊（mechanical properties）を調べるために行う試験を**材料試験**という．

試験または検査方法の種類は非常に多く，引張試験，圧縮試験，曲げ試験，硬さ試験，衝撃試験，疲れ試験，金属組織試験，火花試験，ねじれ試験，非破壊試験などがある．これらの試験や試験片の形状は規格されていて，これらの試験結果により材料の機械的性質を知ることができる．

図 2·28 構造物を支える鉄鋼材料

1. 引張試験

材料に外力を加えると，その大きさに応じて抵抗力が生まれる．この抵抗力が**材料の強さ**（strength）であり，一般に強さは単位面積あたりの大きさで表す．材料の引張力に対する強さを**引張強さ**（tensile strength）といい，引張強さは**引張試験**（tension test）によって測定される．引張試験は機械的性質を求める最も重要な試験で，引張強さのほかに降伏応力，耐力，伸び，絞りなどの値を求める．

引張試験は，日本工業規格（JIS：Japan Industrial Standards）で規定された形状，寸法の引張**試験片**（図 2·29）をつくり，試験片を**万能材料試験機**（図

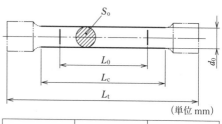

(単位 mm)

L_0：原標点距離	d_0：平行部の直径	L_c：平行部長さ
50	14±0.5	60 以上

図 2·29 引張試験片の例
（棒状試験片：**JIS Z 2241：2011**）

＊ 外力に対する材料の変形や抵抗など．

2·30, 圧縮, 曲げ試験も行なえる) に取り付ける.

材料 (試験片) を徐々に引張り, 引張荷重を増加させていくと, 最後には任意の断面で破断する. このときの切断するまでの荷重と試験片の伸びの関係を図で表すと, 図2·31のようになる. この図を荷重-伸び曲線, または荷重を応力, 伸びをひずみに変えて, **応力ひずみ曲線** (stress strain curve) といい, この図から機械的性質が計算される.

図2·31は軟鋼の試験片を引張ったときの応力ひずみ曲線であり, この図を説明する.

P点まで材料はほぼ直線的に伸び, 荷重の大きさと変形量が比例する. このP点を**比例限度** (proportional limit) という. E点を**弾性限度** (elastic limit) といい, 荷重を取り除くとまた材料が元の長さに戻る限界の点である (**弾性変形**).

さらに荷重を加えて引張ると, 荷重は増えずに伸び量だけが増える (Y_1点〜Y_3点の状態). ここでの材料 (試験片) は荷重を取り除いても元には戻らず (**塑性変形**), この現象を材料の**降伏**といい, このときのY_1点を**降伏点** (yield point) という. 降伏点後も荷重を続けて引張ると, 材料 (試験片) は局部的に伸び大きく変形をする. 荷重はM点で最大となり, M点を**引張強さ**といい, 最終的にZ点で**破断**する.

破断した試験片を丁寧につなぎ合わせて, 破断部の断面積から絞り, 伸びた長さの変形量から伸びを求めることができる.

表2·5は引張強さ, 降伏点などを求める式であり, 図2·32は破断された棒状試験片である.

降伏点は軟鋼では, はっきりと現れ

図2·30 油圧式万能試験機

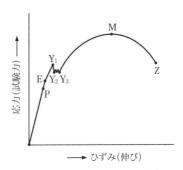

図2·31 軟鋼の応力ひずみ曲線

表2·5 応力・ひずみを求める式

引張強さ	$R_m = \dfrac{F_m}{S_0}$ [N/mm², MPa]
降伏点 (上降伏応力)	$R_{eH} = \dfrac{F_{eH}}{S_0}$ [N/mm², MPa]
破断伸び	$A = \dfrac{L_u - L_0}{L_0}$ [%]
絞り	$Z = \dfrac{S_0 - S_u}{S_0}$ [%]

〔注〕 F_m:最大試験力 [N]
F_{eH}:上降伏応力に対する最大試験力 [N]
S_0:平行部の原断面積 [mm²]
S_u:破断後の最小断面積 [mm²]
L_0:原標点距離 [mm]
L_u:破断後の最終標点距離 [mm]

るが，図 2・33 のように，アルミニウム
でははっきりと現れない．このため，あ
まりはっきりと現れない金属には，図の
ように永久ひずみを生じる 0.2% の点 A
から，ほぼ直線的に伸びる初期直線 OP
に対して平行線を引き，曲線と交わる点
B を**耐力**（proof stress）として降伏点の代わり
としている．

図 2・32　破断された棒状試験片

2. 曲げ試験

材料を規定の角度になるまで曲げ，曲げられた
部分の表面の割れや裂け傷などにより，材料の粘
り強さ（曲げに対する強さ）や，その他の欠陥を
調べるために行う試験が**曲げ試験**（bending test）
である．曲げ試験には，材料の変形能を判断する
曲げ試験と，ぜい弱な材料の曲げに
対する抵抗力を求める抗折試験の 2
種がある．

曲げ試験で用いる試験片の規格
は，形状，寸法とも JIS で決められ
ていて，1～3 号試験片がある．図
2・34 は 1 号試験片である．

引張試験などで使う万能材料試験

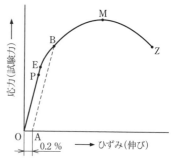

図 2・33　アルミニウムの応力
　　　　　ひずみ曲線

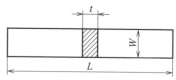

t：厚さ（もとの厚さ），W：幅（20～50 mm）
L：長さ（試験片の厚さおよび使用する試験装置による）

図 2・34　曲げ試験片の例（1 号試験片，JIS Z 2248：2014）

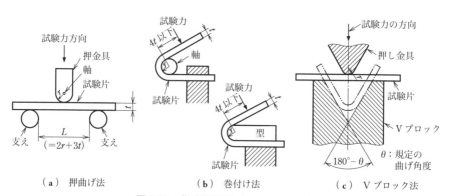

（a）押曲げ法　　　　　　（b）巻付け法　　　　　　（c）V ブロック法

図 2・35　曲げ試験方法（JIS Z 2248：2014）

機に曲げ試験用のアタッチメントを取り付け，試験機の力を反対にかけて試験を行う．

試験方法は，図 2·35 のように押曲げ法，巻付け法，Ｖブロック法の 3 種がある．図 2·36 は厚さ 4 mm の鋼材をアーク溶接して曲げ試験を行っている例である．

3. 硬さ試験

金属材料は一般に「かたい」ものといわれて

図 2·36 曲げ試験（押曲げ法）

いる．日常生活でも「かたい」という言葉をよく口にする．しかし，そのかたい（硬い）という言葉の定義は不明確である．工学上では，材料に外力（規格された形状，材質）を加えて抵抗の大小を表したものが，かたさ（**硬さ**）であり，それを測定するのが**硬さ試験**（hardness test）である．

硬さは，強さとともに材料の機械的性質を決めるのに重要な性質で，硬さがわかれば，ある程度の性質を推定することが可能で，材料試験の中では引張試験とともによく行われている．

表 2·6　硬さ試験の方法

試験方法	種類	記号
圧子を静かに材料に押し込み硬さを調べる方法	ロックウェル硬さ試験 ブリネル硬さ試験 ビッカース硬さ試験 ヌープ硬さ試験	HRC, HRB HBW HV HK
決められた高さからおもりを落とし，はね上がりの高さで硬さを調べる方法	ショア硬さ試験	HS

硬さ試験の方法は大きく二つに分けることができ，表 2·6 のように JIS で 5 種類が決められている．硬さ試験は試験時間も短く，試験機も安く手軽に行なえるが，同じ材料であっても測定方法が違うと硬さの数値も異なり，それぞれの試験の測定値は関連性がない．

（1）ロックウェル硬さ試験　ロックウェル硬さ試験（Rockwell hardness test，図 2·37）は，球圧子またはダイヤモンド圧子（図 2·38）を用いて試料に永久くぼみをつけ，そのくぼみの深さで硬さを測定する押込み硬さ試験の一種である．比較的操作が簡単であり，測定値をダイヤルゲージ（付属の硬さ指示計）から直接読みとることができるため，個人誤差や測定誤差が少なく，機械工場ではいちばん多く使われている試験である．

図 2·37　ロックウェル硬さ試験機

試験力，圧子の組み合わせによりスケールが30種類あり，最も広く用いられているのは**ロックウェルBスケールとCスケール**である．銅や鋳鉄などの軟らかい材料には，直径1/16インチ（1.5875 mm）の超硬合金球または鋼球圧子を用いてBスケールの値を読み，焼入れ鋼や超硬合金などの硬い材料には，先端0.2 mm，頂角120°のダイヤモンド圧子（図 **2·38**）を用いてCスケールの値を読みとる．

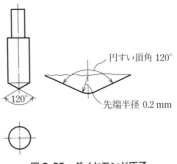

図 **2·38** ダイヤモンド圧子

試験方法は，いずれも 98.07 N（10 kgf）の基準荷重を試験面に加えた後に，試験荷重を負荷する．再び基準荷重（98.07 N）にもどし，くぼみの深さ（永久変形量）を測定（硬さ指示計に現れる）し，硬さを求める．当然であるが，軟らかい材料ほどくぼみは深く，硬い材料では深くはならない．

ロックウェル硬さ試験は B，C スケールのほかに A，D，F などがあり，表 **2·7** はロックウェル硬さ試験の種類である．

表 **2·7** ロックウェル硬さ試験の種類（JIS Z 2245：2016）

	スケール	硬さ記号	圧子	初試験力 F_0 [N]	全試験力 F [N]	硬さの定義式	適用範囲 (HR)
ロックウェル硬さ	A C D	HRA HRC HRD	先端の曲率半径 0.2 mm，円すい角 120°のダイヤモンド	98.07	588.4 1471.0 980.7	$HR = 100 - h/0.002$	20 ～ 95 20 ～ 70 40 ～ 77
	B F G	HRB HRF HRG	超硬合金球または鋼球直径 1.5875 mm		980.7 588.4 1471.0	$HR = 130 - h/0.002$	10 ～ 100 60 ～ 100 30 ～ 94
	E H K	HRE HRH HRK	超硬合金球または鋼球直径 3.175 mm		980.7 588.4 1471.0		70 ～ 100 80 ～ 100 40 ～ 100
ロックウェル硬さスーパーフィシャル	15 N 30 N 45 N	HR 15 N HR 30 N HR 45 N	先端の曲率半径 0.2 mm，円すい角 120°のダイヤモンド	29.42	147.1 294.2 441.3	$HR = 100 - h/0.001$	70 ～ 94 42 ～ 86 20 ～ 77
	15 T 30 T 45 T	HR 15 T HR 30 T HR 45 T	超硬合金球または鋼球直径 1.5875 mm		147.1 294.2 441.3		67 ～ 93 29 ～ 82 10 ～ 72

（2）ブリネル硬さ試験 ブリネル硬さ試験（Brinell hardness test, 図 **2·39**）はスウェーデンのブリネル（J.A.Brinell）によって発表された押込み硬さ試験である．超硬

合金球（10，5，2.5，1 mm）の圧子を用いて，試験面に一定の荷重で押しつけ，そのときにできた永久くぼみの直径をからくぼみの表面積を算出し，これで荷重を割った値をブリネル硬さとしている（硬さ記号は HBW であるが，鉄球圧子の場合は HB，鋼球圧子の場合は HBS が従来用いられていた）．

図 2・40 はブリネル硬さ試験の原理であり，次式のように表される．

$$\mathrm{HBW} = 0.102 \times \frac{2F}{\pi D^2(1-\sqrt{1-d^2/D^2})}$$

　HBW：ブリネル硬さ
　D：圧子の直径［mm］
　F：試験力［N］
　d：くぼみの平均直径［mm］

図 2・39　ブリネル硬さ試験機

ブリネル硬さ試験機は油圧型，てこ型，振子型がある．他の硬さ試験機と比較すると，試験荷重が大きいため，くぼみが大きく正確な測定ができ，平均的硬さを求めるのに適しているが，小さい試料や薄い試料には不向きである．

また，試験片は，試験片の裏面に変形を出さないため，厚さがくぼみの深さの 8 倍以上とされ，同じ試験片で測定を行う場合は，隣接するくぼみの中心間の距離は $3d$ 以上とし，くぼみ中心から試料の縁までの距離は $2.5d$ 以上としなければならない．

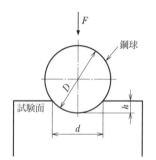

図 2・40　ブリネル硬さ試験の原理

（3）**ビッカース硬さ試験**　ビッカース硬さ試験（Vickers hardness test，図 2・41）も，ロックウェル，ブリネル硬さ試験と同様に，押込み試験法の一種である．対面角 136°のダイヤモンド四角すいの圧子を試験片に押しつけ，そのときにできた永久くぼみの対角線の長さを顕微鏡で測定して（図 2・42），その長さから求めたくぼみの表面積で荷重を割った値をビッカース硬さとし，次式のように表される．

$$\mathrm{HV} = 0.102 \times \frac{2F\sin\frac{136°}{2}}{d^2} = 0.1891\frac{F}{d^2}$$

　HV：ビッカース硬さ

図 2・41　ビッカース硬さ試験機

F：試験力［N］

d：くぼみの対角線の長さ d_1 と d_2 の平均値［mm］

荷重が調整しやすいので硬い材料や軟らかい材料も測定ができ，軽い荷重を利用して薄い材料や，窒化層（鋼の表面に窒素を焼き入れした層），浸炭層（鋼の表面に炭素を焼き入れした層）などの硬さを求めることができ，小さい試料の検査には最も適している．くぼみが鮮明（読み取り顕微鏡で測定）なので計測に誤差がなく，正確に測定ができるが，反射しない試料や荒れた表面の試料には不向きである．

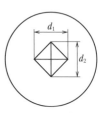

図2・42　顕微鏡から見たくぼみ

（4）**ヌープ硬さ試験**　ヌープ硬さ試験（Knoop hardness test）は，ビッカース硬さ試験の代用としてアメリカの Wilson 社の考案による硬さ試験で，ビッカース硬さ試験機を使用する．ビッカース用の圧子の代わりに，横断面がひし形の四角すいになっている圧子（ヌープ圧子：対稜角が 172.5°と 130°）を使用し（図2・43），試験力 F［N］を負荷して試料にできたくぼみの深さで硬さを測定する．ビッカース硬さ試験に比べ，くぼみ深さが浅いため，薄いシート状や小型の試験片の硬さ試験に適している．

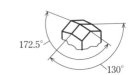

（a）　圧子の形状

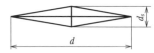

（b）　ヌープくぼみ

図2・43　ヌープ硬さ試験

ヌープ硬さは，圧痕表面積で試験荷重を割って算出され，次式のように表される．

$$\mathrm{HK} = 0.102 \times \frac{F}{cd^2}$$

　HK：ヌープ硬さ

　F：試験力［N］

　d：長い方の対角線の長さ［mm］

　c：圧子定数（くぼみの投影面積と長い方の対角線長さの2乗との関係）

（5）**ショア硬さ試験**　ショア硬さ試験（Shore hardness test，図2・44）は，1906 年，アメリカのショア（A.F.Shore）によって発明されたもので，前述の三つの硬さ試験とは異なり，動的硬さ試験法に属する．

試験法は，先端にダイヤモンドをつけた約 3 g のハンマを一定の高さより落下させ，その跳ね上がりの高さ（高度指示計に表示されるのを読みとる：D形）から硬さを調べる方法で，

図2・44　ショア硬さ試験機

次式のように表される．

$$HS = h\frac{h}{h_0}$$

  HS：ショア硬さ
  k：跳ね上がり高さ比（h/h_0）をショア硬さに交換する係数
  h_0：ハンマの落下高さ
  h：ハンマの跳ね上がり高さ

ショア硬さ試験機はC形（目測形）とD形（指示形）などがあり，他の硬さ試験機と比べると価格も安く，小型軽量のため持ち運びが容易で，他の試験機ではできない大型の試料測定に適している．また，試験片に傷を付けることなく，操作が簡単で，短時間で測定ができる．しかし，小さい試料や薄い試料には適さず，C形の試験機では素早く読みとらなければならないので，熟練が必要である．

4. 衝撃試験

機械の部品として金属材料は，さまざまなところで使用されている．部品（金属材料）には，ゆっくりと静かに荷重が加わるときや，急に大きな荷重が加わるときがあり，急に大きな荷重（衝撃荷重）を加えたときに，破壊しない材料と破壊される材料がある．このように，金属材料の衝撃に対する抵抗力の大きさを**粘り強さ**（toughness）といい，**衝撃試験**（impact test）は金属材料に衝撃を与えて，これに要したエネルギーの大きさから，材料の粘り強さ（じん性）を調べる試験であり，**シャルピー衝撃試験**（図 **2·45**）がある．

シャルピー衝撃試験の方法は，図 **2·46** のように切込み（UノッチとVノッチがある）の入った試験片を取り付け，半径2 mmと8 mmの衝撃刃をつけた振り子形のハンマで衝撃を与えて，試験片を破壊したときのエネルギーから，衝撃値を求めて，材料の粘り強さを調べる．試験片を破断するのに必要なエネルギー（吸収エネルギー）Eは次式で求めることができる．

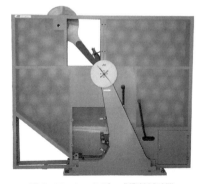

図 **2·45** シャルピー式衝撃試験機

$$E = M(\cos\beta - \cos\alpha)$$
$$M = Wr$$

  E：試験片を破断するために要したエネルギー［J］
  M：ハンマの回転軸周りのモーメント［N·m］

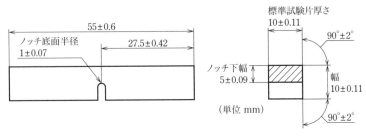

図2・46　Uノッチ試験片（JIS Z 2242：2018）

W：ハンマの質量による負荷［N］
r：ハンマの回転軸中心から重心までの距離［m］
α：ハンマの持ち上げ角度
β：試験片破断後のハンマの振り上がり角度

　衝撃値の大きい材料はじん性（粘り強さ）が大きく，一般に軟らかい材料ほど粘り強く，硬い材料ほど粘り強さに欠ける．

5.　疲れ試験

　金属材料でも，繰り返し同じように使われていると（車や電車の車軸，クランク軸，ねじなど），疲れの現象がでて，引張強さの示す値よりもはるかに小さな応力でも材料が破壊することがある．このような破壊を**疲れ破壊**（fatigue fracture）という．

　また，いくら繰り返し使っても材料が破壊されない最大の応力を**疲れ限度**（fatigue limit）といい，これを求める試験を**疲れ試験**（fatigue test）という．疲れ試験には加える負荷応力の種類により，回転曲げ疲れ試験（図2・47）や，平面曲げ疲れ試験（図2・48），ねじり疲れ試験などがある．

　試験方法は試験片に実際の応力に近い負荷荷重を繰り返し加え，応力‑繰り返し曲線を求める．

　応力繰り返し曲線（図2・49）は横

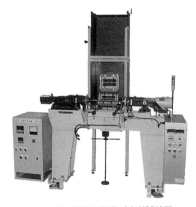

図2・47　高温回転曲げ疲労試験機

図2・48　曲げ疲労試験機

軸に繰り返し数 N，縦軸に繰り返し応力 S をとり，**S-N 曲線**とも呼ばれる．この図は，繰り返し数と繰り返し応力の関係によって疲れ強さを表し，ある応力で曲線が水平線になるところがあり，このときの応力を疲れ限度としている．材料によっては水平線が表れない場合があるので，繰り返し数が 10^7 に到達したら疲れ限度としている．

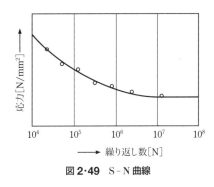

図 2·49　S-N 曲線

6. ねじり試験

中実丸棒や円筒形状の試験片にねじりモーメントまたはねじれ角を与え，そのときのねじれ角か，ねじれモーメントから材料の機械的性質を知る試験を**ねじり試験**（torsion test）という．引張試験ほど普及はしていないが，金属材料の加工性に関する試験や塑性変形の理論的研究では広く利用される．試験片にはとくに規定はないが，材料の一端を固定し，材料中心線に対して静的にねじりを加えることで，材料が割れるまでまたは破損するまで試験を行う．

7. 火花試験

回転しているグラインダ（砥石車）に鋼塊，鋼片，鋼材などを押しつけると火花を発する．**火花試験**（spark test）は，この火花の状況により鋼の材質を知る方法である．火花の形，大きさ，量，色などは，鋼に含まれている成分の量や種類により違いがあるので，火花を見て鋼の種類を推定することができる．目視観察だけで判別するため，ある程度の経験が必要だが，短時間で鋼種を判別でき，簡単で比較的確実な方法で材質を判断できるので，現場でもよく利用されている．

試験方法は図 2·50 のように，薄暗い室内で試験品をグラインダに押しつけて前方に火花を放出させて，流線の後ろから火花を次の項目にもとづいて観察する．

① 流線（色，明るさ，長さ，太さ，数）
② 破裂（形，大きさ，数，花粉）
③ 手ごたえ

以上の方法で，鋼種がわからないものを試験して，どの鋼に該当するかを推定する試験である．

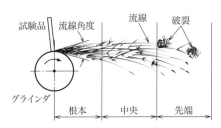

図 2·50　火花試験の方法および火花の名称

8. クリープ試験

一定の高い温度で一定の引張荷重を長時間材料に加えると,時間の経過につれ,材料の変形量が進んでゆく現象を**クリープ**(creep)という.クリープは,材料の融点の約1/2以上の温度で起こるとされていて,融点の低い鉛やすずなどでは室温においてもクリープが起こる.

クリープ試験(creep test)は材料のクリープ限度を調べるために行う試験で,結果から**クリープ曲線**(creep curve)や**クリープ強さ**(creep strength)を求めることができ,ガスタービンやジェットエンジンなど高温で使われる材料ではクリープ試験が必ず行われる.図2・51は代表的なクリープ曲線であり,図からもわかるように,初期にはひずみは急に増加するが,時間の経過とともに直線的にゆるく増加していく範囲があり,最後には破断する.

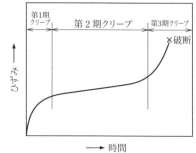

図2・51 クリープ曲線

クリープ試験には,応力の種類によって引張り,曲げ,圧縮,ねじり,内圧などさまざまなものがある.

9. 金属組織試験

金属材料の性質はその組織と密接な関係がある.そのため金属材料の組織を調べるために金属組織試験がある.金属組織試験には肉眼や低倍率の拡大鏡を用いて,表面や断面の割れやその他の欠陥を検出する**マクロ組織試験**(macro-structure test)と,光学顕微鏡や電子顕微鏡を用いて金属の組織を観察することにより,性状を判断する**ミクロ組織試験**(micro-structure test)がある.

ミクロ組織試験方法は,試料(厚さ15 mmくらいで,10〜15 mmくらいの丸または角)を研磨紙(〜800番くらい)などで磨いた後に腐食(エッチング:etching)させ,化学的に金属組織を観察しやすくして金属顕微鏡(図2・52)を用い,試料の表面の金属組織を観察または写真撮影をする.これにより,金属や合金の成分の種類や割合,結晶粒の大きさ,不純物の有無,亀裂の有無などを調べることができる.

図2・52 金属顕微鏡

10. 非破壊試験

非破壊試験（non-destructive test）はこれまで述べてきた試験とは異なり，試験片をつくることがなく，材料，機器，構造物そのものを壊すことなく，それらの性質，傷や介在物の有無，およびそれらの存在位置，大きさ，形状などを調べる試験である．非破壊試験は傷の検出（いわゆる探傷）とひずみ測定に大別することができ，対象構造物により検査方法が異なっている．以下にいくつか紹介する．

（1）放射線透過試験 放射線（X線，γ線）は金属を透過する性質がある．放射線を試験体に照射し写真を撮り，内部に空洞や異物，割れなどの欠陥があると，その部分は，健全部と比べて透過放射線の吸収が少ないために黒く表れ，永久的記録が得られる．このようにして内部欠陥や構造，材料の良否を調べる試験が**放射線透過試験**（RT：radiographic test）である．

金属材料，非金属材料，鋳物，溶接部など，ほとんどの材料に適用できるが，放射線を被曝しないよう十分注意が必要である．図2・53は放射線透過試験の原理である．

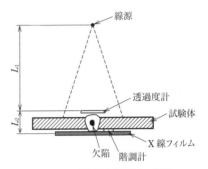

図2・53 放射線透過試験の原理

（2）超音波探傷試験 超音波（人間の耳に聞こえない高い周波数をもつ音波：周波数20 kHz以上）を発信したり受信することのできる探触子を，試験体の表面に当てて超音波を入射させる．内部に欠陥や異物があると，超音波はそこで反射して返ってくる性質がある．これを利用して内部の欠陥の大きさや位置を測定する試験が**超音波探傷試験**（UT：ultrasonic test）である．超音波探傷試験は，放射線では検出がむずかしい割れ欠陥などを発見でき，放射線透過試験と比べると安全で簡単である．

（3）浸透探傷試験 目に見えない表面の割れや亀裂などの傷を，人間の目で見えやすい状態にして傷を検出する試験が**浸透探傷試験**（PT：liquid penetrant test）である．試験体の表面に浸透液を浸透させ，余分な浸透液を除去した後に，現像液をかけると欠陥部分に着色が現れる．このようにしてその着色部の大きさや色の濃さで欠陥がわかる．浸透液の種類により，蛍光浸透探傷法と染色浸透探傷法がある．

金属でも非金属でも適用できるが，試験体の表面に開口している傷しか検出できず，多孔質材料には適用できない．

（4）磁粉探傷試験 浸透探傷試験と同様に，表面傷を検出する試験が**磁粉探傷試験**（MT：magnetic particle test）である．鉄鋼材料など磁性をもっている試験体を磁化させると，磁束が流れる．試験体表面や表面付近に欠陥があると，磁束が乱れ表面に漏洩

してくる．これに磁粉を散布すると傷部に付着し，付着の度合いにより欠陥を調べる方法である．肉眼でも精度高く検出でき，割れのような傷の検出には浸透探傷試験より優れているが，磁性のない金属では適用できない．

図2・54は磁粉探傷試験の原理である．

（5）**渦電流探傷試験** 導電性のある試験体に交流を流したコイルを近づけると，電磁誘導現象により渦電流が発生する．欠陥が存在すると試験体を流れる渦電流分布が変化する．これを利用して傷の有無を調べる方法が**渦電流探傷試験**

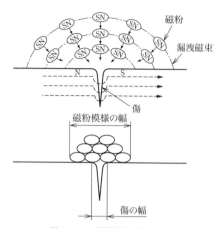

図2・54 磁粉探傷試験の原理

（ET：eddy current test）である．小さなパイプの傷検出や機械部品の保守検査などに使われていて，材質試験や寸法試験など探傷試験以外にも応用されている．

2章 | 練習問題

問題1. 弾性変形と塑性変形を説明せよ．
問題2. 回復とはどんなことか，説明しなさい．
問題3. 純金属の凝固と合金の凝固を比較せよ．
問題4. 金属材料の加工性をあげよ．
問題5. 金属材料の試験法とその要点を述べよ．
問題6. S-N曲線とはなにか．
問題7. 直径14 mmの試験片で引張試験をしたら，最大荷重が7.7×10^4 Nであった．引張強さはいくらか．

〔注〕 本章掲載の写真について
図2・30，図2・37，図2・39，図2・41，図2・44，図2・45，図2・47，図2・48の各試験機の外観写真は，（株）東京試験機の提供による．

3

鉄と鋼

　金属材料すなわち**鉄**というイメージが一般的にはあるが，工業材料（金属材料）として純粋な鉄が使われることはない．化学記号 Fe（ferrite）で表されている鉄は，元素としての鉄（純鉄）であり，一般の会話の中にでてくる鉄や使用されている鉄は，純粋な Fe ではなく，他の元素と混合してできた合金である．

　混合される元素の中で C（炭素：carbon）は，鉄に必ず含まれていて，0.04～2.1％の C を混ぜ合わせたものを**鋼**（steel）といい，鉄と鋼をまとめて**鉄鋼**という（図 3・1）．鉄鋼は機械材料として古くから使用され，最も多く利用されている．他の金属材料に比べて安価で，加工性もよく，熱処理*をすることにより多彩な性質の変化を示し，リサイクリングしやすい材料である．

図 3・1　鉄の分類（数字は炭素含有量）

　この章では，私たちの暮らしを支える鉄について述べたい．

3・1　鉄鋼の製法と分類

1. 鉄鋼の製法

（1）**製鉄**　鉄鋼の製法は**製銑**（せいせん）と**製鋼**（せいこう）とに分けられ，古くから行われている．鉄鋼の原料となる**鉄鉱石**（磁鉄鉱：Fe_3O_4 や赤鉄鉱：Fe_2O_3，褐鉄鉱：FeOOH，菱鉄鉱：$FeCO_3$）に含まれる鉄の成分は約 60％である．鉄鉱石には鉄以

---

* 金属材料に加熱や冷却の操作をして性質を変えること．

外の成分も含まれているため，それら不純物を取り除かなければならない．

ブレンドされた鉄鉱石と燃料としてのコークスや不純物を除く溶剤の石灰石を**溶鉱炉**（blast furnace，図3·2）の**高炉**の炉頂から交互に入れていき，炉の下からは熱風（1200〜1300℃）を送り込む．そうするとコークスが燃焼して，炉の底は約2000℃に達し鉄鉱石が溶解する．コークスの燃焼により炉内で発生するCO（一酸化炭素）や，コークス中のC（炭素）は，O（酸素）を取り除く（還元作用という）．

鉄鉱石やコークス中の不純物は，石灰石と化合してスラグとなって上部に浮かび，溶解された鉄鉱石の鉄分は溶銑となり，比重が大きいため炉の底にたまり，**銑鉄**（pig iron，図3·3）ができる．

図3·2 巨大な溶鉱炉（新日本製鐵株式会社）

図3·3 銑鉄

銑鉄1トンを生産するためには約1.5〜1.7トンの鉄鉱石が必要とされている．この

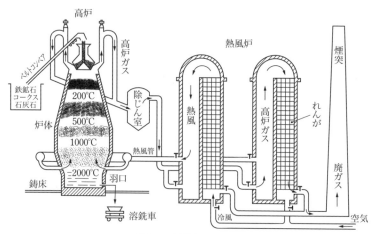

図3·4 溶鉱炉のしくみ

ようにして銑鉄をつくる工程を**製銑**といい，図 3・4 は銑鉄がつくられる溶鉱炉のしくみを示したものである．

（2）**製鋼** 高炉から取り出された銑鉄には C（炭素：2.5～4％）が非常に多く，また，P（りん），Mn（マンガン），Si（けい素），S（硫黄）などの不純物も含まれているため，硬くてもろい．そこで銑鉄を加熱精錬し，C（約 2％以内に減らす）や不純物を取り除いて，強じんな鋼をつくる工程が**製鋼**である．

高炉でできた銑鉄をトーピードカーといわれる列車で運び，製鋼炉の中に入れ石灰石と酸素を吹き込むことで，銑鉄の炭素や不純物を燃やして鋼をつくる．用途に応じて Mn，Al（アルミニウム），Ni（ニッケル）などを少量加えて仕上げている．

図 3・5　韮山反射炉（平炉）

製鋼を行う製鋼炉には，転炉（converter），電気炉（electric furnace），平炉（open furnace）があるが，日本では現在平炉は使われていない．図 3・5 は 1857 年に完成した韮山反射炉（平炉）である．

（a）**転炉** 現在の製鋼はほとんどが転炉（図 3・6）で行われており，その名前のとおり，軸を中心に 360 度回転して溶湯を流す構造をもった炉である．

LD 転炉（図 3・7：オーストリアの Linz，Donawitz 製鉄所の頭文字をとったもの）は，るつぼ状の炉に，上部からパイプで高圧の酸素ガスを吹き付けることにより，銑鉄

図 3・6　転炉（新日本製鐵株式会社）

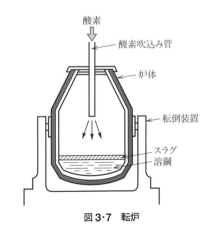

図 3・7　転炉

中の炭素（C）や不純物を酸化燃焼させて鋼を
つくる炉である．精錬の時間が短く，不純物が
燃える熱を利用するので燃料を必要としない特
徴があり，簡単な操作で多量に製鋼ができる．
また，ガスを炉の底から吹き付ける底吹き転炉
もある．

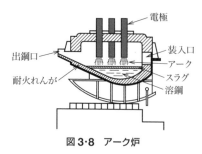

図3·8 アーク炉

（b）**電気炉** アーク式の電気炉（図3·8）
は，鉄屑との間に発生したアーク（光と高温の
熱が出る放電現象）熱により，銑鉄や屑鉄を溶かして製鋼をするもので，温度の調節が
容易で，熱風や燃料などから不純物が入ることがなく，主として合金鋼の製鋼や溶鉱炉
をもたない製鉄所での製鋼用として用いられている．そのほか，高周波の電流を利用す
る高周波誘導式の電気炉がある．

（3）**鋼塊・鋼片** 転炉や電気炉で精錬されて溶けた鋼は，柱状の鋳鉄鋳型に注入
し**鋼塊**（インゴット：ingot）の形にした後，これを再加熱し，分塊圧延機（slabbing
mill, blooming mill）でスラブ（厚さ150〜300 mm程度の長方形断面の鋼片），ブルー
ム（厚さ150〜300 mm程度のほぼ正方形断面の鋼片），あるいはビレット（ブルーム
より小形の鋼片）とする造塊-分塊法と，インゴットをつくらずに溶鋼から連続して鋳
込み，直接目的の形状，寸法の**鋼片**をつくる連続鋳造法に分けられる．

（a）**造塊-分塊法** 溶けた鋼を鋳型に注入する方法は，図3·9に示すように上注ぎ
法と下注ぎ法がある．また，でき上がるインゴットには3種類がある．これは溶鋼中に
酸素が含有されるため，**脱酸剤**（deoxidizer）を加えて酸素等のガス抜きを行う．この脱
酸（deoxidation）の程度により鋼塊には品質の差が生じ，品質の高い順に「キルド鋼」，
「セミキルド鋼」，「リムド鋼」がある．図3·10は鋼塊の種類を比較したものである．

（i）**キルド鋼**（killed steel） 溶鋼にFeSi（フェロシリコン）のような強い脱酸剤

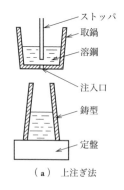
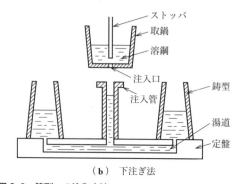

（a）上注ぎ法　　　　　　　　（b）下注ぎ法

図3·9 鋳型への注入方法

や，FeMn（フェロマンガン）または Al などの脱酸剤を使い，ガスを十分抜いた後に鋳型に流し込んだ鋼であり，アルミキルド鋼とシリコンキルド鋼がある．脱酸が十分に行われているので，固まるときに炭酸ガスの放出がなく，温度の低い外周部から中央へと，静かに凝固された気泡のない均一で良質な鋼となり，炭酸飲料の気が抜けたような状態になるので，**キルド**（殺された）**鋼**という．

しかし，鋼塊の頭部に収縮管（パイプやひけ）が生じて収縮管の近くには不純物が集まるので，この部分を切り捨てなければならず，コスト高となる．

一般に特殊鋼など高級鋼材に用いられる．

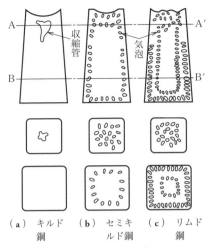

図3・10　鋼塊の種類

（ii）**リムド鋼**（rimmed steel）　溶鋼に FeMn などの弱い脱酸剤を使い，軽く脱酸した後に鋳型に流し込んだ鋼である．脱酸が不十分であるため，溶鋼中の炭素が酸素と結合して，凝固中に炭酸ガスの発生や，火花を散らし対流現象（リミングアクション：図3・11）を起こしながら，外周部から固まっていく．

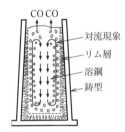

図3・11　リミングアクション

最初に溶融点の高い成分から固まっていき（不純物の少ないもの），不純物はリミングアクションにより中心部へ運ばれていき，逃げきれない泡も内部に閉じこめられてしまう．このため，外周部をふち（リム）取るような形で，純度が高く気泡もない健全な層で取り囲んだ鋼となるので**リムド鋼**という．

内部に残された気泡は次の圧延工程でつぶされてしまうが，炭素，りんなどの不純物が残るため，中心部は不均質で，溶接には不具合である．しかし，リムド鋼は圧延しても表面がきれいで，キルド鋼のように切り捨てる部分がなく，低コストである．普通鋼といわれるものや一般の鋼はリムド鋼であり，ボルトやナットに大量に使用されている．

（iii）**セミキルド鋼**（semikilled steel）　キルド鋼とリムド鋼の中間程度の脱酸をした後に，鋳型に流し込んだ鋼を**セミキルド鋼**という．Al を使い脱酸を行い，キルド鋼より収縮管の発生が少なく，その周りにわずかに気泡が集中しているだけなので切り捨てる部分が少ない．性質はキルド鋼とリムド鋼の中間的なものとなり，一般に厚板や，形鋼，レールなどに使われていて，絞り用鋼板としてはあまり使われていない．

（b） **連続鋳造法** 連続鋳造法（continuous casting process）は原料から製銑を行い，製鋼したものをインゴットにせず，脱酸した溶鋼をタンディシュと呼ばれる溶鋼鍋に貯える．その後，貯えられた溶鋼を水冷した鋳型（モールド）で冷却させ，ロールを配置した水のスプレー帯に引出されたものを切断し，目的の形状，寸法に鋼片を自動的に製造するものである（図3·12）．

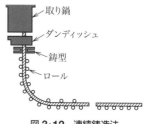

図3·12　連続鋳造法

連続鋳造法は，従来の造塊-分塊法と比較すると，スラグやその他の不純物の混入がなく表面品質も良好で，ピンホール，ブローホールや収縮巣などの内部欠陥がなく，製品の歩留まりが95％以上向上するなどの利点がある．また，工程の省略による省エネルギーや環境改善などの優れた利点をもつ．そのため鋼板用スラブでは9割以上が連続鋳造である．

図3·13は連続鋳造機で固められた鋼である．

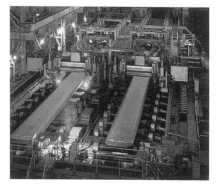

図3·13　連続鋳造で固められた鋼
（新日本製鐵株式会社）

2. 鋼の5元素とその作用

鉄（Fe）と2.0％以下の炭素（C）を混ぜ合わせた合金が**鋼**であるが，鋼には炭素のほかにけい素（Si），マンガン（Mn），りん（P），いおう（S）が混ざっていて，炭素を含めたこれらを**鋼の5元素**と呼んでいる．

この5元素は鋼の性質に大きな影響をもたらしていて，原料にもともと含まれていたり，製鋼の過程で混入したりして，望ましくない不純物である．しかし，鉄鋼の伸び，引張強さ，硬さを高めたり，溶接性や鋳造性，または耐熱性や耐食性などの目的に合わせて添加されるものでもある．

鋼の5元素が鋼の性質に及ぼす作用は以下のようになる．

（1）　**炭素**（C）　鋼の性質に最も大きく左右するのが炭素の量であり，鋼にとってはなくてはならない元素である．一般に炭素含有量が増すにつれて，硬さや強さ，焼き入れ性は増大するが，伸びや絞りが低下してもろくなる．

（2）　**けい素**（Si）　原料の鉄鉱石や製鋼のときの脱酸剤（フェロシリコン）として混入するものがあり，鉄鉱石を還元する働きをする．鋼のじん性を損わず，硬さや強

さを増す元素で，けい素1％につき引張強さが約98 MPa増大する．

（3）**マンガン**（Mn）　けい素と同じように原料や脱酸剤（フェロマンガン）から混入したものである．焼きがよく入るようになり，適量（0.5％内外）で鋼のじん性を増す効果がある．

（4）**りん**（P）　りんは原料中に含まれていて残ったものであり，偏析＊（へんせき：segregation）を起こしやすく，割れの原因となり，鋼には有害な元素である．ごく少量であれば，鋼の引張強さや硬さを増す効果があるが，寒いとき（0℃以下の低温）に鋼をぜい弱にするので，含有量（ふつう 0.03％以下）は少ないことが望ましい．

（5）**硫黄**（S）　硫黄もりんと同様に原料中に含まれていて残ったものであり，有害元素である．鋼中でSの量が多くなるとSはFeS（硫化鉄）という化合物をつくる．この硫化鉄は融点が低く常温では変化がないが，熱間加工温度では溶け出し結晶粒界に析出して鋼をぜい弱にしてしまう性質がある．これを**赤熱ぜい性**（**3・2節 2.** 参照）という．この現象は 0.02％程度の硫黄含有量でも現れるという．

製鋼の過程で脱酸剤としてフェロマンガンを使うと，硫黄はマンガンと化合してMnS（硫化マンガン）となり，スラグに入って多くは取り除くことができる．MnSは多少の残りがあっても問題とはならない．

3.　鋼材

溶鉱炉から取り出された銑鉄は製鋼され，造塊‒分塊法でつくられた鋼塊や連続鋳造法でつくられた鋼片となり，圧延，鍛造，プレスなどの加工を経て，鋼板，形鋼，棒鋼，帯鋼，鋼管など鋼材と呼ばれる鉄鋼製品となる．

（1）**鋼板**（steel sheets）　2本のロール間を通して圧延を行い，所定の寸法にしたもので，鋼材の60％強が鋼板である．製造工程別に熱間圧延鋼板と冷間圧延鋼板があり，ほとんどが熱間圧延鋼板で，亜鉛めっきやその他のめっきを施したものを**表面処理鋼板**と呼ぶ．厚さ 3 mm を境に厚板，薄板と分けられ，厚板は船舶，橋梁，道路工事などに使われ，薄板は自動車，家電製品，農機具などに使われている．

（2）**形鋼**（sections）　断面形状が多角的で変化に富んでいる鋼材である．断面形状により山形（等辺，不等辺），溝形，I形，T形，H形，Z形などがあり，基準により大形形鋼，中形形鋼，小形形鋼に分けられている．形鋼は一般的に熱間圧延によってつくられていて，建築の構造用に使われている．図 **3・14** は形鋼の種類である．

（3）**棒鋼**（steel bars）　鋼材の中では最も一般的で，品種も材種もいちばん多いのが棒鋼（図 **3・15**）である．丸，角，平，六角，八角，半円などがあり，長さの定尺は

＊ 溶質元素が粒度・比重などにかたよりを生じ不均一になる状態．

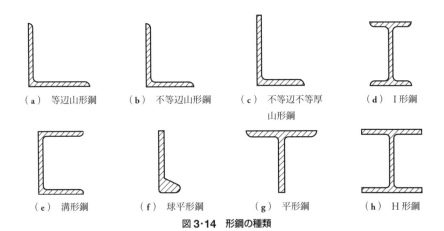

(a) 等辺山形鋼　(b) 不等辺山形鋼　(c) 不等辺不等厚山形鋼　(d) I形鋼　(e) 溝形鋼　(f) 球平形鋼　(g) 平形鋼　(h) H形鋼

図3・14　形鋼の種類

直径，各辺の長さ，対辺距離などによって異なる．丸棒がいちばん多く使用されていて，コンクリート用の鉄筋などに使われている．

図3・15　棒鋼

（4）**帯鋼**（steel strip）　連続圧延された薄板をコイル状に巻いたものが帯鋼である．板幅 600 mm 未満でコイル状に巻いたものを**熱延帯鋼**，600 mm 以上のものを**熱延広幅帯鋼**と呼んでいる．自動車，建築，産業機械などに使われている．

（5）**鋼管**（steel tubes）　中空状の円管で肉厚の薄い鋼材であり，継ぎ目なし鋼管（引抜き鋼管）と溶接鋼管（電縫管，スパイラル管など）の2種類がある．寸法は大径が 165 mm 以上，中径が 65〜165 mm，小径が 65 mm 以下である．ガスや蒸気，水，油などを送るための配管用として最も多く使われている．

4. 鉄鋼の分類

鉄はふつう，炭素の含有量によって分類されていて，炭素の量がわずかであっても材料に大きな影響を与える．炭素量が0.04%以下のものを**工業用純鉄**，炭素量が 0.04〜2.1%のものを**鋼**，炭素量が 2.1%以上のものを**鋳鉄**（cast iron）という．

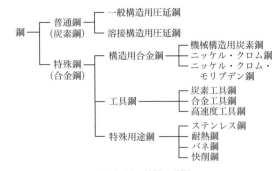

図3・16　鉄鋼の分類

鋼は合金元素の種類によっても分類され，炭素だけを含む鋼を**炭素鋼**（carbon steel）という．炭素鋼の性質を改善するために，ニッケルやクロムなど，他の元素を加えた合金を**合金鋼**（alloy steel）という．

鉄鋼を分類すると図 3·16 のようになる．

3·2　炭素鋼の組織と性質

Fe に 2.0％以下の C を混ぜ合わせたものが鋼であると前節で述べたが，この鋼を**炭素鋼**と呼んでいる．炭素鋼には製鋼の過程で Si，Mn，P，S も含んでいるが，鋼の性質に最も大きな影響を与える C で調整を行っていて，とくに他の元素を加えないものである．

1. 炭素鋼の変態とその組織

（1）　**純鉄の性質**　炭素鋼のことを述べる前に，基本となる純鉄について触れておきたい．

純鉄（pure iron）は炭素その他の不純物が非常に少ないもので，不純物元素の含有量についての明確な区切りはないが，炭素含有量 0.04％程度までを**純鉄**と呼んでいる．純鉄は軟らかく，製造も非常にむずかしいため，機械材料として使われることはほとんどなく，合金の研究などとして用いられている．

製造方法により種類が分かれていて，電解鉄，カーボニル鉄，アームコ鉄，還元鉄などがある．表 3·1，表 3·2 に純鉄の化学成分と機械的性質を示す．

表 3·1　純鉄の化学成分（「機械工学便覧」日本機械学会編より）

成分[%] 種別	C	Si	Mn	S	P	Cu
電 解 鉄	0.008	0.000	0.036	0.000	0.005	0.010
カーボニル鉄	0.010	0.020	0.020	0.007	0.010	—
アームコ鉄	0.015	0.015	0.070	0.020	0.015	—

表 3·2　純鉄の機械的性質（「金属便覧」日本金属学会編より）

硬　さ (HBS)	降伏点 [N/mm^2]	引張強さ [N/mm^2]	伸　び [%]	絞　り [%]	縦弾性係数 [N/mm^2]
80～90	88～245	176～314	40～30	80～70	196000～ 205800

（2） 純鉄の変態 炭素（C）を含まない純鉄を融液の状態からゆっくりと冷却していくと，1538℃で凝固は終了する．さらに冷却を続けていくと，図 3·17 に示すように 1394℃と 912℃の温度で変化が現れ，冷却曲線に水平部が出る．この変化はある温度で金属などが固体のまま結晶構造に変化を起こすことで，**変態**（transformation）という．

1394℃の変態を **A_4 変態**，1394℃を A_4 変態点といい，A_4 までの鉄を **δ 鉄**（δ-Fe）という．このときの結晶構造は体心立方格子である．

次の 912℃の変態を **A_3 変態**，912℃を A_3 変態点という．A_4 から A_3 までの鉄は δ 鉄から面心立方格子の **γ 鉄**（γ-Fe）になる．さらに冷却が進むと γ 鉄は体心立方格子の **α 鉄**（α-Fe）に変態する．

このように，鉄は同じ組成でありながら体心立方格子の α 鉄と δ 鉄，面心立方格子の γ 鉄という三つの同素体（allotropy）があり，同素体の中での原子配列の変化を**同素変態**（allotropic transformation）という．また図 3·18 に示すように，常温では強磁性体のものが，780℃付近になると急に磁気が減少して常磁性体に変わる**磁気変態**（magnetic transformation）がある．この強磁性を失う温度を**磁気変態点**（magnetic transformation point），**A_2 点**または**キュリー点**（Curie point）と呼んでいて，その結晶構造に変化はない．

一般に，変態点は体積の変化を膨張計（dilatometer）で測定して求めている．図 3·19 は純鉄の試料の長さの変化である．いま，直径 5 mm，長さ 50 mm 程度の純鉄を，

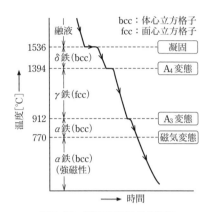

図 3·17 純鉄の変態と冷却曲線

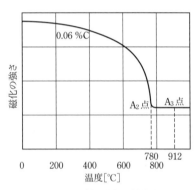

図 3·18 鉄の磁気分析曲線

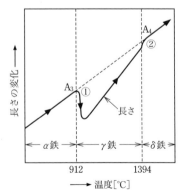

図 3·19 純鉄の体積変化

常温から加熱していくと，912℃の A_3 変態点で急激に体積収縮が起こり曲線が下降する（図 3·19, ① 点）．さらに，温度を上げていくと，1394℃の A_4 変態点では体積が膨張して曲線が急に上昇する（図 3·19, ② 点）．これは，α鉄（体心立方格子）からγ鉄（面心立方格子），γ鉄（面心立方格子）からδ鉄（体心立方格子）への変化が起こるためであり，体心立方格子と面心立方格子では，各単位格子に含まれる原子の数に 2 倍の開きがあるからである．

また，α鉄より，γ鉄のほうが曲線の勾配（線膨張係数）が大きく，A_4 変態点以降の曲線の勾配は，A_3 変態点以前と同じになる．

（3） 炭素鋼の変態と状態図 Fe（純鉄）に C（炭素）を加えた炭素鋼では，炭素の量により性質や組織が変化し，Fe とは違う温度で変態点を生じ，純鉄にはなかった A_1 変態（727℃）をもつ．A_1 変態は炭素の量に関係なく起こるが，A_3 変態は炭素量が増すほど温度が下がり，炭素が 0.8% で A_1 変態に重なる．炭素鋼の A_1, A_3 変態は性質や熱処理に重要な関係がある．また，A_4 変態は炭素量が増すほど温度が上がり，炭

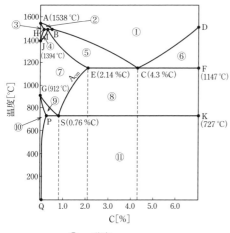

① … 融液
② … 融液 + δ 固溶体
③ … δ 固溶体
④ … δ 固溶体 + γ 固溶体
⑤ … 融液 + γ 固溶体
⑥ … 融液 + Fe_3C
⑦ … γ 固溶体
⑧ … γ 固溶体 + Fe_3C
⑨ … γ 固溶体 + α 固溶体
⑩ … α 固溶体
⑪ … α 固溶体 + Fe_3C

A 点 … 純鉄の融点（1538℃）
B 点 … 1493℃, 0.51% C
C 点 … 共晶点 1147℃, 4.3% C
ABCD … 液相線（融液から結晶がはじまる）
H 点 … 1493℃, 0.1% C
I 点 … 1493℃, 0.13% C
J 点 … 純鉄の A_4 変態点（1394℃）δ 鉄 ⇔ γ 鉄
E 点 … 1147℃, 2.14% C
AHIECF … 固相線（全部が結晶し終わる）
ECF … 共晶線（1147℃）
G 点 … 純鉄の A_3 変態点（912℃）γ 鉄 ⇔ α 鉄
P 点 … 727℃, 0.02% C
S 点 … 共析点 727℃, 0.76% C
GS … γ 固溶体から α 固溶体を析出し始める温度．A_3 線ともいう．
GP … γ 固溶体から α 固溶体が析出し終える温度．
ES … γ 固溶体から Fe_3C を析出し始める温度．A_{cm} 線ともいう．
PSK … 共析線．γ 固溶体から α 固溶体と Fe_3C を同時に析出する．A_1 線ともいう．
PQ … α 固溶体に対する C の固溶限度を示す．溶解度線ともいう．

〔注〕 図は Fe–Fe_3C（セメンタイト）系の場合の状態図を示す．

図 3·20　Fe–C 系状態図

素含有量が 0.2％以上の鋼では，この変態は起こらない．

このように炭素鋼は，炭素の量により大きく左右され，Fe とは違う変態が起こる．炭素鋼の変態がどう起こるか，また性質を理解するのに **Fe–C 系平衡状態図**（または，**Fe–C 系状態図**：図 3·20）を理解しなければならない．Fe–C 系状態図は，横軸に炭素量を，縦軸に温度をとり，炭素鋼を高温の溶融状態から徐々に冷却したときの，炭素量が異なる炭素鋼の変態点を求めて，変態点や固溶限度が炭素量によってどのように変わるかを表している．各点や線，数字は図に示すようになる．

（4）**炭素鋼の組織** 融液中では炭素鋼の中の炭素 C は均一な融体となっているが，徐々に冷却して凝固後は，α, γ, δ などの均一な固溶体をつくるか，または鉄と化合して，硬くてもろい炭化鉄（Fe_3C）をつくる．

α 固溶体の組織を**フェライト**（ferrite）といい，γ 固溶体の組織を**オーステナイト**（austenite）という．炭化鉄は**セメンタイト**（cementite）と呼ばれ，フェライトとセメンタイトの混合したものを**パーライト**（pearlite）と呼んでいる．

また，オーステナイトからパーライトを析出した変態を**共析変態**（A_1 変態）といい，0.03％ C を含む鋼は組織中にパーライトを必ず含んでいる．

表 3·3 は炭素鋼に現れる組成分である．

表 3·3 炭素鋼の組成分

組成分	組織名	特徴および性質
α 固溶体	フェライト	727℃で最大 0.02％ C を固溶する．性質は軟らかく，展延性に優れている．地鉄とも呼ばれ，常温から 780℃くらいまでは強磁性体であるが，それ以上の温度では常磁性体となる．
γ 固溶体	オーステナイト	1147℃で最大 2.14％ C を固溶する．性質は粘り強く，耐食性に富み常磁性である．727℃以上で存在する組織である．
δ 固溶体	—	δ 鉄中にごく少量の炭素が溶け込んだ固溶体で，0.07％ C 以上の鋼では表れない．1410℃以上の高温でしか存在しない．
炭化鉄	セメンタイト	6.67％ C と鉄の化合物である．非常に硬くてもろく，金属光沢を有している．常温では強磁性であるが 213℃では常磁性になる．
α 固溶体と炭化鉄の共析晶	パーライト	0.76％ C の γ 固溶体が 727℃で分裂してできたフェライトとセメンタイトの共析晶．強度・延性とも優れていて，オーステナイトの鋼を徐々に冷やしたときに得られる組織．

炭素鋼の組織は，図 3·20 からわかるように，常温では 0.02％ C 以下のものはフェライトで，それ以上ではパーライトが増加し，0.76％ C 付近で組織に大きな変化をもたらす．一般に 0.76％ C の鋼を**共析鋼**（eutectoid steel）といい，パーライト組織になる．0.76％ C 以下のものを**亜共析鋼**（hypo-eutectoid steel）といい，初析フェライトとパーライトからなる組織になる．また，0.76％ C 以上のものを**過共析鋼**（hyper eutectoid steel）といい，初析セメンタイトとパーライトの組織になる．図3·21は亜共析鋼と過共析鋼の顕微鏡組織である．

（5） **状態図の見方** いま，図3·20で0.76％Cの鋼（共析鋼）を融液状態から徐々に冷却したときの変態について説明しよう．

液相線 ABCD までは融液であり，この温度まで下がると一部が凝固を始めオーステナイトを晶出する．さらに温度が下がると，固相線 AHIECF の温度で凝固が終了し，すべてが均一なオーステナイトとなる．さらに温度が下がり，S点でフェライトとセメンタイトの2固相を析出してパーライトとなる（図3·22）．

次に，0.76％C以上の鋼（過共析鋼），たとえば1.2％Cの鋼について考えてみる．液相線 ABCD で凝固が始まり，固相線 AHIECF で凝固が終わり全部がオーステナイトになる．オーステナイトは A_{cm} 線（SE）に沿って炭素濃度が減少し，SK線で0.76％Cとなり共析変態をする．したがって，この温度以下ではこの鋼の組織は，図3·23のように初析のセメンタイトとパーライトになる．

また，0.76％C以下の鋼（亜共析鋼），たとえば0.4％Cの鋼について考えてみる．液相線 ABCD の温度でδ固溶体が晶出し始める．温度が下がるにつれてδ固溶体の量が増えてくるが，HIB線まではδ固溶体と融液の混合状態である．さらに温度が下がると，オーステナイトに変態して凝固が終了する．

A_3 線（GS）まで温度が下がると，オーステナイトの一部が変態してフェライトの析出が始まり，残りのオーステナイトは A_3 線に沿って炭素濃度を増し，PS線で0.76％

（a） 亜共析鋼 　　　　（b） 過共析鋼
白い部分…初析フェライト　白い部分…セメンタイト
黒い部分…パーライト　　　黒い部分…パーライト

図3·21 亜共析鋼と過共析鋼の組織

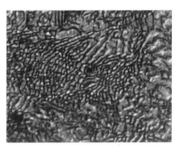

全部層状パーライト組織である．
図3·22 共析鋼（0.80％C）

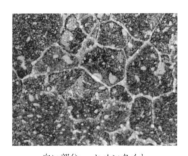

白い部分…セメンタイト
黒い部分…パーライト
図3·23 過共析鋼（1.2％C）

Cとなり，共析してパーライトとなる．したがって，この温度以下では図 3·24 のように初析のフェライトをパーライトが包むような組織になる．

これらの組織（図 3·22 〜 図 3·24）は，炭素鋼を融液状態からゆっくりと冷却し，状態図に示すような組織変化を行って得られたものであり，**標準組織**（normal structure）と呼んでいて，顕微鏡で炭素鋼の組織を見ることにより，その炭素鋼のおおよその炭素量を知ることができる．

白い部分…初析フェライト
黒い部分…パーライト

図 3·24　亜共析鋼（0.40% C）

また，図 3·25 は炭素鋼の炭素量と標準組織との関係を示したものであり，横軸に炭素量を，縦軸に各組織の量をとったものである．いま，この図で 0.5% C の点に垂線を立てると，0.5% C の炭素鋼の標準組織を知ることができる．すなわち，ab% がパーライト，bc% が初析フェライトの割合を示すことになる．常温から炭素鋼を加熱した場合は，おおよそこれとは反対の変化が起こる．

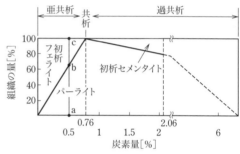

図 3·25　炭素量と標準組織の関係

2. 炭素鋼の機械的性質

炭素鋼の性質に最も大きく影響を与えるのが炭素の量であると前節で述べた．表 3·4 は炭素鋼の物理的性質を示したものである．

表 3·4　炭素鋼（SS 400）の物理的性質

密　度 (常温) [g/cm^3]	比電気抵抗 (常温) [10^{-8} Ω·m]	比　熱 (0〜100℃) [kJ/(kg·℃)]	熱伝導率 (100℃) [W/(m·℃)]	縦弾性係数 (常温) [kN/mm^2]	線膨張係数 (0〜100℃) [×10^{-6}/℃]
7.86	15	0.49	51.0	207	11

また，炭素鋼の機械的性質も炭素量によって大きく変化する．図 3·26 は炭素量と機械的性質の関係を示したものである．炭素量が多くなると，引張強さや硬さが増し，伸びや絞りが減少する．炭素量に比例して 0.8% C までは，引張強さも硬さも直線的に向上する．0.8% C 以上になると硬さは増すが，引張強さは減少してくる．

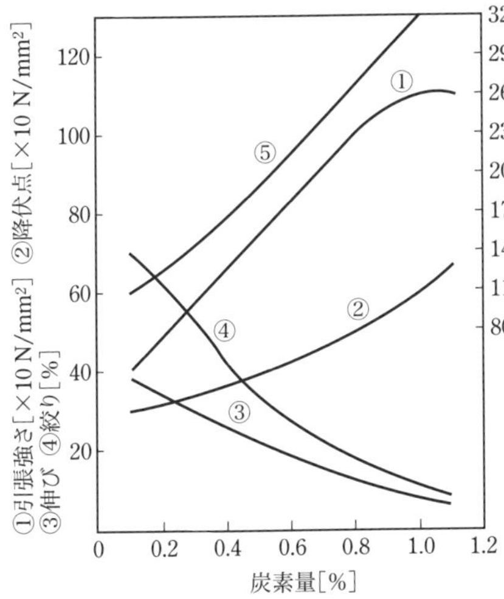

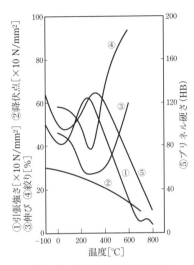

図3·26 炭素量と機械的性質の関係

図3·27 炭素鋼の温度と機械的性質の関係

図3·27は，ある炭素鋼の温度と機械的性質の関係である．金属材料の温度と機械的性質の関係は，一般に温度が上がれば伸びが増し，強さは減る．炭素鋼は図からわかるように，200～300℃付近では常温よりも強く硬くなるが，もろくなる性質がある．これを**青熱ぜい性**（blue shortness）という．これは鋼の表面に青色の酸化膜ができるためである．この温度範囲での加工は避けるようにしなければならない．

また，S（硫黄）含有量の多い鋼は900～1000℃の赤熱状態に加熱したときに，ぜい弱になる性質がある．これを**赤熱ぜい性**（red shortness）という．したがって鋼中のSは，なるべく少なくする必要がある．さらに温度が上がり，1100℃付近の亀裂現象を**白熱ぜい性**（white shortness）という．

3·3 炭素鋼の熱処理

炭素鋼に加熱や冷却を施し，鋼の変態点を利用することにより，使用目的に合った性質に改善する操作を**熱処理**（heat treatment）という．熱処理によって組織の変化，機械的性質やその他の性質を変化させ，さまざまな特性をもたせている．多くの鉄鋼材料は，熱処理を施してから使われており，炭素鋼も熱処理が大変重要である．

炭素鋼の熱処理には，焼なまし，焼ならし，焼入れ，焼もどしが代表的な方法である．

1. 熱処理後の組織

図 3·28 は，共析鋼（直径 5 mm の試料）を常温から加熱してオーステナイト組織の状態にした後に，冷却速度（炉冷，空冷，油冷，水冷）をかえて冷却したときの長さの変化を熱膨張計で測定して示したものである．

炉冷（徐冷） 加熱の変態 Ac_1（A_1 変態の加熱時の変態点には c をつける）でパーライトからオーステナイトになる．組織が変化するのに十分な時間的余裕があり，その後ほぼ状態図に示すような冷却温度 727℃で Ar_1 変態（冷却のときは r をつける）が終わり，パーライト組織になる．

空冷 炉冷より速く冷却されるため 727℃では変態が起こらず，変態点が低温に移り，Ar_1 変態は約 600℃となり，ソルバイト組織になる．

油冷 油冷の場合は図に示すように，冷却に 2 回変化がみられる．約 550℃の 1 回目の膨張では冷却が速いため，オーステナイトの一部がトルースタイト組織に変化する．これを **Ar' 変態**という．2 回目の膨張は約 200℃で残りのオーステナイトがマルテンサイトと呼ばれる組織になり，この変態を **Ar'' 変態**という．

水冷 冷却速度の大きい水冷では Ar' 変態はみられず，約 200℃で Ar'' 変態が生じてマルテンサイト組織となる．

このように冷却速度を変えることにより変態の起こり方を変え，オーステナイト組織からさまざまな組織へと変化をさせている．

(1) マルテンサイト（martensite） 鋼を A_1 変態以上の温度から水中急冷したときに現れる組織である．ドイツのマルテンスによって発見され，鋼の熱処理の中では最も硬い組織である．マルテンサイトに変化する状態をマルテ

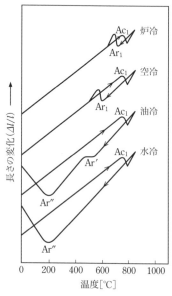

図 3·28 共析鋼の冷却速度による膨張と収縮変化

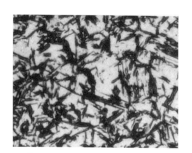

図 3·29 マルテンサイト組織①

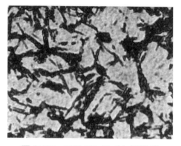

図 3·30 マルテンサイト組織②

ンサイト変態といい，顕微鏡で拡大して見ると，麻の葉のように針状をなしている（図 3・29, 図 3・30).

非常に硬く強くなるため，刃物などの切刃はマルテンサイト組織である．しかし，反面もろく，オーステナイト組織からマルテンサイト組織に変わるときに，膨張によって割れることがある．これを**焼割れ**という．

（2）**トルースタイト**（troostite）　鋼を油で冷却すると，水冷よりは冷却速度がやや遅れてこの組織が現れる．フランスのトルーストによって発見されたもので，フェライトと極微粒のセメンタイトが混ざり合った組織である．顕微鏡で見てみると，塊状や結節状に見える（図 3・31）．

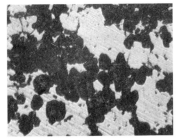

図 3・31　トルースタイト組織

油冷ではほとんど焼割れが起こらず，マルテンサイトに次ぐ硬さをもち，延性が大きいが，非常に腐食されやすい．

（3）**ソルバイト**（sorbite）　ソルバイトはトルースタイトよりもゆるやかに冷却したときに現れる組織で，イギリスのソルビーが命名したものである．フェライトと微粒セメンタイトの機械的混合組織で，顕微鏡で見てみると非常に細かい組織である（図 3・32）．

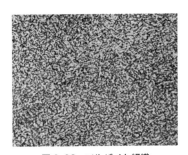

図 3・32　ソルバイト組織

ソルバイトはトルースタイトよりは軟らかいが，パーライトよりは硬くて強い．鋼の組織中では最も粘り強く，ばねやワイヤロープなどの構造用鋼として適している．

（4）**オーステナイト**（austenite）　炭素鋼ではほとんど表れず，高炭素鋼を水で急冷したときに一部が変態をせずに残ったものである．このオーステナイトを**残留オーステナイト**という（図 3・33）．

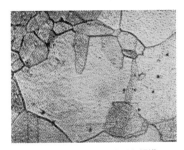

図 3・33　オーステナイト組織

残留オーステナイトは硬さを低下し，耐摩耗性を悪くするので，焼入れした鋼を 0℃ 以下に冷却して残留オーステナイトをマルテンサイト化する処理を行う．この処理を**サブゼロ処理**（subzero treatment）という（**深冷処理**ともいう）．

図 3・34 は残留オーステナイトを少なくするため，1.0％ C の鋼にサブゼロ処理を施

し，その硬さの変化を調べたものである．図からもわかるように処理後は硬さが向上している．

2. 熱処理の種類

（1）**焼なまし** 鋼を A_3 変態点または A_{cm} 線以上 $+30 \sim 50℃$ に加熱し，その温度に十分保持した後に，炉中で徐冷をする操作が**焼なまし**（annealing）である．内部応力*の除去，加工硬化した鋼の軟化，被削性の向上，組織の改良などが目的の操作である．

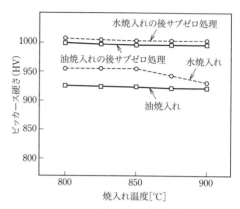

図3・34 サブゼロ処理後の硬さ

図3・35は鋼の焼なまし温度範囲を示したものであり，以下に焼なましの種類と特徴をいくつか紹介する．

（a）**完全焼なまし** 一般に焼なましという場合は，完全焼なまし（full annealing）である．A_1 変態点以上 $+50℃$ に加熱して均一オーステナイトの状態にした後に，炉中などで徐冷をする熱処理で，鋼の結晶組織を調整し軟化させるのが目的である．

（b）**応力除去焼なまし** A_1 変態点以下の温度（約 $550℃$）に加熱後に，徐冷する操作で，鋳造，鍛造，冷間加工，溶接などによって生じた内部応力を除去するのが目的である．

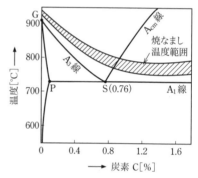

図3・35 焼なまし温度範囲

（c）**球状化焼なまし** A_1 変態点よりもわずかに高い温度で長時間加熱した後に徐冷する操作で，鋼のセメンタイトを球状化し切削加工を容易にするのが目的である．

（2）**焼ならし** 鋼を A_3 変態点または

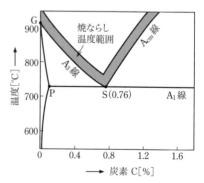

図3・36 焼ならし温度範囲

---

* **残留応力**ともいい，ある加工を施した後に外力がかかっていないのに，内部に力がかかっていること．

A_{cm} 線以上（＋30〜50℃）に加熱してオーステナイト組織にし，十分保持した後に空気中に放冷する操作が**焼ならし**（normalizing）である．鋼を標準状態にする熱処理で，鍛造や鋳造などの加工で生じた不均一な組織を均一にしたり，内部応力を取り除いたり，結晶粒を微細化して，機械的性質の改善をはかることが目的である．

（a）粗大になった鋼の過熱組織（0.55％C）　　（b）鋼の標準組織

図 3・37　鋼の過熱組織と標準組織

図 3・36 は鋼の焼ならし温度範囲を示したものである．

焼ならしは**焼準**（しょうじゅん）とも呼ばれ，完全焼なましと同じような操作である．効果も似ているが冷却速度に違いがあるので，鋼の組織を微細化し，標準組織に戻すことができる．図 3・37 は，鍛造などにより粗大になった組織（a）を，焼ならしにより内部応力を除去し，標準組織（b）に戻した図である．

（3）**焼入れ**　鋼を A_3 変態点または A_{cm} 線以上（＋50℃）に加熱し，均一なオーステナイト状態にした後に，水，油または塩浴などで急速に冷却する操作が**焼入れ**（quenching）である．鋼の硬さを増し，強くするのが目的の熱処理で，亜共析鋼では A_3 線以上，過共析鋼では A_1 線以上で加熱を行う．図 3・38 は鋼の焼入れ温度範囲を示したものである．

オーステナイト状態の鋼を水や油で急冷すると，変態を終えるのに十分な時間がないため，状態図とは違うマルテンサイト，トルースタイトやソルバイトなどの硬い組織が現れる．また，焼入れによるマルテンサイトの硬さは鋼中のC量により大きくなる．

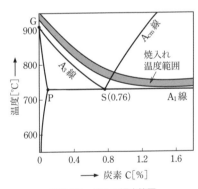

図 3・38　焼入れ温度範囲

（4）**焼戻し**　焼入れまたは焼ならしを施した鋼を，A_1 変態点以下の適当な温度に再加熱し，長時間保持した後に冷却する操作が**焼戻し**（tempering）である．焼入れによって生じた内部応力を除去したり，不安定な組織を安定化させ，鋼に粘り強さをもたせるのが目的で，処理温度により低温焼戻し（180〜200℃），高温焼戻し（400〜650℃）がある．

焼入れで生じたマルテンサイト組織は，400℃くらいの焼戻しでトルースタイト組織になり，600℃くらいの焼戻しではソルバイト組織に変化する．このように焼戻しでトルースタイト組織やソルバイト組織に変化させる操作を**調質**（thermal refining）という．

図3・39は0.45%Cの炭素鋼を焼戻したときの機械的性質の変化を示したものである．焼戻し温度が高いと，引張強さ，硬さは減少する．

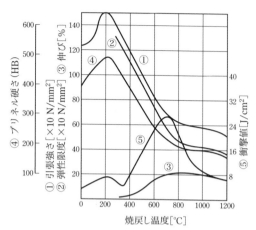

図3・39 中炭素鋼を焼入れ後，再加熱した場合の機械的性質の変化

3. 等温変態の熱処理とその方法

炭素鋼を十分に加熱してオーステナイト状態にした後，A_1 変態点以下の所定の温度まで急冷し，その温度に保持すると変態が始まる．この変態を**等温変態**（isothermal transformation）または**恒温変態**という．

図3・40は0.89%Cの炭素鋼を，オーステナイト状態から A_1 変態点以下の各温度で急冷して，それぞれの変態の開始と終了の時間を求め，縦軸に変態温度，横軸に時間（対数目盛）をとって得られた曲線である．これを**等温変態曲線**（isothermal transformation curve），または**TTT曲線**（time-temperature transformation curve）という．また，この曲線の形がC字形やS字形に似ているのでC曲線，S曲線とも呼ばれる．

図3・40において，A_1 より上はオーステナイト組織である．550℃付近の凸部をS曲線の鼻（nose）といい，鼻より上の温度でできるものはパーライト組織であり，高い温度でできたものは層が粗く，低いところでできたものは層が細かい．鼻より低い温度でできるものはベイナイト組織となる．

ベイナイト（bainite）はS曲線の鼻の下とMs線の間で生ずる組織で，

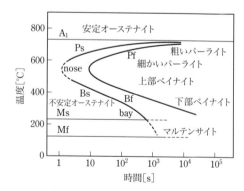

図3・40 0.89%C炭素鋼のS曲線

炭素鋼では等温変態によってのみできる組織である．トルースタイト組織の一種で，焼入れ，焼戻しをしたトルースタイトよりも粘り強くなる．鼻の温度近くで生じたものを**上部ベイナイト**（upper bainite）といい羽毛状の組織となり，Ms線近くで生じたものを**下部ベイナイト**（lower bainite）といい針状の組織になる．200～300℃の変態開始線 Bs 付近の不安定オーステナイトの領域を湾（bay）という．以下に等温変態を利用する熱処理をいくつか紹介する．

（1）**マルテンパ**　鋼をオーステナイト状態から Ms 点直上の熱浴（油またはソルト：250～350℃）で焼入れして，鋼が熱浴の温度と等しくなった後，引き上げて徐冷する操作が**マルテンパ**（martempering）で，**マルクエンチ**（marquenching）ともいう（図3・41参照）．

この操作でマルテンサイトとベイナイトの混じり合った組織が得られ，鋼の焼入れによるひずみの発生と焼割れを防ぐ．焼入れをするのに最も適した処理方法の一つであるが，この操作の後は必ず焼戻しを行う．

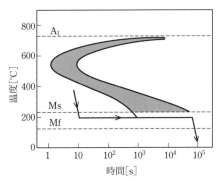

図3・41　マルテンパ

（2）**オーステンパ**　鋼をオーステナイト状態から S 曲線の鼻と Ms 点の間の一定温度の熱浴で急冷して，変態が終了するまでこの温度を保持し，熱浴から引き上げて空冷をする操作が**オーステンパ**（austempering）である（図3・42参照）．焼戻しの必要がなく，変形や割れの心配も少ない．この操作で強さと粘り強さの優れたベイナイト組織が得られるので，ベイナイト焼入れともいわれている．

ただし，熱浴の冷却速度がそんなに速くないので，大きな部品では，部品の中心部がオーステンパの温度に達するまでに，パーライト変態を起こしてしまう．そのため，比較的薄肉部品に限られてしまう．

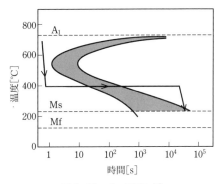

図3・42　オーステンパ

（3）**パテンティング**　鋼をオーステナイト状態から S 曲線の鼻付近の温度（約500℃）の鉛浴を用いて，急冷した後に空冷をする操作が**パテンティング**（patenting）である．溶融鉛を使うことから鉛パテンティングともいわれている．微細パーライトや

ベイナイト組織に変化させることができ，引き抜き加工を容易にさせ，炭素鋼線（ピアノ線など）の製造に用いられている．

4. 鋼の表面硬化

焼入れなどの熱処理は部品全体を硬くする操作であるが，歯車やクラッチなどの機械部品では，接触面は硬くて摩耗に耐えさせ，内部は粘りに強く衝撃にも耐えることを必要とする．このため，金属材料の表面だけを硬くして，耐摩耗性，耐熱性などを向上させ，内部は軟らかくじん性があるものにする操作を**表面硬化**（surface hardening）という．

鋼の表面硬化には，化学的反応を利用する方法，物理現象を利用する方法，機械的方法があり，図**3･43**にそれらの種類を示した．以下にいくつかの代表的なものを紹介する．

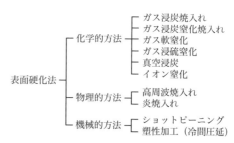

図**3･43** 表面硬化法の種類

（**1**）**高周波焼入れ** 図**3･44**のように，鋼材にコイルを巻いたり内側にコイルを置いたりして，コイルに高周波電流（1～数100 kHz）を流し，鋼材の表面付近だけを急加熱し水などで急冷すれば，品物の表面だけに焼きが入り，マルテン組織に変態して硬くなる．この方法が**高周波焼入れ**（induction hardening）で，物理現象を利用している．

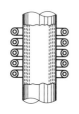 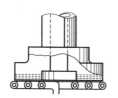 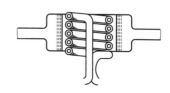

図**3･44** 高周波コイルの種類

コイルに流す電流の時間によって，焼入れ深さの調節ができ，コイルの形状を工夫することにより品物に合わせることができる．また，耐疲労性が向上し，変形が少なく，短時間で処理がすみ，大量生産に適している．

図**3･45**は，歯車に高周波焼入れを施したものである．

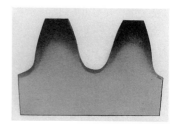

図**3･45** 歯車の高周波焼入れ硬化層

（2） 炎焼入れ 図 3·46 のように酸素，アセチレン炎を用いて，高周波焼入れ同様に鋼材の表面だけを加熱し，表面がオーステナイト組織になった後に水冷し焼入れする方法が**炎焼入れ**（flame hardening）であり，**火炎焼入れ**とも呼ばれる．耐疲労性が向上し，変形も少ない．

図のようにトーチと冷却水が一体化して動いていて，局部焼入れが可能であり，設備費も安く，少量生産ができるが，焼入れ深さの調節や加熱温度の調節は，高周波焼入れよりむずかしい．

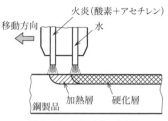

図 3·46 炎焼入れの原理

（3） 浸炭 炭素量 0.2% 以下の鋼製品を浸炭剤の中で加熱処理をして，鋼の表面に炭素を浸透させ，炭素量を増加させる処理を**浸炭**（carburizing）といい，化学反応を利用する方法である．浸炭剤の種類により，木炭やコークスは**固体浸炭**（pack carburizing），青化カリや青化ソーダは**液体浸炭**（liquid carburizing），プロパンや天然ガスは**ガス浸炭**（gas carburizing）とに分けられる．

浸炭処理をすると表面は炭素量が多くなって（0.8% C 前後），内部は炭素量が少ないもとのままである．これに焼入れをすると，表面の浸炭処理をした部分だけが硬くなる．この焼入れを**はだ焼き**（case hardening）とも呼んでいる．

図 3·47 は浸炭層の顕微鏡組織で，表 3·5 ははだ焼用に使用する機械構造用炭素鋼の種類と化学成分である．

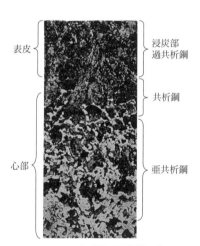

図 3·47 浸炭層の顕微鏡組織

表 3·5 機械構造用炭素鋼（はだ焼用）の化学成分（JIS G 4051：2016）

種類の記号	化 学 成 分 [%]				
	C	Si	Mn	P	S
S 09 CK	0.07～0.12	0.10～0.35	0.30～0.60	0.025 以下	0.025 以下
S 15 CK	0.13～0.18	0.15～0.35	0.30～0.60	0.025 以下	0.025 以下
S 20 CK	0.18～0.23	0.15～0.35	0.30～0.60	0.025 以下	0.025 以下

〔注〕 Ni，Cr は 0.20% 以下，Cu は 0.25% 以下，Ni＋Cr は 0.30% 以下．

（4）**窒化** 焼入れ焼戻しを行なった鋼の表面に窒素を浸透させて，表面を硬くする操作を**窒化**（nitriding）といい，化学反応を利用する方法である．アンモニアガス（NH_3）を用いるガス窒化（図3・48）と，NaCN，KCNなどを主成分とするソルトを使用する液体窒化などがある．

窒化層は1 mm以下と浅いが，非常に硬くHV 800〜1000が得られる．窒化温度は500〜550℃と浸炭よりも加熱温度が高くないので，ひずみが少なく寸法がほとんど変化しない．処理時間の長いことと深い硬化層が得られないことが欠点である．

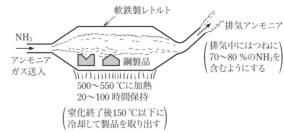

図3・48 ガス窒化法

しかし，処理時間が長い欠点を補うために，アンモニアガス中で真空放電を行いイオン衝撃で窒素を浸透させる**イオン窒化**（ion niriding）がある．イオン窒化はプラズマ窒化ともいわれ省エネルギー型で処理時間が1/10ですむ．

表3・6は窒化鋼の化学成分である．

表3・6 窒化鋼の化学成分（JIS G 4053：2016）

種類の記号	化学成分 [%]							
	C	Si	Mn	P	S	Cr	Mo	Al
SACM 645	0.40〜0.50	0.15〜0.50	0.60以下	0.030以下	0.030以下	1.30〜1.70	0.15〜0.30	0.70〜1.20

〔注〕 Niは0.25%以下，Cuは0.30%以下．

（5）**ショットピーニング** 直径1 mm前後の鋼粒（shot）を金属部品の表面に噴射して加工硬化させる冷間加工法が**ショットピーニング**（shot peening）である．機械的方法であるショットピーニングには，被加工物よりやや硬い鋼粒が最も多く用いられていて，表面を研掃するとともに圧縮残留応力の発生などにより，疲れ強さに耐えるようになる．

図3・49はショットピーニングによる硬さの増加を表したものである．

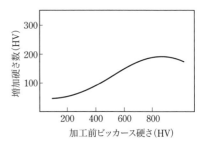

図3・49 ショットピーニングによる硬さの増加

3·4　炭素鋼の種類と用途

　炭素鋼は非常に軟らかい鋼から硬い鋼まであり，炭素量により，低炭素鋼（約 0.25% C 以下），中炭素鋼（約 0.25 〜 0.5% C），高炭素鋼（約 0.5% C 以上）に分けられる．用途もきわめて広い範囲にあり，炭素量によりそれぞれの性質を使い分けることが必要である．表 3·7 は炭素鋼の種類と用途を示したものである．

表 3·7　炭素鋼の種類と用途

種　別	C [%]	引張強さ [N/mm²]	伸び [%]	用途例
極軟鋼	0.15 以下	290 〜 380	25 〜 40	電線，管材，ブリキ，ドラム缶
軟　鋼	0.15 〜 0.2	380 〜 450	22	鉄骨，鉄筋，リベット，管材，板類
半軟鋼	0.2 〜 0.3	450 〜 530	18	船体，建築，橋梁，ボルトナット，鍛造品
半硬鋼	0.3 〜 0.5	530 〜 620	18	シャフト，建築，ボルトナット
硬　鋼	0.5 〜 0.8	620 〜 700	14	シャフト，ねじ，工具，線材，レール
最硬鋼	0.8 〜 1.2	700 以上	08	工具類，軸，ピアノ線，耐摩耗性部品

　一般には用途の面から，0.6% C 以下の鋼を構造用炭素鋼，0.6% C 以上のものは工具用炭素鋼とに大きく分けて使われている．

1.　構造用炭素鋼

　構造用炭素鋼は**一般構造用圧延鋼材**（rolled steel general structure：**SS 材**）と**機械構造用炭素鋼鋼材**（carbon steel for machine structural use：**S-C 材**）とに分けられる．一般構造用圧延鋼材は，低炭素鋼（0.3% C 以下のリムド鋼またはセミキルド鋼）を熱間圧延で鋼板，平鋼，形鋼，棒鋼などにして，建築物，橋，船舶，鉄道車両などの構造

表 3·8　一般構造用圧延鋼材（JIS G 3101：2015）

種類の記号	化学成分 [%]			引張強さ [N/mm²]	適用
	C	Mn	P, S		
SS 330	—	—	0.050 以下	330 〜 430	鋼板，鋼帯，平鋼および棒鋼
SS 400	—	—	0.050 以下	400 〜 510	鋼板，鋼帯，形鋼，平鋼および棒鋼
SS 490	—	—	0.050 以下	490 〜 610	鋼板，鋼帯，形鋼，平鋼および棒鋼
SS 540	0.30 以下	1.60 以下	0.040 以下	540 以上	鋼板[*1]，鋼帯，平鋼，形鋼，棒鋼[*2]

〔注〕　[*1] 厚さ 40 mm 以下．
　　　[*2] 径，辺または対辺距離 40 mm 以下．

物に使われる．JISでは引張強さにより4種類の規定がある（表3・8）．

SS材の使用分野は広く，JIS鋼材のうちで最も多く使われている鋼種で，とくにSS 400の使用料は多い．比較的経済的な材料であるが，あまり溶接性がよくないので，板厚50 mm以上の溶接には，Mnなどを添加した**溶接構造用圧延鋼材（SM材）**が使われる．

機械構造用炭素鋼鋼材は，一般構造用圧延鋼材より信頼性が高く，質の高いキルド鋼を鍛造，圧延などして製造される．軸，歯車などの機械部品や，自動車のエンジン部品などに多く使われている．

表3・9は，機械構造用炭素鋼鋼材の化学成分を示したものである．S-C材のうちで最も多く使われるのが，S 45 C（0.45% C）でSS材に比べると多少高くなる．低炭素のものは焼ならしのままで，ボルト，ナット，ピンなど小物軸類に使われ，0.3% C以上のものは水焼き入れ後，550～650℃で焼戻して使用されるが，焼入れ性があまりよくないので，主として小物部品に限られ，太いものは合金鋼（4章参照）の方がよい．

表3・9 機械構造用炭素鋼（JIS G 4051:2016）

種類の記号[*1]	化学成分 [%][*2]				
	C	Si	Mn	P	S
S 10 C	0.08～0.13	0.15～0.35	0.30～0.60	0.030 以下	0.035 以下
S 12 C	0.10～0.15	0.15～0.35	0.30～0.60	0.030 以下	0.035 以下
S 15 C	0.13～0.18	0.15～0.35	0.30～0.60	0.030 以下	0.035 以下
S 17 C	0.15～0.20	0.15～0.35	0.30～0.60	0.030 以下	0.035 以下
S 20 C	0.18～0.23	0.15～0.35	0.30～0.60	0.030 以下	0.035 以下
S 22 C	0.20～0.25	0.15～0.35	0.30～0.60	0.030 以下	0.035 以下
S 25 C	0.22～0.28	0.15～0.35	0.30～0.60	0.030 以下	0.035 以下
S 28 C	0.25～0.31	0.15～0.35	0.60～0.90	0.030 以下	0.035 以下
S 30 C	0.27～0.33	0.15～0.35	0.60～0.90	0.030 以下	0.035 以下
S 33 C	0.30～0.36	0.15～0.35	0.60～0.90	0.030 以下	0.035 以下
S 35 C	0.32～0.38	0.15～0.35	0.60～0.90	0.030 以下	0.035 以下
S 38 C	0.35～0.41	0.15～0.35	0.60～0.90	0.030 以下	0.035 以下
S 40 C	0.37～0.43	0.15～0.35	0.60～0.90	0.030 以下	0.035 以下
S 43 C	0.40～0.46	0.15～0.35	0.60～0.90	0.030 以下	0.035 以下
S 45 C	0.42～0.48	0.15～0.35	0.60～0.90	0.030 以下	0.035 以下
S 48 C	0.45～0.51	0.15～0.35	0.60～0.90	0.030 以下	0.035 以下
S 50 C	0.47～0.53	0.15～0.35	0.60～0.90	0.030 以下	0.035 以下
S 53 C	0.50～0.56	0.15～0.35	0.60～0.90	0.030 以下	0.035 以下
S 55C	0.52～0.58	0.15～0.35	0.60～0.90	0.030 以下	0.035 以下
S 5 8C	0.55～0.61	0.15～0.35	0.60～0.90	0.030 以下	0.035 以下

〔注〕 [*1] S 09 CK，S 15 CK，S 20 CKは表3・5参照．
[*2] Ni，Crは0.20%以下，Cuは0.30%以下，Ni＋Crは0.35%以下．

2. 工具用炭素鋼

工具用炭素鋼は構造用炭素鋼よりも硬く，炭素以外に特別な合金元素を含まない，不純物の少ない高炭素鋼（0.6～1.5% C）で，**炭素工具鋼**（carbon tool steel：SK）や，ばね用炭素鋼などがあり，いずれもキルド鋼からつくられる．

炭素工具鋼は刃物や工具に使われる鋼で，JIS では C 含有量から 11 種に規定している（表 3·10）．C の多いものほど硬くなり，切削性もよくなるが，粘り強さは悪くなるので，使用目的に合わせて C% を選ばなければならない．取り扱いやすく，安価なため高い性能を必要としない工具（低炭素のものは，たがね，ぜんまい，刻印，高炭素のものは組やすり，刃やすり）には使われているが，熱に弱いので，高温で使用できるように，炭素工具鋼の欠点を補った**合金工具鋼**（4 章参照）がある．

表 3·10 炭素工具鋼（JIS G 4401：2009）

種類の記号	化学成分 [%]			用途例
	C	Si	Mn	
SK 140	1.30～1.50	0.10～0.35	0.10～0.50	刃やすり，紙やすり
SK 120	1.15～1.25	0.10～0.35	0.10～0.50	ドリル，小形ポンチ，かみそり，鉄工やすり，刃物
SK 105	1.00～1.10	0.10～0.35	0.10～0.50	ハクソー，たがね，ゲージ，ぜんまい，プレス型
SK 95	0.90～1.00	0.10～0.35	0.10～0.50	木工用きり，おの，たがね，ぜんまい，ペン先
SK 90	0.85～0.95	0.10～0.35	0.10～0.50	プレス型，ぜんまい，ゲージ，針
SK 85	0.80～0.90	0.10～0.35	0.10～0.50	刻印，プレス型，ぜんまい，帯のこ，治工具，刃物
SK 80	0.75～0.85	0.10～0.35	0.10～0.50	刻印，プレス型，ぜんまい
SK 75	0.70～0.80	0.10～0.35	0.10～0.50	刻印，スナップ，丸のこ，ぜんまい，プレス型
SK 70	0.65～0.75	0.10～0.35	0.10～0.50	刻印，スナップ，ぜんまい，プレス型
SK 65	0.60～0.70	0.10～0.35	0.10～0.50	刻印，スナップ，プレス型，ナイフ
SK 60	0.55～0.65	0.10～0.35	0.10～0.50	刻印，スナップ，プレス型

〔注〕 各種とも P，S は 0.030 以下．

3章 練習問題

問題 1. インゴットの種類と特徴を述べよ．
問題 2. 赤熱ぜい性とは何か．
問題 3. 鉄に対する硫黄の働きを述べよ．
問題 4. 純鉄の種類をあげよ．
問題 5. 亜共析鋼と過共析鋼の組織について説明せよ．

問題 6. 次の熱処理について目的を説明しなさい．
　　　① 焼ならし　② 焼戻し
問題 7. 物理現象を利用する鋼の表面硬化法について述べよ．
問題 8. 次の語句について説明せよ．
　　　① ブルーム　② リミングアクション　③ A_1 変態　④ マルテンサイト
　　　⑤ 上部ベイナイト　⑥ パテンティング　⑦ ショットピーニング

4
合金鋼

　炭素鋼には鉄と炭素（C）のほかに，りん（P），マンガン（Mn），けい素（Si）などが含まれているが，これらは積極的に注入されたものではない．原材料のものが残ったり，脱酸などの過程で残ったものであり，鋼の性質を変化させるほどではない．そこで炭素鋼にC以外の**合金元素**（alloy elements）を積極的に加えて炭素鋼の欠点を補い，機械的性質を改善して，炭素鋼では得られない特別な性質を与えたものを**合金鋼**（alloy steel）または**特殊鋼**（special steel）という．

　合金鋼に加える元素には，Cr（クロム），Ni（ニッケル），Si（けい素），W（タングステン），Mn（マンガン），Co（コバルト），V（バナジウム），Mo（モリブデン）などがあり，これらの添加元素が総量の約5％以下のものを**低合金鋼**（low alloy steel），約10％以上のものを**高合金鋼**（high alloy steel）と区別することもある．この章では合金鋼について述べたい．

4·1　合金鋼の性質と種類

　合金鋼は調質（焼入れ後，焼戻し温度400℃以上：3章3·3節2参照）をして使用する特殊鋼である．炭素鋼では寸法が大きく（太く）なると焼きが十分に入らないので，種々の合金元素を添加することにより，大きなものでも焼きが入るようにしている．

　添加された合金元素はフェライト中に固溶し，フェライトを強化する性質をもっている．図4·1に各種の合金元素を加えたときのフェライトの引張強さに対する影響を示す．図からもわかるように，合金元素の量や

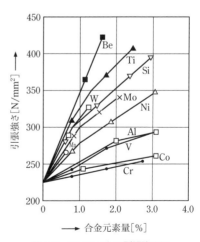

図4·1　フェライトの引張強さに対する影響

表4·1　合金元素の効果

効果・効用 \ 合金元素	Al	Ca	Cr	Co	S	Si	W	Ti	Pb	Ni	V	Mn	Mo
引張強さの向上	○					○	○	○		○		○	○
焼入れ性の向上			○			○				○		○	○
耐熱性の向上			○	○			○			○			
耐摩耗性の向上			○				○				○		○
耐食性の向上			○							○			○
被削性の向上		○			○				○				

種類により強化が異なる．

いろいろな要求や用途に対応させるため，目的に合わせた合金元素を添加する必要がある．おもな合金元素を添加した影響は表4·1のようになり，用途によって合金鋼は表4·2のように分類される．

表4·2　おもな合金鋼の分類

機械構造用合金鋼	強靱鋼，高張力鋼，低温用鋼，窒化鋼
工具用合金鋼	合金工具鋼，高速度工具鋼
耐食・耐熱用鋼	ステンレス鋼，耐熱鋼
特殊用途用鋼	快削鋼，ばね鋼，軸受鋼，けい素鋼

4·2　機械構造用合金鋼

1. 強靱鋼

機械構造用合金鋼の中で強さとじん性を向上させた鋼を**強靱鋼**（tough hardening steel）という．一般に焼入れをすることにより，一様に強さと硬さを高め，焼戻しによってじん性を与えた鋼である．引張強さが900 N/mm^{2}前後であり，おもに機械構造用として各種機械部品に使用されている．

強靱鋼として使用される鋼種は0.25〜0.5% Cの鋼に，Si，Mn，Cr，Ni，Mo，W，V，Bなどの元素を適量添加したものであり，クロム鋼，ニッケルクロム鋼，クロムモリブデン鋼，ニッケルクロムモリブデン鋼などがある．

（1）**クロム鋼**（SCr）　中炭素鋼に1%前後のCrと0.6〜0.9%程度のMnが含まれ焼入れ性を改善した鋼が**クロム鋼**（chromium steel）である．直径約60 mm程度まで焼入れができ，耐摩耗性に優れている．この鋼の熱処理は830〜900℃からの油冷で焼入れした後，520〜620℃での焼戻しを行い，焼戻し後水冷をして焼戻しもろさを防ぐ．

SCr 415とSCr 420は，一次，二次と焼入れを行い，焼戻しは150〜200℃の空冷である．おもにボルト，ナット，アーム，軸類などに使われている．

表4·3 クロム鋼鋼材 (JIS G 4053:2016)

種類の記号	おもな化学成分 [%]			機械的性質[*2]			
	C	Mn	Cr	降伏点 [N/mm^2]	引張強さ [N/mm^2]	衝撃値 [J/cm^2]	硬さ (HB)
SCr 415 [*1]	0.13〜0.18	0.60〜0.90	0.90〜1.20	—	780以上	59以上	217〜302
SCr 420 [*1]	0.18〜0.23	0.60〜0.90	0.90〜1.20	—	830以上	49以上	235〜321
SCr 430	0.28〜0.33	0.60〜0.90	0.90〜1.20	635以上	780以上	88以上	229〜293
SCr 435	0.33〜0.38	0.60〜0.90	0.90〜1.20	735以上	880以上	69以上	255〜321
SCr 440	0.38〜0.43	0.60〜0.90	0.90〜1.20	785以上	930以上	59以上	269〜331
SCr 445	0.43〜0.48	0.60〜0.90	0.90〜1.20	835以上	980以上	49以上	285〜352

〔注〕 [*1] 主として，はだ焼き用．
　　　[*2] 参考値．降伏点・引張強さは4号試験片，衝撃値は3号試験片．

表4·3はJISに規定してあるクロム鋼鋼材の組成の一部と機械的性質である．

(2) **クロムモリブデン鋼**（SCM） クロム鋼に0.15〜0.45％のMoを添加して焼入れ性（直径60〜100 mm程度まで焼入れできる）や，焼戻しによる硬さの低下を改良し，溶接性をよくした鋼が**クロムモリブデン鋼**（chromium-molybdenum steel）である．400〜500℃までのクリープ強さが大きく，高温高圧用パイプとしても使用され，機械構造用合金鋼の中で最も多く使用される．

この鋼の熱処理は，830〜900℃からの油焼入れの後に530〜630℃の焼戻しをする．クロム鋼同様に，焼戻し後は急冷をする．また，一次，二次焼入れした後に150〜200℃に空冷をする種類もある．

おもにクランク軸やボルトなどに使われている．JISでは10種が規定されていて，表4·4はJISに規定してあるクロムモリブデン鋼鋼材の組成の一部と機械的性質である．

表4·4 クロムモリブデン鋼鋼材 (JIS G 4053:2016)

種類の記号	おもな化学成分 [%]				機械的性質[*]		
	C	Mn	Cr	Mo	引張強さ [N/mm^2]	衝撃値 [J/cm^2]	硬さ (HB)
SCM 420	0.18〜0.23	0.60〜0.90	0.90〜1.20	0.15〜0.25	0930以上	059以上	262〜352
SCM 430	0.28〜0.33	0.60〜0.90	0.90〜1.20	0.15〜0.30	0830以上	108以上	241〜302
SCM 432	0.27〜0.37	0.30〜0.60	1.00〜1.50	0.15〜0.30	0880以上	088以上	255〜321
SCM 435	0.33〜0.38	0.60〜0.90	0.90〜1.20	0.15〜0.30	0930以上	078以上	269〜331
SCM 440	0.38〜0.43	0.60〜0.90	0.90〜1.20	0.15〜0.30	0980以上	059以上	285〜352
SCM 445	0.43〜0.48	0.60〜0.90	0.90〜1.20	0.15〜0.30	1030以上	039以上	302〜363
SCM 822	0.20〜0.25	0.60〜0.90	0.90〜1.20	0.35〜0.45	1030以上	059以上	302〜415

〔注〕 [*] 参考値．引張強さは4号試験片，衝撃値は3号試験片．

表4・5 ニッケルクロム鋼鋼材（JIS G 4053：2016）

種類の記号	おもな化学成分 [%]				機械的性質*		
	C	Mn	Ni	Cr	引張強さ [N/mm²]	衝撃値 [J/cm²]	硬さ (HB)
SNC 236	0.32～0.40	0.50～0.80	1.00～1.50	0.50～0.90	740以上	118以上	217～277
SNC 415	0.12～0.18	0.35～0.65	2.00～2.50	0.20～0.50	780以上	088以上	235～341
SNC 631	0.27～0.35	0.35～0.65	2.50～3.00	0.60～1.00	830以上	118以上	248～302
SNC 815	0.12～0.18	0.35～0.65	3.00～3.50	0.60～1.00	980以上	078以上	285～388
SNC 836	0.32～0.40	0.35～0.65	3.00～3.50	0.60～1.00	930以上	078以上	269～321

〔注〕 * 参考値．引張強さは4号試験片，衝撃値は3号試験片．

（3）ニッケルクロム鋼（SNC） 中炭素鋼に0.2～1.0％のCrを加えて焼入れ性を向上させ，1.0～3.5％のNiを加えることによってじん性を向上させた，古くから使われている鋼が**ニッケルクロム鋼**（nickel-chromium steel）である．熱処理が適当でないと，焼戻しもろさという材質がもろくなる作用がある．砲身用素材の合金鋼として開発されたが，現在はあまり利用されていない．

この鋼の熱処理は，SNC 415とSNC 815以外は，820～880℃の油焼入れの後に550～650℃の焼戻しを行い，焼戻し後は急冷を行う．

おもにクランク軸，ピストンピン，歯車などに使われている．表4・5はJISに規定してあるニッケルクロム鋼鋼材の組成の一部と機械的性質である．

（4）ニッケルクロムモリブデン鋼（SNCM） ニッケルクロム鋼に0.15～0.7％のMoを添加して焼入れ性（直径200 mm程度まで焼入れできる）をいっそう向上させ，ニッケルクロム鋼の欠点である高温焼戻しぜい性も改善させた，構造用合金鋼の中で

表4・6 ニッケルクロムモリブデン鋼鋼材（JIS G 4053：2016）

種類の記号	化学成分 [%]					機械的性質*		
	C	Mn	Ni	Cr	Mo	引張強さ [N/mm²]	衝撃値 [J/cm²]	硬さ (HB)
SNCM 220	0.17～0.23	0.60～0.90	0.40～0.70	0.40～0.60	0.15～0.25	830以上	59以上	248～341
SNCM 240	0.38～0.43	0.70～1.00	0.40～0.70	0.40～0.60	0.15～0.30	880以上	69以上	255～311
SNCM 415	0.12～0.18	0.40～0.70	1.60～2.00	0.40～0.60	0.15～0.30	880以上	69以上	255～341
SNCM 420	0.17～0.23	0.40～0.70	1.60～2.00	0.40～0.60	0.15～0.30	980以上	69以上	293～375
SNCM 431	0.27～0.35	0.60～0.90	1.60～2.00	0.60～1.00	0.15～0.30	830以上	98以上	248～302
SNCM 439	0.36～0.43	0.60～0.90	1.60～2.00	0.60～1.00	0.15～0.30	980以上	69以上	293～352
SNCM 447	0.44～0.50	0.60～0.90	1.60～2.00	0.60～1.00	0.15～0.30	1030以上	59以上	302～368
SNCM 616	0.13～0.20	0.80～1.20	2.80～3.20	1.40～1.80	0.40～0.60	1180以上	78以上	341～415
SNCM 625	0.20～0.30	0.35～0.60	3.00～3.50	1.00～1.50	0.15～0.30	930以上	78以上	269～321
SNCM 630	0.25～0.35	0.35～0.60	2.50～3.50	2.50～3.50	0.50～0.70	1080以上	78以上	302～352
SNCM 815	0.12～0.18	0.30～0.60	4.00～4.50	0.70～1.00	0.15～0.30	1080以上	69以上	311～375

〔注〕 * 参考値．引張強さは4号試験片，衝撃値は3号試験片．

最も強靱で優秀な鋼が**ニッケルクロムモリブデン鋼**（nickel-chromium-molybdenum steel）である．

この鋼の熱処理は，SNCM 220, 415, 420, 616, 630, 815 以外は 820～870℃の油焼入れの後に 570～680℃の焼戻しを行い，焼戻し後は急冷を行う．

おもに自動車のクランク軸や連接棒などに使われていて，SNCM630 は焼入れ性に優れているので航空機や強力ボルトなどに使われている．表 4·6 は JIS に規定してあるニッケルクロムモリブデン鋼鋼材の組成の一部と機械的性質である．

（5）**マンガン鋼**（SMn）炭素鋼（0.17～0.46％ C）に約 1～1.6％ の Mn を添加して，焼入れ性を向上させるとともに耐摩耗性も改善した安価な合金鋼が**マンガン鋼**（manganese steel）である．低マンガン鋼，機械構造用マンガン鋼または D 鋼（Ducol steel）とも呼ばれている．また 0.9～1.35％ の C で 11～14％ の Mn（Mn/C ≒ 10）を主成分とした鋼を**高マンガン鋼**（SCMnH），またはこれを発見したイギリス人の名をとって**ハッドフィールド鋼**と呼ばれている．

SMn の熱処理は 830～880℃ からの油焼入れ（SMn 433 のみ水焼入れ）の後に 550～650℃ の焼戻しを行い，SMn 420 だけは二次までの焼入れの後に 150～200℃ の焼戻しを行う．SCMnH は 1050℃ から水中に急冷してオーステナイト組織の状態で使用する．この熱処理を**水じん（靱）**（water toughening）という．オーステナイトは最初は軟らかい（約 HB 200）が，使用中に加工硬化（約 HB 550）して耐摩耗性がでてくる．

高マンガン鋼は非常に耐摩耗性に富んだ合金鋼で，鋳物の形で耐摩耗耐衝撃材料として使わ

（a）1.15％ C, 10％ Mn, 1100℃ から徐冷　　（b）1200℃ から水中冷却

図 4·2　高マンガン鋼の組織

表 4·7　機械構造用マンガン鋼鋼材（JIS G 4053：2016）

種類の記号	おもな化学成分 [％]				機械的性質*		
	C	Si	Mn	P, S	引張強さ [N/mm²]	衝撃値 [J/cm²]	硬さ (HB)
SMn 420	0.17～0.23	0.15～0.35	1.20～1.50	0.030 以下	690 以上	49 以上	201～311
SMn 433	0.30～0.36	0.15～0.35	1.20～1.50	0.030 以下	690 以上	98 以上	201～277
SMn 438	0.35～0.41	0.15～0.35	1.35～1.65	0.030 以下	740 以上	78 以上	212～285
SMn 443	0.40～0.46	0.15～0.35	1.35～1.65	0.030 以下	780 以上	78 以上	229～302

〔注〕　* 参考値．引張強さは 4 号試験片，衝撃値は 3 号試験片．

れる．

図4・2(a)は，1100℃から徐冷し，マルテンサイト化した炭化物が析出した高マンガン鋼の組織で，図4・2(b)は，同じ材料を1200℃から水じん処理したもので，オーステナイト組織である．表4・7は機械構造用マンガン鋼鋼材の組成と機械的性質で，JIS G 5131：2008に高マンガン鋼鋳鋼品の組成が定められている．

(6) マンガンクロム鋼（SMnC）マンガン鋼に0.5％くらいのCrを添加して，さらに焼き入れ性を向上させた鋼を**マンガンクロム鋼**（manganese-chromium steel）という．Crを添加すると，マンガン鋼の欠点であった低い焼戻し抵抗性が改善され機械的性質もよくなる．この鋼の熱処理はマンガン鋼と同様であり，おもに軸類などに使われている．**JIS G 4053：2016**にマンガンクロム鋼鋼材の組成が規定されている．

(7) ボロン鋼 B（ほう素）を添加した鋼を**ボロン鋼**（boron treated steel）といい，0.003〜0.005％前後の微量のBを添加しただけでも焼入れ性を向上することができる．質量効果（mass effect：熱処理の効果が処理する物の大きさによって変わること）が解消され，他の合金元素の節約ができる．しかし，焼戻しぜい性を増す欠点もあり，Bの添加は機械的性質の向上にはならない．

JISでは，ばね鋼鋼材（SUP 11A；**JIS G 4801：2011**）だけの規定であるが，大形の重ね板ばね，コイルばね，トーションバーにボロン鋼は使用されていて，自動車工業会では機械構造用鋼として数種類が規格化されている．

(8) マルエージ鋼 アメリカのINCO社が開発した低C-高Niの，引張強さが1800 N/mm² 以上の超強力鋼の一種が**マルエージ鋼**（maraging steel）である．オーステナイト域から冷却してマルテンサイトになった後に，約500℃に加熱すると，マルテンサイトが時効（aging）されて，時効硬化により非常に高い強度を得る．

マルエージ鋼は耐食性も強く，圧力容器や航空機の着陸部品，ロケットのモータケースなどに用いられている．

2. H鋼

鋼を焼入れした場合，添加した元素により焼きの入る深さに違いがでてくる．焼入れによって硬化した深さの度合いを**焼入れ性**（hardenability）といい，焼入れ性を試験する方法を**ジョミニー試**

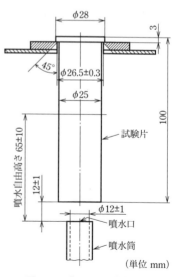

図4・3 ジョミニー試験装置

験（Jominy test）という．ジョミニー試験は焼入れ性を評価するのに最も多く使われているもので，図 **4・3** に示す装置が用いられる．

試験方法は，試験片を所定の焼入れ温度に加熱後，下から噴水を当てて一端を冷却し，試験片の軸線に沿って表面硬さを測る方法である．縦軸に硬さ（HRC），横軸に焼入れ端からの距離をとると，図 **4・4** のような曲線が得られる．この曲線

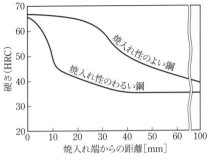

図 **4・4** ジョミニー曲線

をジョミニー曲線（Jominy curve）という．図からもわかるように，焼入れ性がよい鋼はカーブがあまり落ちずに，焼入れ性がわるい鋼はすぐカーブが落ちこんでしまう．このように曲線から焼入れ性を比較することができる．

また，鋼材の化学成分はある範囲で規定されるために，上限と下限では焼入れ性に差が起こる．そこでジョミニー曲線の上限と下限を規定して帯状範囲の中に曲線が入るようにする．この帯状範囲を**焼入れ性バンド**（hardenability band）または **H バンド**という．図 **4・5** に SCr 440 H 鋼の H バンドを示す．

H バンドを指定している鋼を H 鋼（H steel）といい，JIS では焼入れ性を保証した構造用鋼鋼材として **JIS G 4052：2016** に 24 種類を規定している．

HRC＼mm	焼入れ端からの距離とその硬さ															熱処理温度 [℃]	
	1.5	3	5	7	9	11	13	15	20	25	30	35	40	45	50	焼ならし	焼入れ
上限	60	60	59	58	57	55	54	52	46	41	39	37	37	36	35	870	845
下限	53	52	50	48	45	41	37	34	29	26	24	22	–	–	–		

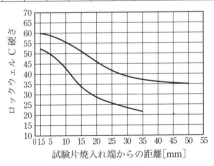

図 **4・5** SCr 440 H の H バンド（JIS G 4052：2016）

3. 高張力鋼

溶接技術の進歩により，ほとんどの構造物には，従来の鋲接（びょうせつ）に代わり，溶接が採用されるようになった．そのため，溶接性の良好な構造材料が必要とされている．**高張力鋼**（high tensile strength steel）は，大型の船舶や大形の建築などの溶接構造物のため開発された鋼である．

Cを約0.2％以下と少なくしてMn，Si，Cu，Ni，Cr，Mo，Vなどの元素を添加して，溶接性や耐食性を向上させ，低温ぜい性にも優れた安価な合金鋼である．引張強さ490 N/mm^2 以上の構造用鋼であり，**ハイテン鋼**とも呼ばれる．

高張力鋼は製造方法から2種類があり，焼入れ焼戻しの熱処理を施し，降伏強さに重点を置いた調質高張力鋼（調質ハイテン）と，熱間圧延のまま，または焼ならしをして引張強さに重点を置いた非調質高張力鋼（非調質ハイテン）がある．調質ハイテンは橋梁，高層建築用鉄骨，潜水艦耐圧壁などに使われていて，非調質ハイテンは橋梁，船舶，建築などに使われている．

4. 低温用鋼

構造用材料として-10℃以下で使用される鋼を**低温用鋼**（cryogenic steel）といい，-196℃（液体窒素温度）以下で使用される鋼は極低温用鋼という．一般に鋼は，低温になると低温ぜい性を起こす．これはFe，Cr，Mo，Wなどの体心立方格子の結晶をもつ金属に特有の現象である．そのため低温用鋼にはNi，Al，Cuなどの面心立方格子の結晶構造をもつ金属を使用している．液化ガスの貯蔵や運搬の容器に使用され，アルミキルド鋼，低Ni鋼，低温用高張力鋼などがある．

5. 窒化鋼

鋼の表面に窒素を拡散浸透させて表面層に窒化物をつくり，その窒化物による内部ひずみにより，表面を硬化させた強靭合金鋼が**窒化鋼**（nitriding steel）である．耐摩耗性も良好で，耐熱性も約500℃までは硬さの低下も少なく安定している．航空発動機のシリンダ，カム軸など耐摩耗性を必要とする部分に用いられる．JISではAl-Cr-Mo鋼のSACM 645の1種類が **JIS G 4053：2016** に規定されている（表 **3・6** 参照）．

4・3　工具用合金鋼

1. 合金工具鋼

炭素工具鋼は焼入れ性が低く，焼戻し軟化が起こりやすいので高速切削には適さな

表 4・8　合金工具鋼鋼材（JIS G 4404：2015）

（a）　切削工具用

種類の記号	化学成分 [%]							
	C	Mn	P	S	Ni	Cr	W	V
SKS 11	1.20～1.30	0.50 以下	0.030 以下	0.030 以下	0.25 以下	0.20～0.50	3.00～4.00	0.10～0.30
SKS 21	1.00～1.10	0.50 以下	0.030 以下	0.030 以下	0.25 以下	0.20～0.50	0.50～1.00	0.10～0.25
SKS 5	0.75～0.85	0.50 以下	0.030 以下	0.030 以下	0.70～1.30	0.20～0.50	—	—
SKS 51	0.75～0.85	0.50 以下	0.030 以下	0.030 以下	1.30～2.00	0.20～0.50	—	—
SKS 8	1.30～1.50	0.50 以下	0.030 以下	0.030 以下	0.25 以下	0.20～0.50	—	—

〔注〕　Si は 0.35% 以下，Cu は 0.25%以下．

（b）　耐衝撃工具用

種類の記号	化学成分 [%]							
	C	Si	Mn	P	S	Cr	W	V
SKS 4	0.45～0.55	0.35 以下	0.50 以下	0.030 以下	0.030 以下	0.50～1.00	0.50～1.00	—
SKS 41	0.35～0.45	0.35 以下	0.50 以下	0.030 以下	0.030 以下	1.00～1.50	2.50～3.50	—
SKS 43	1.00～1.10	0.10～0.30	0.10～0.40	0.030 以下	0.030 以下	0.20 以下	—	0.10～0.20
SKS 44	0.80～0.90	0.25 以下	0.30 以下	0.030 以下	0.030 以下	0.20 以下	—	0.10～0.25

〔注〕　Ni，Cu は 0.25% 以下．

（c）　冷間金型用

種類の記号	化学成分 [%]							
	C	Si	Mn	S	Cr	Mo	W	V
SKS 3	0.90～1.00	0.35 以下	0.90～1.20	0.030 以下	0.50～1.00	—	0.50～1.00	—
SKS 31	0.95～1.05	0.35 以下	0.90～1.20	0.030 以下	0.80～1.20	—	1.00～1.50	—
SKS 94	0.90～1.00	0.50 以下	0.80～1.10	0.030 以下	0.20～0.60	—	—	—
SKD 11	1.40～1.60	0.40 以下	0.60 以下	0.030 以下	11.0～13.0	0.80～1.20	—	0.20～0.50
SKD 12	0.95～1.05	0.10～0.40	0.40～0.80	0.030 以下	4.80～5.50	0.90～1.20	—	0.15～0.35

〔注〕　P は 0.030% 以下．

（d）　熱間金型用

種類の記号	化学成分 [%]							
	C	Si	Mn	Cr	Mo	W	V	Co
SKD 4	0.25～0.35	0.40 以下	0.60 以下	2.00～3.00	—	5.00～6.00	0.30～0.50	—
SKD 5	0.25～0.35	0.10～0.40	0.15～0.45	2.50～3.20	—	8.50～9.50	0.30～0.50	—
SKD 61	0.35～0.42	0.80～1.20	0.25～0.50	4.80～5.50	1.00～1.50	—	0.80～1.15	—
SKD 8	0.35～0.45	0.15～0.50	0.20～0.50	4.00～4.70	0.30～0.50	3.80～4.50	1.70～2.10	4.00～4.50
SKT 4	0.50～0.60	0.10～0.40	0.60～0.90	0.80～1.20	0.35～0.55	—	0.05～0.15	—

〔注〕　P は 0.030% 以下，Si は 0.020% 以下，Ni は SKF 4 のみで 1.50 ～ 1.80%以下．

い．この欠点を補うために，炭素工具鋼に Cr，W，Mo，V，Ni などの合金元素を添加して，工具に必要な，焼入れ性，切削性，耐熱性，耐衝撃性，耐摩耗性，持久性などを向上させたものが**合金工具鋼**（alloy tool steel）である．JIS では切削工具用 8 種，耐衝撃工具用 4 種，冷間金型用 10 種，熱間金型用 10 種が規定されている．

表 4·8 は合金工具鋼鋼材の種類と組成の一部であり，合金工具鋼鋼材の熱処理と機械的性質とともに，JIS G 4404：2015 に定められている．

（1）**切削工具用**（SKS）　0.75～1.5％ C の炭素鋼に Cr，W を添加して切削能力と耐摩耗性を向上させている．Cr は焼入れ性も向上させ，焼戻し抵抗を高める働きがある．

また Ni の添加は，炭化物をつくらずにじん性を高める効果がある．バイト，タップ，冷間引抜ダイス，センタドリル，丸のこ，帯のこなどに使用される．図 4·6 は SKS 2 を用いてつくられたタップである．

図 4·6　SKS 2 でつくられたタップ

（2）**耐衝撃工具用**（SKS）　0.35～1.10％ C と切削工具用よりも低めの炭素鋼で，じん性をもたせるため Cr，W を添加している．SKS 43 と SKS 44 は，比較的高炭素のものに Cr，W を加えずに V を添加することにより，内部は軟らかいままで表面だけに焼きが入るようにしている．たがね，ポンチ，さく岩機用ピストン，ヘッディングダイスなどに使用される．

（3）**冷間金型用**（SKS，SKD）　0.80～2.30％ C の高炭素鋼に Mn，Cr，W，Mo，V などを添加して焼入れ性を改善している．高 Cr にして耐摩耗性を向上させている種類や，高 Mn にして加工後の熱処理による変形を少なくする種類がある．ゲージ，シャー刃，プレス型，ねじ切りダイスなどに使用される．

（4）**熱間金型用**（SKD，SKT）　0.25～0.60％ C と合金工具鋼の中でいちばん少ない低炭素鋼に，Cr，W，Mo，V などを比較的多く添加している工具鋼である．急熱，急冷を繰り返しても，表面のひび割れを防ぐために C％を低くしてあり，W を含んでいるので約 600℃の高温でも耐えることができる．プレス型，ダイカスト型，押出工具などに使用される．

2. 高速度工具鋼

0.73～1.6％ C の炭素鋼に W，Cr，Co，V などを添加した，高温に耐えられる工具鋼が**高速度工具鋼**（high speed tool steel）であり，**ハイス**とも呼ばれている．一般に高速切削を行うと，工具刃先の温度が上がり，軟化して切れ味が低下する．しかし，この工具鋼は高速切削で刃先が高温になっても軟化しにくく，硬さを維持することができ

図4·7は高速度工具鋼の焼戻し硬さを示す．図において，①の試料では硬さは100℃くらいから下がり，350℃付近で谷になるが，570℃付近で最高の硬さを示している．これを第二次硬化といい，高温に熱せられてかえって硬さを増

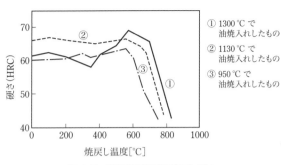

① 1300 ℃ で油焼入れしたもの
② 1130 ℃ で油焼入れしたもの
③ 950 ℃ で油焼入れしたもの

図4·7　高速度工具鋼の焼戻し硬さ

す，炭素工具鋼ではみられない特殊な硬化現象である．

高速度工具鋼の熱処理はふつうの工具鋼とは異なり，図4·8のように900℃くらいまで時間をかけて1～2回の予熱をし，その後急に，1300℃という高い焼入れ温度まで上げる2段加熱の方法をとり，そこから油焼入れをする．焼入れ温度が高いのは，オーステナイト中に合金元素を十分に溶け込ませるためである．

油焼入れ後は，550～600℃で焼戻しをすると，第二次硬化（図4·7）を生じ，工具としての性能がよくなる．

図4·9，図4·10は，同じ成分の高速度工具鋼を油中冷却したものと，焼戻しをしたものの顕微鏡組織である．

標準組成は18-4-1型（SKH 2）の0.8 % C，18 % W，4 % Cr，1% Vであり，高速度工具鋼には，タングステン（W）系とモリブデン（Mo）系の2種類があり，W系は主として切削工具用で，Mo系は耐衝撃工具用に使われている．

表4·9はJISに規定してある高速度工具鋼鋼材の組成の一部である．また，熱処理と機械的

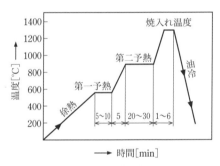

図4·8　高速度鋼の焼入れ

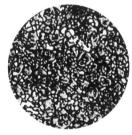

高速度鋼 0.6 % C，18.22 % W，4.29 % Cr，0.9 % V，鍛錬後250℃から油中冷却

図4·9　油中冷却した高速度鋼

550℃に焼戻す．白い粒子は複炭化物，素地はマルテンサイト

図4·10　焼戻しした高速度鋼

表4·9 高速度工具鋼鋼材（JIS G 4403：2015）

種類の記号	化学成分 [%]							
	C	Si	Mn	Cr	Mo	W	V	Co
SKH 2	0.73〜0.83	0.45 以下	0.40 以下	3.80〜4.50	—	17.20〜18.70	1.00〜1.20	—
SKH 3	0.73〜0.83	0.45 以下	0.40 以下	3.80〜4.50	—	17.00〜19.00	0.80〜1.20	4.50〜05.50
SKH 4	0.73〜0.83	0.45 以下	0.40 以下	3.80〜4.50	—	17.00〜19.00	1.00〜1.50	9.00〜11.00
SKH 10	1.45〜1.60	0.45 以下	0.40 以下	3.80〜4.50	—	11.50〜13.50	4.20〜5.20	4.20〜05.20
SKH 51	0.80〜0.88	0.45 以下	0.40 以下	3.80〜4.50	4.70〜 5.20	5.90〜 6.70	1.70〜2.10	—
SKH 52	1.00〜1.10	0.45 以下	0.40 以下	3.80〜4.50	5.50〜 6.50	5.90〜 6.70	2.30〜2.60	—
SKH 56	0.85〜0.95	0.45 以下	0.40 以下	3.80〜4.50	4.70〜 5.20	5.90〜 6.70	1.70〜2.10	7.00〜09.00
SKH 57	1.20〜1.35	0.45 以下	0.40 以下	3.80〜4.50	3.20〜 3.90	9.00〜10.00	3.00〜3.50	9.50〜10.50
SKH 58	0.95〜1.05	0.70 以下	0.40 以下	3.50〜4.50	8.20〜 9.20	1.50〜 2.10	1.70〜2.20	—
SKH 59	1.05〜1.15	0.70 以下	0.40 以下	3.50〜4.50	9.00〜10.00	1.20〜 1.90	0.90〜1.30	7.50〜08.50

〔注〕 各種ともP，Sは0.030%以下，Cuは0.25%以下．
SKH 2〜10まではタングステン系高速度工具鋼鋼材．
SKH 51〜59はモリブデン系高速度工具鋼鋼材．

性質もJIS G 4403：2015に規定されている．図4·11はSKH 9を用いてつくられたメタルソーとのこ刃である．

4·4 耐食・耐熱用鋼

鉄鋼は価格も安く，強さ，硬さなど金属材料としては非常に優れていて，熱処理を施すことにより，目的に合わせた機械的性質を得ることができる．そのため機械材料として大量に使用されているが，腐食されやすいのが欠点である．また，鉄鋼は常温では強いが，高温になると酸化や腐食を起こしやすく，強度や硬さが減少するなどの欠点もある．これらの欠点を除いて耐食性を向上させるために，Cr，Niを比較的多く添加した合金が**ステンレス鋼**であり，耐熱性を向上させるためにCr，Niのほかに，Ti，M，Wなどを添加した合金が**耐熱鋼**である．

（a） メタルソー

（b） のこ刃

図4·11 SKH 9でつくられたもの

1. 鉄鋼の腐食

鉄鋼材料はさびやすいという欠点がある．さび（腐食）は，金属が酸化物や水酸化物に変わり，表面から消耗していくことである．金属は空気中で徐々に金属光沢を失いさ

びを発生する．これは空気中には酸素のほかに，硫黄や窒素の酸化物などがわずかに含まれており，これらが金属の表面に付着していた水とともに作用してさびを発生する．金属の腐食は一度始まると途中で止まることはなく，水分のないときの腐食を**乾食**（dry corrosion），水分のあるときの腐食を**湿食**（wet corrosion）と呼ぶ．これらの腐食が原因となり，大きな事故にもつながることがあるので，腐食を防止することは大変重要なことである．

2. 鉄鋼の防食法

鉄鋼の腐食を防ぐためには，その表面を膜でおおって水と空気から遮断することが必要である．一般的には表面に塗料を塗ったり，めっきをする．また，科学的な処理により，表面に薄い膜をつくり，金属表面を空気と直接接触させない方法もあり，このように金属表面が酸化膜でおおわれている状態を**不動態**（passive state）という．以下に鉄鋼の防食法について述べる．

（1）金属皮膜で被覆する方法

（a）**電気めっき法** 電気めっき（electroplating）は，被覆する鉄鋼製品を陰極（－）とし，めっき用金属を陽極（＋）として，金属イオンを含むめっき液中で電気分解すると，鉄鋼の表面に金属イオンが析出して，金属皮膜をつくる方法である．Au，Ag，Cu，Ni，Crなどがめっきに利用されている．電気めっきは金などと同じような美しい輝きをもつので，装飾の意味を兼ねても使われていて，鉄に施すクロムめっきは硬く傷つきにくいという利点もある．

図4・12は電気めっき（銅にニッケルをめっき）の装置であり，図4・13はクロムめっきした水道水の蛇口である．

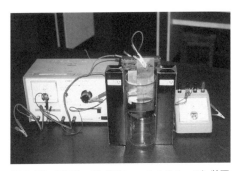 

図4・12 電気めっき（銅にニッケルをめっき）装置　　図4・13 クロムめっきされた蛇口

（b）**溶融めっき法** 溶融めっき（hot dipping）は，被覆する鉄鋼製品を脱脂，酸洗いした後に，比較的融点の低い金属を溶かしためっき浴に浸して，表面にその金属の膜

をつける方法である．古くから行われてきた処理方法の一種で，比較的厚い被覆が短い時間で得られる．

　Zn（亜鉛）を被覆する方法を**亜鉛めっき法**（hot dip zinc coating）といい，大物から小物まで多種類の製品に使われていて，屋根板などに使われているトタン（tutanaga：ポルトガル語）はこの方法で行う．Sn（すず）を付着させるめっき法が**すずめっき法**（hot dip tin coating）で，Sn を被覆した鋼板がブリキ板である．Al（アルミニウム）を被覆する方法を**アルミナイジング**（aluminizing）といい，溶融 Al めっきを施し，耐食性，耐熱性を向上させた鋼を**アルミナイズド鋼**（aluminized steel）という．

　（c）**拡散めっき法**　拡散めっき（diffusion coating）は，Zn，Cr，Al などの金属の粉末にアルミなどの酸化物と少量の塩化アンモニウムなどを加え，その中に被覆する鉄鋼製品を入れて高温で加熱し，その表面に拡散，浸透させて被膜をつける方法である．**金属浸透法**または**金属拡散被覆法**と呼ばれる．

　拡散被膜に用いる金属で，Zn を被覆するものを**シェラダイジング**（sheradizing）といい，Al の場合を**カロライジング**（calorizing），Cr の場合を**クロマイジング**（chromizing），Si の場合を**シリコナイジング**（siliconizing）という．

　（d）**金属溶射法**　溶射（spraying）は，Zn，Al，Cd，Cu などの金属を溶融または半溶融状態にさせて，被覆する鉄鋼製品に，圧縮空気で霧状に吹き付けて皮膜をつける方法である．**メタリコン**（metallikon）と呼ばれていて，溶射には，ガス式溶射，電気式線形溶射，溶湯形溶射，粉末形溶射などがあり，大きな製品に利用できる特徴がある．

　図 4・14 はガス式溶射（溶線式）の原理である．

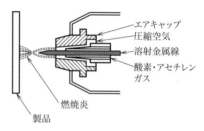

図 4・14　ガス式溶射の原理

　（2）**化合物で被覆する方法**　鉄鋼の表面に酸化膜や無機塩の薄い皮膜を，科学的または電気化学的につくることを**化成処理**（chemical coversion coating）という．素材を保護したり，鋼板の塗装下地として使われている．ち密で密着性がよく安定しているが，厚さが薄いので使用条件によっては効果はあまり大きくない．

　りん酸塩処理とクロム酸処理などがあり，Mn や Fe のりん酸塩を含んだ弱酸性りん酸水溶液の沸騰した中に，鉄鋼製品を入れて，表面に Mn と Fe のりん酸塩の被膜をつくる方法を**パーカライジング**（parkerizing）という．

　（3）**電気的防食法**　海水中にある船体や構造物などの鉄鋼製品や，地中に設置されている鉄鋼製品などの，再塗装や手入れが困難なところの防食法には，電流作用を利用した方法や電池作用を利用した方法が行われる．腐食は鉄原子が電子を失って陽イオン

になる反応によって生じるから，この反応を止めるために，防食しようとする鉄鋼製品を陰極（−）とし，黒鉛や鋳鉄を陽極（＋）にして，適当な電流を流すと陽極が消耗して製品が防食される．陽極は消耗されるので交換する必要がある．

3. ステンレス鋼

鉄に耐食効果のある Cr を添加すると，表面にはごく薄いが強い Cr の酸化被膜を生成する．この酸化被膜が保護の役目をして，大気中ではほとんど腐食しなくなる．このように Cr を主成分として，耐食性を目的とした鋼を**ステンレス鋼**〔stainless steel：**不銹鋼（錆はさび）**〕という．一般に，ステンレス鋼は Cr の含有量が 12% 以上のもので，それ以下のものを**耐食鋼**（corrosion resisting steel）という．ステンレス鋼が日本で実用化されたのは 1960 年以降であり，非常に新しい鋼である．

図 4・15 は Fe に Cr を合金したときの大気中と海水噴霧中での腐食量を示しており，図からもわかるように，Cr% が増すと耐食性は向上して，Cr が 12% 以上となると腐食はほとんどなくなる．

また，ステンレス鋼は容易にリサイクルすることができ，その種類は 100 種以上あるといわれている．合金元素によって Cr 系と Cr-Ni 系に分けることもあるが，フェライト系，マルテンサイト系，オーステナイト系，析出硬化系などの種類があり，以下に紹介したい．

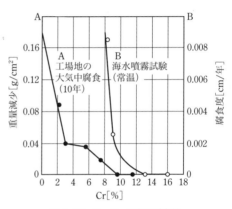

図 4・15 Fe-Cr 合金の耐食性

（1） フェライト系 フェライト系のステンレス鋼は 11～27.5% の Cr を含み，炭素量を 0.12% 以下にした鋼である．熱処理をしてもほとんど硬化がなく，耐食性と柔軟性があり，常温では磁性を有している．また，応力腐食割れも起こさず，安価で比較的加工しやすいので，自動車の排気系，ガス給湯設備，流し台やガスレンジなど，家庭内でも広く使われているが，475℃ぜい性（475℃付近で長時間加熱後冷却すると，非常にもろくなり，耐食性も劣化する現象）がある．

JIS では 7 種が規定されていて，16～18% Cr 鋼は，18 クロム鋼（SUS 430）と呼ばれている代表的なものである．表 4・10 はフェライト系ステンレス鋼の組成である．

（2） マルテンサイト系 マルテンサイト系のステンレス鋼は，他のステンレス鋼とは異なり，熱処理によって優れた機械的性質を得ることができる．12～14% の Cr を

表4·10　フェライト系ステンレス鋼（JIS G 4303：2012）

種類の記号	化 学 成 分 [%]							
	C	Si	Mn	P	S	Cr	Mo	N
SUS 405	0.080 以下	1.00 以下	1.00 以下	0.040 以下	0.030 以下	11.50〜14.50	—	—
SUS 410L	0.030 以下	1.00 以下	1.00 以下	0.040 以下	0.030 以下	11.00〜13.50	—	—
SUS 430	0.120 以下	0.75 以下	1.00 以下	0.040 以下	0.030 以下	16.00〜18.00	—	—
SUS 430F	0.120 以下	1.00 以下	1.25 以下	0.060 以下	0.150 以上	16.00〜18.00	—	—
SUS 434	0.120 以下	1.00 以下	1.00 以下	0.040 以下	0.030 以下	16.00〜18.00	0.75〜1.25	—
SUS 447J1	0.010 以下	0.40 以下	0.40 以下	0.030 以下	0.020 以下	28.50〜32.00	1.50〜2.50	0.015 以下
SUS XM27	0.010 以下	0.40 以下	0.40 以下	0.030 以下	0.020 以下	25.00〜27.50	0.75〜1.50	0.015 以下

〔注〕　SUS405には Al が 0.10〜0.30%含有される．

表4·11　マルテンサイト系ステンレス鋼（JIS G 4303：2012）

種類の記号	化 学 成 分 [%]							
	C	Si	Mn	P	S	Cr	Mo	Pb
SUS 403	0.15 以下	0.50 以下	1.00 以下	0.040 以下	0.030 以下	11.50〜13.00	—	—
SUS 410	0.15 以下	1.00 以下	1.00 以下	0.040 以下	0.030 以下	11.50〜13.50	—	—
SUS 410J1	0.08〜0.18	0.60 以下	1.00 以下	0.040 以下	0.030 以下	11.50〜14.00	0.30〜0.60	—
SUS 410F2	0.15 以下	1.00 以下	1.00 以下	0.040 以下	0.030 以下	11.50〜13.50	—	0.05〜0.30
SUS 420J2	0.26〜0.40	1.00 以下	1.00 以下	0.040 以下	0.030 以下	12.00〜14.00	—	—
SUS 420F2	0.26〜0.40	1.00 以下	1.00 以下	0.040 以下	0.030 以下	12.00〜14.00	—	0.05〜0.30
SUS 431	0.20 以下	1.00 以下	1.00 以下	0.040 以下	0.030 以下	15.00〜17.00	—	—

〔注〕　SUS431には Ni が 1.25〜2.50%含有される．

含む鋼を **13クロム鋼**（SUS 410）と呼んでいて，基準型である．大気中や水中でもほとんどさびなく，大きな強度が得られる．また，熱処理を施したものは船舶用シャフトや航空機部品などとして使われている．マルテンサイト系は焼入れによって硬化するが，耐食性はフェライト系のものより劣る．

JISでは14種が規定されていて，表4·11はマルテンサイト系ステンレス鋼の組成の一部である．

（3）　**オーステナイト系**　クロムとニッケルを添加したオーステナイト系のステンレス鋼は，普通炭素鋼ではなかなか得られないオーステナイト組織であり，酸化性，非酸化性の両方の酸に強いステンレス鋼である．常温でもオーステナイト組織であるため，焼入れによって硬化することなく，柔軟で溶接性や機械的性質にも優れている．非磁性でもあるので，化学工業用をはじめ，産業機械用や家庭用など広く利用されている．

炭素 0.15%以下，Cr 18〜20%，Ni 8〜10.5%の **18-8ステンレス鋼**（エイティン，エイト・ステンレス：SUS 304）と呼ばれる代表的なものがある．18-8ステンレス鋼は 700〜800℃に加熱すると，炭素がクロムとの間に炭化物をつくり，この炭化物が結晶粒界に析出するため，炭化物付近のクロムが低濃度になって，耐食性が悪くなり**粒間**

腐食 (intergranular corrosion) を起こすという欠点がある．そのためアーク溶接をした場合に，溶接箇所から少し離れたところ (700 〜 800°Cに加熱されるところ) にこの現象が発生する．

この粒間腐食の程度が進行すると**粒間割れ** (intergranular crack) となるので，ステンレス鋼の溶接はこの点に注意しなければならない．図 4・16 は 18-8 ステンレス鋼の粒間割れの顕微鏡写真である．

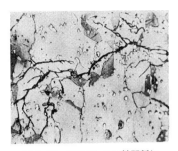

図 4・16　ステンレスの粒間割れ

また，**応力腐食割れ** (stress corrosion cracking) と呼ぶ劣化があり，この現象は溶接や冷間加工などで残留応力がある状態のものを，高温塩化物溶液や高温アルカリ水溶液の中で使用したときに，割れが発生することである．これを防止するために応力除去熱処理という 850 〜 950°C からの徐冷を行っている．

JIS では 35 種が規定されていて，表 4・12 はオーステナイト系ステンレス鋼の組成の一部である．

表 4・12　オーステナイト系ステンレス鋼 (JIS G 4303:2012)

種類の記号	化学成分 [%]							
	C	Mn	P	S	Ni	Cr	Mo	N
SUS 201	0.15 以下	5.50〜7.50	0.060 以下	0.030 以下	03.50〜05.50	16.00〜18.00	—	0.25 以下
SUS 304	0.08 以下	2.00 以下	0.045 以下	0.030 以下	08.00〜10.50	18.00〜20.00	—	—
SUS 304N1	0.08 以下	2.50 以下	0.045 以下	0.030 以下	07.00〜10.50	18.00〜20.00	—	0.10〜0.25
SUS 316	0.08 以下	2.00 以下	0.045 以下	0.030 以下	10.00〜14.00	16.00〜18.00	2.00〜3.00	—
SUS 316N	0.08 以下	2.00 以下	0.045 以下	0.030 以下	10.00〜14.00	16.00〜18.00	2.00〜3.00	0.10〜0.22
SUS 317	0.08 以下	2.00 以下	0.045 以下	0.030 以下	11.00〜15.00	18.00〜20.00	3.00〜4.00	—
SUS 836L	0.030 以下	2.00 以下	0.045 以下	0.030 以下	24.00〜26.00	19.00〜24.00	5.00〜7.00	0.25 以下

〔注〕 Si は 1.00% 以下．

(4) **オーステナイト・フェライト系**　オーステナイト系ステンレス鋼は，優れたステンレス鋼ではあるが欠点も多くある．この欠点を補うために，Cr, Ni 量を調整して二相としたものが，オーステナイト・フェライト系の**二相ステンレス鋼** (dual stainlees steel) である．二相ステンレス鋼はオーステナイトとフェライトの量比がほぼ 1:1 でオーステナイト系の欠点である，粒界腐食や応力腐食割れなどに対応している．排煙脱硫装置，各種化学装置用，海水熱交換器などに使われている．

オーステナイト・フェライト系ステンレス鋼の組成は，**JIS G 4303** では 3 種類が規定されている．

(5) **析出硬化系**　ステンレス鋼の耐食性を損なわずに，強度を著しく高めるために

Ni，Crを含むステンレス鋼にAl，Cu，Nbなどを添加して，冷間加工または機械加工を施した後に，低温の熱処理によって金属間化合物を析出硬化させたものが**析出硬化系ステンレス鋼（PHステンレス鋼）**である．

JISではSUS 630および631が規定されているが，規定外の鋼種も実際には使われている．SUS 630は17-4PH（17% Cr-4% Ni）と呼ばれ，鋳造材や鍛造材として強度を必要とする部品に使われ，SUS 631は17-7PH（17% Cr-7% Ni）と呼ばれ，航空機や化学工業用に使われている．PHは析出硬化を示す記号であり，Precipitation Hardeningの頭文字をとったものである．析出硬化系ステンレス鋼の組成については**JIS G 4303**を参照するとよい．

（6）ニッケルフリー・フェライト系　オーステナイト系ステンレス鋼の主要元素であるニッケルを含まず，ニッケルの代わりに高濃度の窒素Nを添加したものがニッケルフリーステンレス鋼である．Niはレアメタルの一つでもあるため，長期に安定して供給されるとは限らない．また，金属アレルギーを引き起こしやすく，人工汗を用いた溶出試験によって，Niを溶出する金属材料の使用が規制されている．そこで開発されたのがNiフリーステンレス鋼である．Nは大気中に質量比で75％程度存在し，無色，無臭，無味，無害の気体元素であり，オーステナイト安定化元素である．

JIS鋼種（SUS 430）に該当するNSSC 180があり，SUS 430よりも延性，加工性，に優れ，高温特性（耐酸化性，高温強度）にも優れている．自動車や二輪車の排ガス浄化用触媒やモール，各種ねじに使われている．表4・13は機械的性質の例である．

表4・13　機械的性質の代表例

鋼種	0.2%耐力 [N/mm^2]	引張強さ [N/mm^2]	伸び [%]	硬さ (HV)	結晶粒度
NSSC 180	314	500	32	153	8.9
SUS 430	304	480	30	158	9.0
SUS 304	284	686	54	167	7.1

〔注〕試料：板厚0.8 mm，仕上げ2B，結晶粒度測定：切断法，引張試験：**JIS Z 2241**，試験片形状：JIS 13B号

4. 耐熱鋼

（1）加工用耐熱鋼　一般に鉄鋼は高温で酸化や腐食を起こしやすく，引張強さや硬さも減少する．また高温時は，一定の荷重を受ける材料が時間の経過とともに変形するクリープ現象が起こる．そこで約400℃以上の高温でも使用できるように，炭素鋼に多量のCrやNi，Co，Wその他の元素を添加することにより，高温での耐食性（耐酸化性）や強度を高めた合金鋼が**耐熱鋼**（heat-resisting steel）である．

耐熱鋼はステンレス鋼を改良したものが多く，種類もステンレス鋼と同様にオーステナイト系，フェライト系，マルテンサイト系などがある．JISではSUSの記号のままで耐熱鋼として規格化されているものがある．以下に紹介したい．

　（a）オーステナイト系　Crが13.5〜26.0％，Niが3.25〜37.0％とCr，Niの含有量が多く，常温でもオーステナイトの組織をもち，じん性が高く，成形性や溶接性も良好である．また，耐酸化性やクリープ強さはフェライト系やマルテンサイト系のものより優れている．クリープ強さを高めるためにMo，W，Coなどを添加している．

　JISでは10種が規定されていて，表4・14に組成の一部を示す．これらは約900〜1200℃に加熱した後，固溶化処理（急冷する処理）を行い，種類によっては時効処理をして使用する．

表4・14　耐熱鋼（JIS G 4311：2011）

種類の記号	分類	おもな化学成分 [%]						
		C	Si	Mn	Ni	Cr	Mo	N
SUH 31	オーステナイト系	0.35〜0.45	1.50〜2.50	0.60 以下	13.00〜15.00	14.00〜16.00	—	—
SUH 35		0.48〜0.58	0.35 以下	8.00〜10.00	3.25〜4.50	20.00〜22.00	—	0.35〜0.50
SUH 37		0.15〜0.25	1.00 以下	1.00〜01.60	10.00〜12.00	20.50〜22.50	—	0.15〜0.30
SUH 310		0.25 以下	1.50 以下	2.00 以下	19.00〜22.00	24.00〜26.00	—	—
SUH 330		0.15 以下	1.50 以下	2.00 以下	33.00〜37.00	14.00〜17.00	—	—
SUH 661		0.08〜0.16	1.00 以下	1.00〜2.00	19.00〜21.00	20.00〜22.50	2.50〜3.50	0.10〜0.20
SUH 446	フェライト系	0.20 以下	1.00 以下	1.50 以下	—	23.00〜27.00	—	0.25 以下
SUH 1	マルテンサイト系	0.40〜0.50	3.00〜3.50	0.60 以下	—	7.50〜9.50	—	—
SUH 3		0.35〜0.45	1.80〜2.50	0.60 以下	—	10.00〜12.00	0.70〜1.30	—
SUH 4		0.75〜0.85	1.75〜2.25	0.20〜0.60	1.15〜1.65	19.00〜20.50	—	—
SUH 11		0.45〜0.55	1.00〜2.00	0.60 以下	—	7.50〜9.50	—	—
SUH 600		0.15〜0.20	0.50 以下	0.50〜1.00	—	10.00〜13.00	0.30〜0.90	0.05〜0.10
SUH 616		0.20〜0.25	0.50 以下	0.50〜1.00	0.50〜1.00	11.00〜13.00	0.75〜1.25	—

　SUH 31は自動車用エンジンの排気弁で，SUH 35，36，37，38は高温強度を主とした排気弁などに，SUH 309，310は熱処理設備や熱交換器などに使われている．SUH 661は添加元素がとくに多く，**超耐熱鋼**といわれ，内燃機関燃焼室や高級排気弁，ジェットエンジンのブレードやタービンロータシャフト，ブレードなどに使用される．

　（b）マルテンサイト系　マルテンサイト系ステンレス鋼を高温用に改良した化学成分で，CrのほかにNi，Mo，W，Si，Vなどを含有している．Cr，Siは耐酸化性を，Cr，Mo，Wはクリープ強さを高めるために添加されている．オーステナイト系に比べて安価であり，オーステナイト系やフェライト系と比べて強度が高い．約1000℃からの焼入れ，600〜850℃の焼戻しを行う．

JIS では 6 種が規定されていて，表 4・14 に組成の一部を示す．SUH 1, 3, 4 は自動車エンジンのバルブ用で，SUH 600 はタービンブレードなどに使用され，SUH 616 は高温用のボルト，ナットや高温発電機用の部品などに使われている．

（c）**フェライト系** Cr を多量に加えたフェライトの組織をもつ耐熱鋼である．熱伝導度が大きいため熱応力が小さく，高温耐酸化性が優れている．JIS では SUH 446 の 1 種が規定されていて，自動車排ガス浄化装置やマフラーなどに使用される．

（2）**鋳造用耐熱鋼** 耐熱鋼は高温での強度が高いため，鍛造による成形がむずかしい．そのため鋳造材料として鋳物用に用いられる場合が多い．この鋼が**耐熱鋼鋳鋼**（heat-risisting steel cast）である．

JIS G 5122 に高 Cr 系が 3 種（SCH 1～3），高 Cr-Ni 系が 14 種（SCH 11～24）規定されている．約 500℃以上の高温にも耐えられ，引張強さは 390～590 N/mm^2 以上で，伸びは 4～23％程度以上である．SCH 22 は HK 40 とも呼ばれ，遠心鋳造耐熱鋼管の代表的な材料である．

（3）**超耐熱合金** ジェットエンジンや発電用ガスタービンなどの高温機器の耐熱部品は，加工用耐熱鋼では不十分なため，もっと高温における強さ，耐酸化性，耐食性に対応するものが必要となる．その合金が**超耐熱合金**（super heat-resisting alloy）で**超合金**とも呼ばれる．耐熱鋼よりもさらに合金量が多く，Fe 基，Ni 基，Co 基の 3 種がある．

（a）**鉄基超耐熱合金** オーステナイト系耐熱鋼を基本としたものが，**鉄基超耐熱合金**（iron base superalloy）である．Ni 含有量を 50％以下にした Fe を主成分とし，750～800℃まで使用できる．Cr，Ni その他の元素を添加することにより耐食性や強度を改善し，高温耐酸化性を増している．Timken 16-25-6（16％ Cr-25％ Ni-6％ Mo：アメリカ）や Incoloy 901（13.5％ Cr-42.7％ Ni-2.5％ Ti-0.25％ Al：同）などがある．

（b）**ニッケル基超耐熱合金** Ni-Cr 合金を基本とし，Ni 含有量が約 50％以上あるものが**ニッケル基超耐熱合金**（nickel base superalloy）である．Ni を主成分としたものであり，900～1000℃まで使用できる．Cr，Co を添加することにより耐熱性を向上させ，クリープ性向上のため Al，Ti を添加している．

1930 年頃よりジェットエンジン材料のために開発されたものであり，現在のジェットエンジンのほとんどは Ni 基鋳造合金を使用している．Inconel 718（19.0％ Cr-52.5％ Ni-3.0％ Mo-0.8％ Ti-0.6％ Al：アメリカ）や Nimonic 100（11.0％ Cr-54.0％ Ni-5.0％ Mo-1.5％ Ti-5.0％ Al：イギリス）などがある．

（c）**コバルト基超耐熱合金** 単体金属としては使用の少ない Co を主成分としたものが**コバルト基超耐熱合金**（cobalt base superalloy）である．Cr の含有量が多いため高温腐食に強く，1000℃以上まで使用でき，溶接性や鋳造性も良好であるが，Co は地

殻存在度が低いため，供給に欠点がある．X40（55.0% Co-25% Cr-10% Ni-7.5% W：アメリカ）などがある．耐食耐熱合金として **JIS G 4901** に 11 種が規定されている．

4·5 特殊用途鋼

1. 快削鋼

旋盤などでボルト，ナットや自動車部品のねじ類を切削加工するとき，ふつうの低炭素鋼の軟らかい鋼材を使うと，切削後の切りくずが長くなり，切削速度が遅くなって，仕上げ面が平滑にきれいにはならない．工作機械の高速化や自動化にともない，鋼の被削性を向上させ，仕上げ面を平滑にきれいにするようにつくられた合金鋼が**快削鋼**（free cutting steel）である．快削鋼は母材の機械的性質をあまり損じないで被削性を容易にした鋼で，被削性を向上させるために，S（硫黄），Mn，P（りん），Pb（鉛）などが添加される．

被削性が向上するということは，工具寿命が伸びるということであり，普通鋼を切削したときと比較すると，工具寿命は約 4 倍に伸び，切削速度も上げることができるので，自動化された工作機械の大量生産には便利である．しかし快削鋼は，S，Pが多いので低温もろさを起こしやすく，寒冷地では使用できない．

図 4·17 は，機械構造用炭素鋼と各種快削鋼の工具寿命を比較したものである．

快削鋼を分類すると，硫黄快削鋼，鉛快削鋼，カルシウム快削鋼などがあ

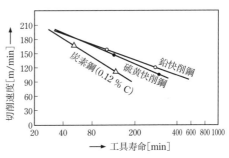

図 4·17 炭素鋼と快削鋼の工具寿命

表 4·15 硫黄および硫黄複合快削鋼（JIS G 4804：2008）

種類の記号	化 学 成 分 [%]				
	C	Mn	P	S	Pb
SUM 21	0.13 以下	0.70〜1.00	0.07〜0.12	0.16〜0.23	—
SUM 22L	0.13 以下	0.70〜1.00	0.07〜0.12	0.24〜0.33	0.10〜0.35
SUM 24L	0.15 以下	0.85〜1.15	0.04〜0.09	0.26〜0.35	0.10〜0.35
SUM 31	0.14〜0.20	1.00〜1.30	0.040 以下	0.08〜0.13	—
SUM 31L	0.14〜0.20	1.00〜1.30	0.040 以下	0.08〜0.13	0.10〜0.35
SUM 42	0.37〜0.45	1.35〜1.65	0.040 以下	0.08〜0.13	—
SUM 43	0.40〜0.48	1.35〜1.65	0.040 以下	0.24〜0.33	—

り，JISでは硫黄および硫黄複合快削鋼鋼材として，SUM 21～43 の 13 種が規定されている．表 4・15 は快削鋼鋼材の組成の一部である．

（1） 硫黄快削鋼 最も古くから使われている快削鋼が**硫黄快削鋼**（sulfurized free cutting steel）である．鋼に 0.08～0.40％の S と，0.60～1.65％の Mn を添加することにより，鋼中の MnS が潤滑剤の役目やチップブレーカー（chip-breaker：切りくずを細かくする作用をもつ物質）として働き，被削性が向上する．さらに 0.12％以下の P を添加することにより，いっそう被削性を向上させているものもある．切削が容易で安価で仕上がりもよくなるが，材料強度には問題がある．

（2） 鉛快削鋼 鋼に S や Mn のほかに 0.10～0.35％の Pb（鉛）を添加することにより，被削性を向上させた合金鋼が**鉛快削鋼**（leaded free cutting steel）で，超快削鋼と呼ばれている．JIS では 4 種が規定されている．

Pb は鋼中に小さく球状になって分散し，切削中に溶けて工具と材料間の潤滑作用をして，材料をもろくすることがない．また Pb は，鋼の機械的性質にはほとんど影響を与えず，熱処理特性も基本鋼とほとんど差がなく，他の合金鋼にも添加して使われている．しかし Pb は有害物のため，製鋼のときに特別な措置が必要である．

（3） カルシウム快削鋼 鋼に極少量の Ca（カルシウム）を添加することによって，被削性を向上させた合金鋼が**カルシウム快削鋼**（calcium free cutting steel）である．酸化物系の介在物である Ca は，高速切削中の工具に膜をつくり摩擦を減少させている．鋼を弱くする作用がなく，加工性，溶接性ともに良好である．また，超硬工具による高速切削にも適している．

2. ばね鋼

炭素量が 0.5～1.0％の鋼を熱処理して用いれば，ばねとして使用することもできるが，とくに使用目的がばねにあり，弾性限度が高く，疲れ強さが大きく，振動による繰り返し荷重にも耐え，切欠感受性が小さいなどの性質をもっている合金鋼を**ばね鋼**（spring steel）という．

ばねには多くの種類がある．車両用の重ね板ばね，コイルばね，トーションバーのような大形のばねは，板状，帯状や棒状の素材から熱間加工でばねの形状に加工して，熱処理を施してばねの性質を与えてつくられるもので，熱間成形ばねまたは熱処理ばねという．

板ばね，うず巻ばね，弁ばねなどの小形のばねは，冷間加工や熱処理であらかじめ性質を与えられてからつくられた冷間成形のものであり，冷間成形ばねまたは加工ばねという．冷間成形ばねに使用する素材は，硬鋼線，ピアノ線，オイルテンパー線などがある．

一般に，ばね鋼といえば熱間成形されているものを呼ぶ．ばね鋼は弾力性の大きいことが必要であり，そのためPやSを少なくし，焼戻し温度も低く450～540℃で行われている．

JISでは8種が規定されており，表4・16は，ばね鋼鋼材の種類と組成である．

表4・16 ばね鋼（JIS G 4801：2011）
（a） 種類の記号

種類の記号		摘　　要
SUP 6	シリコンマンガン鋼鋼材	主として重ね板ばね，コイルばねおよびトーションバーに使用する．
SUP 7		
SUP 9	マンガンクロム鋼鋼材	
SUP 9A		
SUP 10	クロムバナジウム鋼鋼材	主としてコイルばねおよびトーションバーに使用する．
SUP 11A	マンガンクロムボロン鋼鋼材	主として大形の重ね板ばね，コイルばねおよびトーションバーに使用する．
SUP 12	シリコンクロム鋼鋼材	主としてコイルばねに使用する．
SUP 13	クロムモリブデン鋼鋼材	主として大形の重ね板ばね，コイルばねに使用する．

（b） 化学成分

種類の記号	化学成分 [%]						
	C	Si	Mn	Cr	Mo	V	B
SUP 6	0.56～0.64	1.50～1.80	0.70～1.00	—	—	—	—
SUP 7	0.56～0.64	1.80～2.20	0.70～1.00	—	—	—	—
SUP 9	0.52～0.60	0.15～0.35	0.65～0.95	0.65～0.95	—	—	—
SUP 9A	0.56～0.64	0.15～0.35	0.70～1.00	0.70～1.00	—	—	—
SUP 10	0.47～0.55	0.15～0.35	0.65～0.95	0.80～1.10	—	0.15～0.25	—
SUP 11A	0.56～0.64	0.15～0.35	0.70～1.00	0.70～1.00	—	—	0.0005以上
SUP 12	0.51～0.59	1.20～1.60	0.60～0.90	0.60～0.90	—	—	—
SUP 13	0.56～0.64	0.15～0.35	0.70～1.00	0.70～0.90	0.25～0.35	—	—

〔注〕 各種ともP，Sは0.030％以下，Cuは0.30％以下．

3. 軸受鋼

軸受鋼（bearing steel）は，ころがり軸受（ボールベアリング，ローラベアリング）の鋼球やころと軌道輪であるレースに使用される鋼である．軸受は，点または線接触の状態で繰り返し荷重を高速で受けるため，硬さ，耐摩耗性，降伏強さ，じん性，疲れ強さ，寸法安定性などが要求されており，とくにころがり疲れ寿命の長いことは重要である．また精度と耐久度の上から，不純物が入るのを避け，セメンタイトが球状化して細

かく一様に分布した，よい鋼でなければならない．

約 1.0% C，0.9〜1.6% Cr の高炭素クロム鋼が用いられ，製品の大きさに合わせて Mn，Si，Mo などを添加する．熱間加工が容易であり，焼なましをすれば機械加工も容易にでき，工具としても使われている鋼である．組成や熱処理の方法は合金工具鋼に似ていて，JIS では **JIS G 4805** に 4 種が規定されていて，SUJ 2 がベアリングの主要材料として最も多く使われている．

表 4·17 は高炭素クロム軸受鋼鋼材の組成である．

表 4·17　高炭素クロム軸受鋼（JIS G 4805:2008）

種類の記号	化　学　成　分　[%]						
	C	Si	Mn	P	S	Cr	Mo
SUJ 2	0.95〜1.10	0.15〜0.35	0.50 以下	0.025 以下	0.025 以下	1.30〜1.60	—
SUJ 3	0.95〜1.10	0.40〜0.70	0.90〜1.15	0.025 以下	0.025 以下	0.90〜1.20	—
SUJ 4	0.95〜1.10	0.15〜0.35	0.50 以下	0.025 以下	0.025 以下	1.30〜1.60	0.10〜0.25
SUJ 5	0.95〜1.10	0.40〜0.70	0.90〜1.15	0.025 以下	0.025 以下	0.90〜1.20	0.10〜0.25

4. けい素鋼

0.02% C 以下の純鉄に 4% 前後の Si を添加したものが**けい素鋼**（silicon steel）である．Si を添加することにより磁気ひずみが小さくなり，透磁率（磁性体の磁化の様子を表す物質定数）が上がるので磁性材料として使われ，**電磁鋼板**（electromagnetic steel plate）とも呼ばれている．電磁鋼板は，機械的性質が一般の鋼板とは異なっているので，用途は限られてしまうが，純 Fe と比較すると磁気特性が良好なため，発電機，変圧器，モーターなどの電気機器の鉄心材料として大量に使われている．加工方法は打抜き加工が主で，曲げ加工や絞り加工はほとんど行われない．

4 章　練習問題

問題 1. ニッケルクロム鋼の欠点を述べよ．
問題 2. 合金工具鋼の種類と用途例を述べよ．
問題 3. 高速度工具鋼について．
　　① 第二次硬化とは何か．　② 熱処理の方法について述べよ．
問題 4. 鉄鋼の防食法の種類を記せ．
問題 5. 鉄鋼がさびる理由は何か．
問題 6. ステンレス鋼の種類と用途例を述べよ．
問題 7. 快削鋼の利点と欠点をあげなさい．

5

鋳鉄

鉄鋼材料で炭素量が2.06%以下のものを**鋼**と呼んでいる．鋼の中で鋳鋼品または鋼鋳物として使用される材質を**鋳鋼**（cast steel）といい，炭素量を2.06～6.67%含むFe-C合金を**鋳鉄**（cast iron）という．

鋳鉄は鋼に比べて炭素を多く含んでいるので，衝撃には弱く，鍛造や圧延等の熱間加工には適さず，耐熱性，溶接性にも欠けている．しかし，耐摩耗性や切削性は優れており，炭素鋼に比べると融点が低いため流動性がよくなり，溶かして砂や金属の鋳型に流し込み鋳物をつくることが容易である．すなわち鋳造性（castability）に富んでいる．

また鋳鉄は，収縮率も低く，安価であり，複雑な形でも自由自在に造形でき，大型部品をつくることも容易であるので，広く機械部品，水道用部品等に用いられている重要な鉄鋼材料である．

5·1 鋳鉄の成分と組織

1. 鋳鉄の製法

溶鉱炉から取り出される銑鉄は製鋼用銑と鋳物用銑に分かれている．この鋳物用銑をもう一度溶解して製品の形状に鋳込んだものが鋳鉄であり，鋳鉄製の製品が鋳鉄品と呼ばれる．鋳物用銑を溶かすのには**キュポラ**（cupola）または低周波誘導電気炉やエルー式アーク電気炉などが用いられている．

キュポラは古くから鋳鉄の溶解炉として使用され，送風形態や使用耐火物などによってさまざまな種類がある．キュポラ（図5·1）と呼ばれる円筒状の炉は，厚さ6～10mmの軟鋼板

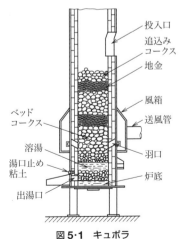

図5·1 キュポラ

の円筒の内壁を耐火れんがで裏張りした立て形炉である.

同図からもわかるように,上部の投入口よりコークス(燃料)と地金を交互にある高さまで積み上げていき,下から熱風を送り,コークスを燃焼させて地金を溶かしていく.いちばん下にベッドコークスを入れ,地金には銑鉄,鋼くず,戻し材(鋳鉄品の戻りくず)が用いられる.地金は下の方から徐々に溶け出して,コークスの間を抜けて順次下に落ちていき,下部の湯だまりに溜まり,出湯口から溶けた湯が流れ出る.

地金とコークスは上部から投入しているため,連続的に操業されている.キュポラの大きさは1時間当たりの出湯量で表され,最大で 100 t/h である.キュポラは地金とコークスがきっちりと仕切られて積み上げられていて,上部の地金は炉内を通り抜けていくため熱効率の高い溶解炉である.

燃料のコークスが安価であることから,キュポラがおもに使用されていたが,排ガスの問題などのため,使用が少なくなってきている.

低周波誘導電気炉やエルー式アーク電気炉は,キュポラ溶解とは違い,電気炉溶解である.低周波誘導電気炉(図 5·2)は,炉の周囲に巻き付けたコイルに電気を流すと,鉄心に誘導電流が生じ,誘導電流のジュール熱により溶解する炉である.高級鋳鉄にはキュポラで溶かして成分の調整などが容易な低周波誘導電気炉で精練する二重溶解法が用いられる.

エルー式アーク電気炉(図 5·3)は,図のように黒鉛棒電極からアークを発生させて,その熱で溶解する炉である.高温が得られるため,鉄鋼,特殊鋼など溶解温度の高いものに広く利用されている.電気炉溶解は溶解速度が速く,成分調整が簡単なため,現在は生産の半分まで使われている.参考までにJIS規格に記載されていた鋳物用銑(表 5·1)を記す.

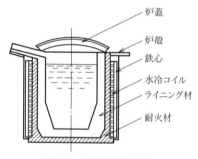

図 5·2 低周波誘導電気炉

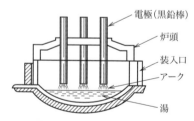

図 5·3 エルー式アーク電気炉

2. 鋳鉄の組織

鋳鉄は図 3·20 の Fe-C 系平衡状態図からもわかるように,炭素量を 2.06 〜 6.67 % 含む Fe-C 系合金である.実用上は炭素量が 2 〜 4 % のものが使用され,そのほかに Si 1

表 5・1　鋳物用銑の化学成分 （JIS G 2202：2000 年廃止）

種類			化学成分 [%]					
			C	Si	Mn	P	S	Cr
1種	1号	A	3.40 以上	1.40～1.80	0.30～0.90	0.300 以下	0.050 以下	—
		B	3.40 以上	1.81～2.20	0.30～0.90	0.300 以下	0.050 以下	—
		C	3.30 以上	2.21～2.60	0.30～0.90	0.300 以下	0.050 以下	—
		D	3.30 以上	2.61～3.50	0.30～0.90	0.300 以下	0.050 以下	—
	2号		3.30 以上	1.40～3.50	0.30～1.00	0.450 以下	0.080 以下	—
2種	1号	A	3.50 以上	1.00～2.00	0.40 以下	0.100 以下	0.040 以下	0.030 以下
		B	3.00 以上	2.01～3.00	0.50～1.10	0.100 以下	0.040 以下	0.030 以下
		C	3.00 以上	3.01～4.00	0.50～1.10	0.130 以下	0.040 以下	0.030 以下
		D	2.70 以上	4.01～5.00	0.50～1.30	0.130 以下	0.040 以下	0.030 以下
		E	2.50 以上	5.01～6.00	0.50～1.30	0.150 以下	0.040 以下	0.030 以下
	2号		2.50 以上	1.00～6.00	1.35 以下	0.160 以下	0.045 以下	0.035 以下
3種	1号	A	3.40 以上	1.00 以下	0.40 以下	0.100 以下	0.040 以下	0.030 以下
		B	3.40 以上	1.01～1.40	0.40 以下	0.100 以下	0.040 以下	0.030 以下
		C	3.40 以上	1.41～1.80	0.40 以下	0.100 以下	0.040 以下	0.030 以下
		D	3.40 以上	1.81～3.50	0.40 以下	0.100 以下	0.040 以下	0.030 以下
	2号		3.40 以上	3.50 以下	0.50 以下	0.150 以下	0.045 以下	0.035 以下

～3％，Mn 0.3～1.0％，P 0.03～0.8％を含んでいて，その中で最も影響を与えるのはCとSiであり，Fe-C-Si合金と考えてもよい．

　鋼中の炭素は，フェライト（固溶炭素）またはセメンタイト（化合炭素）となり，組織を構成しているが，鋳鉄中の炭素は鋼に比べると多量に存在しているので，グラファイト（黒鉛）とセメンタイトの二つの異なる状態で存在している．**グラファイト**とは炭素がそのまま単独で鋳鉄中に遊離している場合で，**セメンタイト**とは炭素が鉄と化合している場合である．そして，これらの二様になっている炭素の全量を全炭素量（total carbon）という．グラファイトは片状または粒状となっていて質が軟らかく，セメンタイトはきわめて硬い．

　鋳造工場では，溶けた鋳鉄をV字形の鋳型（図5・4）に鋳込み，溶銑の状態を早く知るために，それを折る**チルテスト**（chill test）が行われている．これは，試験片の折れ口を肉眼で見ることにより材質を検査するものである．薄いところは破面が白く，結晶粒がち密で硬く，厚いところは灰色をし

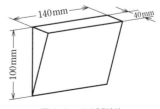

図5・4　チル試験片

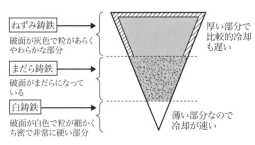
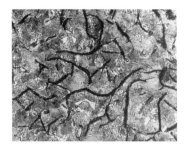

図 5·5　チル試験片の破断面　　　　図 5·6　ねずみ鋳鉄（×160）

ており，結晶粒は粗い．その中間の部分には両方の混じったまだらの部分がある（図5·5）．

このような結果となるのは，試験片の太さが違うため，冷却速度に差が生じるからである．灰色の部分を**ねずみ鋳鉄**（gray cast iron）または**灰鋳鉄**といい，炭素が遊離して黒鉛の状態で存在する部分で，白色の部分を**白鋳鉄**（white cast iron）または**白銑**といい，炭素が鉄と化合してセメンタイトで存在する部分である．また，まだらになっている部分を**まだら鋳鉄**（mottle cast iron）または**まだら銑**と呼んでいて，両者の組織が混在している部分であり，鋳鉄はこの3種類に分けることができる．

図 5·6 はねずみ鋳鉄の組織である．

3. 鋳鉄の状態図

鋳鉄中の炭素は，融液からの冷却速度によってセメンタイトとなることもあれば，一部または全部がグラファイトとなることもあり，一般には，Si の量が少なく冷却速度が速いとセメンタイトになりやすい．図 5·7 は，炭素がセメンタイトまたはグラファイトとして現れる状況を一つの状態図で表したものであり，これを**複平衡状態図**（double diagram）と呼んでいる．

図 5·7 で点線は鉄–黒鉛系を示し，炭素が分離してグラファイトとなっている場合で，鉄–黒鉛系の最終的

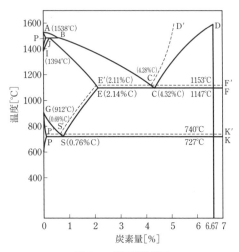

図 5·7　複平衡状態図

に安定した状態を示すので安定状態図といい、ねずみ鋳鉄のときは点線の場合を使う。

実線は鉄-セメンタイト系を示し、炭素が全部セメンタイトとなった場合で、準安定状態図といい、白鋳鉄のときは実線の場合を使う。

いま3％Cの鋳鉄について説明するが、2％C～4.2％Cまでは同じ形態である。

（1）冷却速度が遅い場合 BC′線の液相線で凝固が始まり、オーステナイトを晶出し始め、温度が下降するにつれて量を増す。オーステナイトの成分はJE′線に沿って変化し、残りの融液はBC′線に沿って成分を変化する。この間、初めに晶出したオーステナイトとあとから晶出したオーステナイトでは、炭素の固溶量が同一ではないが、拡散作用によって均一となる。

温度が下がりE′F′線までくると、共晶セルという固体が晶出する。共晶セルは黒鉛とオーステナイトの混在したもので、二つの固体が一体となって成長する特殊な凝固の仕方をする。

さらに温度が下がると、オーステナイト中の炭素はE′S′線に沿って減少していく。このE′S′線はオーステナイトに固溶される炭素の限界を示す線であって、温度が低くなるにつれて炭素の少ない方に傾いていき、余分な炭素は黒鉛として分離する。

S′K′線まで温度が下がると、オーステナイト中の炭素がS′成分となり、オーステナイトが共析反応を起こし、フェライトと黒鉛との共析になる。したがって、常温ではフェライトの中に黒鉛が大きく発達したねずみ鋳鉄（図5・8）の組織になる。

徐冷されたときの組織で、軟らかいねずみ鋳鉄。

白い部分 … フェライト
黒い部分 … 黒鉛

図5・8 鋳鉄の組織 ①

（2）冷却速度が速い場合 オーステナイトの初晶はEF線で成分Eとなり、残りの融液はCにおいてセメンタイトとオーステナイトになる。この共晶組織を**レデブライト**（ledeburite）という。

さらに温度が下がると、オーステナイト中の炭素量はES線に沿って減少していき、余分の炭素はセメンタイトとして分離し、SK線ではオーステナイト中の炭素はSの成分となり、**パーライト**（フェライト＋セメンタイト）になる。

したがって、常温では同じ成分の鋳鉄でも、急冷されるとフェライト中にセメンタイトが存在する白鋳鉄（図5・9）の組織になる。しかし、実際にはCの量、Siの量

急冷されたときの組織で、硬い白鋳鉄。C 3.9％、Si 0.08％、Mn 0.15％

白い部分 … 共晶セメンタイト
黒い部分 … パーライト

図5・9 鋳鉄の組織 ②

または冷却速度の違いにより，これらの組織が混じり合った組織になる．

4. マウラーの組織図

鋳鉄の組織はフェライト，パーライト，黒鉛，セメンタイトであることがわかった．そして，その組織に最も大きな影響を与えるものは冷却速度とC，Siの量である．図5・10は，組織に対する冷却速度，肉厚およびC量，Si量の影響を示したものである．C，Si量が少なく，肉厚が薄いほど白鋳鉄になる．

また，その組成によって鋳鉄の組織がどのようになるかを示した図を

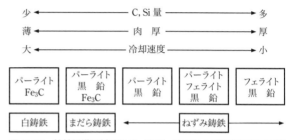

図5・10 鋳鉄組織に対するC，Si量，肉厚および冷却速度の影響

マウラーの組織図（Maurer's structural diagram）という．これは，炭素量を縦軸にSi量を横軸にとって，組織を変えたいろいろな試料を一定の冷却条件で鋳込んだときの試料の組成を調べたものである．

図5・11は，溶銑を1400℃まで熱し，1250℃から乾燥砂型に鋳込んで直径75 mmの丸棒をつくったマウラーの組織図を示す．図中で炭素が1.7％の水平線以上の部分が鋳鉄である．CおよびSi量によって，I，II，IIIに区分けされている．

Iは黒鉛が析出せずセメンタイトのままであり，破断面を見ると白いので**白鋳鉄**といい，Siが2％以下のときに出やすい．

IIより右側では炭素が黒鉛として析出し，破断面を見ると，ねずみ色をしているので**ねずみ鋳鉄**という．

IIはパーライト地のねずみ鋳鉄である．

IIIはフェライト地のねずみ鋳鉄である．

IIaはIとIIの中間で，黒鉛とセメンタイトが混在したもので**まだら鋳鉄**という．

IIbはIIとIIIの中間でパーライト，フェライト，黒鉛からなり，**パーライト・フェライト鋳鉄**という．

とくに，図中のIIの斜線の部分のも

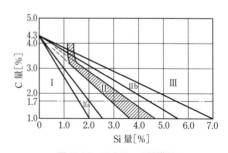

図5・11 マウラーの組織図

のは，パーライト鋳鉄として機械構造用の鋳物に多く使われており，強度も高く，**高級鋳鉄**と呼ばれている．

マウラーの組織図は，標準の冷却速度の場合を示しているものであり，冷却速度が速ければ右の方に，遅ければ左の方にずれることになる．鋳物の冷却速度は砂型，金型など型によっても異なり，また複雑な形状や肉厚の違う部分によっても変わってくる．

鋳物の肉厚とC＋Si量（Siは黒鉛を促進させる元素であるのでC＋Si

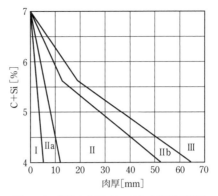

図5・12　鋳鉄の肉厚（C＋Si）と組織の関係

とする）の変化によって組織がどのようになるか鋳鉄を分類したのがGreiner & klingensteinの組織図（図**5・12**）である．I，II，IIIに区分けされるのは図**5・11**の場合と同じである．図でIの部分が白鋳鉄，IIaの部分がまだら鋳鉄で，IIの部分がパーライト鋳鉄，IIbがフェライト＋パーライト鋳鉄となり，IIIがフェライト鋳鉄になる．

この図からもわかるようにC＋Si％が同じでも冷却速度が遅い（肉厚が大きい）ほどフェライト鋳鉄になりやすいことがわかる．

5. 各種元素の働き

鋳鉄中にSi，Mn，P，Sなどの元素が含まれているのは前節でも述べたが，鋼と比較すると，その量はかなり多く含まれており，鋳鉄に影響を与えている．これらの元素は働きを二つに分類することができ，白鋳鉄化に促進させる働きをもつ元素はS，Cr，V，Mn，Moなどで，ねずみ鋳鉄化に促進させる働きをもつ元素はSi，Al，Ni，Cuなどである．

（1）けい素（Si）　SiはCと同じような性質をもっており，鋳鉄中に1～3％含まれていて，その全部がフェライト中に固溶して，Cの**黒鉛化**（graphitization）を助けている．

黒鉛化は，セメンタイト（Fe_3C）が高温で分解して，セメンタイト中の炭素を黒鉛に変化させる現象である．したがって，Siの量を多くすると，軟らかな材質が得られる．また，Siは溶湯の湯流れをよくする作用があり，収縮も少なくし，脱酸作用も行い，鋳造性を改善する．

（2）硫黄（S）　Sは鋳鉄中に0.01～0.15％含まれていて，硫化マンガン（MnS）または硫化鉄（FeS）として存在している．Sは，鋳鉄中には好ましからざる不純物で

あり，Siと違いCを化合物に保つ性質がある．これはセメンタイトの分解を妨げる**白鉄化**という働きである．このため，Sの量が多くなると鋳鉄の凝固点が高くなるので，湯の流動性が悪くなる．また炭化鉄を増して収縮を増し，もろくなり，割れを発生しやすくする．

（3） **マンガン**（Mn）　ふつうの鋳鉄には0.3～1.0％含まれている．一部は硫化マンガンとして存在し，残りは鉄中に固溶している．MnはSの害を防ぐ働きがある．鋳鉄中のSを分離させたり，溶銑中に溶けているガスを除き，湯流れをよくする作用がある．また，Mnは組織をち密にし，材質を硬く，かつ強くする働きがあり，ふつう存在する程度の1％以下ではあまり影響はないが，その量が1.5％以上になると，かえって鋳鉄をもろくし，収縮量も大きくなる．

（4） **りん**（P）　鋳鉄中に含まれるPの量は1.0％以下である．0.3％くらいまではフェライト中に固溶するが，残りは鉄と結合して，硬いりん化鉄（Fe_3P）となる．これが鉄とセメンタイトとともに**三元共晶組織**を形成する．ねずみ鋳鉄では，Cはほとんど黒鉛となって遊離しているので，フェライトとりん化鉄の二元共晶組織を形成する．これらの共晶物は粒界に偏析していて**ステダイト**（steadite）と呼ばれる，耐摩耗性に優れた組織である．

しかし，Pは0.2～0.3％くらいまでは強さも増すが，それ以上になると引張強さ，抗折力が減り，衝撃力の減少はとくに著しい．

図5・13は鋳鉄組織中のりん化鉄共晶物（三角の形に見えている部分）である．

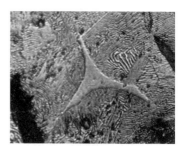

図5・13　鋳鉄組織の中のりん化鉄共晶物　（三角の形に見えている部分）

6. 黒鉛の形状と分布

鋳鉄中に現れる黒鉛を顕微鏡で見ると，実にさまざまな形があり，直線状，塊状，粒状などがある．大きなものは数ミリのものから，小さなものは顕微鏡的なものまで，種々の大きさのものがある．

鋳鉄中の黒鉛の強度はきわめて弱く，鋳鉄がもろいといわれるのは，片状に発達した黒鉛の部分に過度の応力集中が起こり，黒鉛部分が材料内部の傷と同じ役割を果たしてしまうからである．そのため，黒鉛の形状や分布は，鋳鉄の機械的性質に大きな影響を与えている．黒鉛の量が少なく均一に分布されていて，細かくて短いほど鋳物の強さは大きくなる．

黒鉛の形状や分布状態は，CやSiの量，使用する原料や溶解の方法，鋳込みのとき

の条件や凝固の際の冷却速度によって左右されている．図5・14は一般に見られる種々の黒鉛の形状を示したものである．

C型黒鉛 片状黒鉛が大きく成長，肥大し発達したものである．大型で肉厚の大きい鋳鉄鋳物によく出やすく，**キッシュ黒鉛**とも呼ぶ．材質は弱く，素地はパーライトであり黒鉛の周囲にはフェライトが出やすい．鋳込み後の冷却速度が遅いほど片状が大きくなり，機械的性質が劣る〔図5・14(c)〕．

(a) A型　(b) B型　(c) C型

(d) D型　(e) E型

図5・14　黒鉛形状の5形式

A型黒鉛 C型のときよりも冷却速度が速くなるとA型になり，ふつうの鋳鉄の黒鉛形状である．片状黒鉛が細かく，短く，ややわん曲した形で無秩序で均一に分布した組織になる．C型のものより機械的性質は良好である〔同図(a)〕．

E型黒鉛 A型のときよりも冷却速度がさらに速くなると，E型になる．細かい片状黒鉛がよくわん曲し，大きさも中くらいで均一に分布している組織で，菊目組織と呼ぶ．素地はパーライトで強度が大きく，構造用鋳鉄として最も優れた組織である〔同図(e)〕．

D型黒鉛 Siの多い鋳鉄を比較的速く冷却したときによく現れる．樹枝状（デンドライト）に晶出したオーステナイトの跡と微細黒鉛からなっている組織で，パーライト中のセメンタイトは分離し黒鉛化するため，周囲はフェライトだけとなる．材質は弱いので，機械材料には適さない〔同図(d)〕．

B型黒鉛 D型になるような鋳鉄が徐冷されたときや，C%の高いときにB型になる．中心部に共晶黒鉛，周辺に片状黒鉛があり，ばらの花状のように見えるので，ばら状黒鉛とも呼ぶ．D型のようにパーライトは分解し，フェライト素地になりやすく，材質は弱い〔同図(b)〕．

5・2　鋳鉄の性質

鋳鉄の性質は一般的には"硬くてもろい"といわれているが，鋳鉄は各種の元素を含んでいて，各種成分元素の量，黒鉛，セメンタイトなどの組織，状態，また肉厚，冷却速度などによって性質が異なり，一様ではない．鋳鉄は，展延性はまったくなく，赤熱状態でも粘り強くなく，鍛造，圧延，引抜きなどの加工ができず，溶接も困難である．しかし，耐摩耗性や**減衰能***（げんすいのう：damping capacity）がよいので，工作機

表5・2 鋳鉄の物理的性質

比 重	溶融点 [℃]	比 熱 [kJ/(kg·K)]	熱膨張係数	熱伝導率 [W/(m·K)]	電気比抵抗 [μΩ·cm]
7.1〜7.3	1150〜1250	0.503	$10〜11×10^{-6}$ (0〜100℃) $13×10^{-6}$ (0〜500℃)	44.0〜58.6	70〜100

(a) 鋼　　　　　(b) 球状黒鉛鋳鉄　　　　(c) ねずみ鋳鉄

図5・15　鋳鉄と鋼の振動減衰能の比較

械や測定器などのベッドやフレームなどに使われている．

この摩耗を防いだり，振動を抑えたりするのは黒鉛である．そのため黒鉛は鋳物の性質を特徴づけているものである．

表5・2は鋳鉄の物理的性質を示したもので，図5・15は鋳鉄と鋼の減衰能を比較したものである．

1. 鋳鉄の成長

パーライト素地のねずみ鋳鉄は，約700℃以上の温度に繰り返して加熱，冷却をすれば次第に長さを増し，体積が増えてくる．最初は鋳鉄中のセメンタイトが黒鉛化するための膨張であり，2回目以降は，鋳鉄中に含まれているけい素が酸化するための膨張や，鋳鉄中に含まれているガスの膨張などである．これを**鋳鉄の成長**（grain growth）といい，最後には，割れを生じて破壊することさえもある．鋳鉄の成長を防止するには，少量のCrを添加したり，Siの含有量を少なくすることで抑制できるが，材質が劣化してしまう．

2. 鋳鉄の収縮

溶けている鋳鉄を鋳型の中に注ぎ込むと，常温まで冷える間に体積が収縮を起こす．この収縮現象は，凝固が始まるまでの溶湯の収縮と，凝固中および凝固終了後の収縮である．凝固中の収縮は状態の変化にともなうものであり，凝固前と凝固後の収縮は温度の下降による収縮である．その収縮量は鋳鉄によって一定していないので，一般には次のような注意が必要である．

① 凝固のとき黒鉛を析出する鋳鉄では，多く黒鉛を析出するほど収縮が少ない．

---

* **ダンピング**とも呼ばれ，機械的な振動エネルギーを受けると，そのエネルギーを速やかに吸収して熱エネルギーに変える能力をいう．ねずみ鋳鉄では鋼の5〜10倍の減衰能がある．

② 同じ成分の鋳鉄でも冷却速度が速いと，セメンタイトができるので収縮も大きい．すなわち薄い鋳物は厚肉の鋳物に比べてよく収縮する．
③ ねずみ鋳鉄より白鋳鉄の方が収縮が大きい．

このように収縮するために生じる寸法の違いは，あらかじめ原型の寸法に縮みしろを見込んでおく必要がある．

鋳物を冷却するとき，厚肉のところや薄肉のところがあり，各部の冷却速度が違い，収縮量の差ができるため，鋳物の内部に**収縮応力**（**鋳造応力**：casting stress）が生じる．このような状態の鋳物を使って仕上げた機械部品は，日時が経過するにつれてひずみを生じ，曲がりや寸法などのくるいが出てきて，ときには割れることさえもある．したがって，精密を要する鋳物などは，鋳造応力を除去するために，鋳造後，少なくとも半年以上放置しておくと自然にこの力が除かれ，**枯らし**（seasoning）と呼ばれるこの作業を行う．

しかし，自然による枯らしは相当な時間を必要とする．そこで枯らしと同じ効果を短時間で得るために，鋳物を 500～550℃に加熱して，3～6時間，低温焼なましを行う人工枯らしがある．

3. 鋳鉄の機械的性質

鋳鉄の機械的性質は，物理的性質と同様に，その組織により大きく左右される．これらの組織は鋳鉄中に含まれる C と Si の量によって決まり，Mn，P，S の影響は少ない．また溶解や鋳造条件の違いによっても変化する．

鋳鉄の機械的性質を表す目安となるものに引張強さがあり，引張試験は割合に正確な結果が得られる．鋼に比べると引張強さは小さいが，圧縮強さは引張強さの3倍ほどあり，著しく大きい．鋳鉄の引張強さに最も大きく影響するものは，凝固後に現れる黒鉛の量と形および分布状態である．

図 5・16 は鋳鉄の組織図と引張強さの関係を示したものである．図で 2～4 の部分に相当する組成はパーライト鋳鉄であり，その中で炭素量（C）2.8～3.2%，けい素量（Si）1.2～1.8% の 4 の範囲の

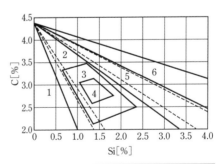

区分	引張強さ [N/mm²]
1	210 以下
2	210～250
3	250～280
4	280～320
5	180～210
6	140～180

図 5・16 鋳鉄の組織図と引張強さの関係

鋳鉄は，黒鉛の形が微細で均一に分布した菊目組織となり，最も強度が大きく 280 〜 320 N/mm^2 の強さを示している．

この鋳鉄の硬さは鋳物を切削加工するときに大切な事柄であり，強い鋳物をつくるには，黒鉛の量をなるべく少なくしてセメンタイトとし，黒鉛をなるべく微細で均一に分布（菊目組織）させることである．一般に鋳鉄は耐摩耗性が大きいが，これは組織に含まれる黒鉛が粉状となって潤滑剤となり，また組織のすきまに潤滑油のたまりが生じるためである．このことから鋳鉄にとって黒鉛は非常に重要な役割を果たしている．

その他の機械的性質として，耐熱性はわるく，約 700℃以上の高温での使用は避けなければならない．また耐食性もあまりよくない．

5·3 鋳鉄の分類

1. ねずみ鋳鉄

パーライトと片状黒鉛からなる組織で，Ni，Cr などの特殊元素を含まない鋳鉄を**ねずみ鋳鉄**（gray cast iron）という．鋳鉄といえばおもにねずみ鋳鉄を指す．名前どおり破面はねずみ色をしていて，灰色鋳鉄ともいう．また黒鉛の形が片状なので，片状黒鉛鋳鉄とも呼ばれていて，古くから生産されている最もポピュラーな鋳物である．

その組成は C 2.5 〜 3.8%，Si 1.2 〜 2.5%，Mn 0.4 〜 1.0%，P 0.1 〜 0.5%，S 0.06 〜 0.3%の範囲である．鋳鉄の強度は黒鉛の量や形状によって大きく変わるので，黒鉛を少なくし，微細で均一分布になるようにする．引張強さが 300 N/mm^2 以上のねずみ鋳鉄を**強靱鋳鉄**（high tension cast iron：**高級鋳鉄**ともいう）といい，300 N/mm^2 以下のねずみ鋳鉄を**普通鋳鉄**という．JIS では 6 種に分類されて，FC 100 〜 200 を普通鋳鉄，FC 250 〜 350 を高級鋳鉄としている．

普通鋳鉄は一般機械用部品や家庭用品，その他強度を必要としないものに使われていて，高級鋳鉄は粘り強く，摩耗によく耐えるので，内燃機関のシリンダ，ピストンなど

表 5·3 ねずみ鋳鉄品の機械的性質 （JIS G 5501：1995）

種類の記号	供試材の鋳放し直径 [mm]	引張強さ [N/mm^2]	抗折性		硬さ (HB)
			最大荷重 [N]	たわみ [mm]	
FC 100	30	100 以上	7000 以上	3.5 以上	201 以下
FC 150	30	150 以上	8000 以上	4.0 以上	212 以下
FC 200	30	200 以上	9000 以上	4.5 以上	223 以下
FC 250	30	250 以上	10000 以上	5.0 以上	241 以下
FC 300	30	300 以上	11000 以上	5.5 以上	262 以下
FC 350	30	350 以上	12000 以上	5.5 以上	277 以下

に使われている．表5・3はねずみ鋳鉄の機械的性質を示す．

また，**ミーハナイト鋳鉄**（mechanite cast iron）は，溶銑に多量の鋼くずを加える高温溶解によるほか，出湯時のカルシウムシリコンやフェロシリコンを用いる**接種**（inoculation）という操作から，やや太くて短いわん曲した黒鉛とパーライト素地の組織（菊目組織）にするミーハナイト法（meehan process）によってつくられる．強靭鋳鉄の典型例であるミーハナイト鋳鉄は，肉厚が大きくても緻密で健全な組織であり，機械的性質が大きく変わらないので，シリンダ，シリンダライナ，ピストンリングなどに広く用いられている．

2. 可鍛鋳鉄

鋳鉄の大きな欠点は，もろくて衝撃に弱く，さらに伸びがないということである．鋳鉄のこの欠点を補うために開発されたものの一つに**可鍛鋳鉄**（malleable cast iron）がある．可鍛鋳鉄は鋳造品でありながら鋼のような強靭な性質をもっている．可鍛鋳鉄という名前は，鍛造するという意味ではなく，鋼には及ばないが曲げても簡単には破壊しないという意味である．

可鍛鋳鉄は黒鉛のない，Si含有量の少ない白鋳鉄で鋳物をつくり，これを焼なましてつくられるもので，破面の状態によって破面の黒い**黒心可鍛鋳鉄**（black heart malleable cast iron）と，破面の白い**白心可鍛鋳鉄**（white heart malleable cast iron），また組織をパーライトにした**パーライト可鍛鋳鉄**（pearlite malleable cast iron）の3種類がある．

（1）**黒心可鍛鋳鉄**（FCMB） 黒心可鍛鋳鉄は白鋳鉄の鋳物を鋳鋼製の箱に入れ，鉄鉱石や酸化鉄粉を詰め，炉中で焼なまして製造する．焼なましのサイクルを図5・17に示す．

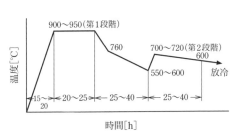

図5・17　黒心可鍛鋳鉄の焼なましサイクル

加熱していくとパーライトは消え，900～950℃で20～25時間加熱すると，セメンタイト中の炭素が黒鉛化する．これを第一黒鉛化という．次に700～720℃で25～40時間加熱すると，パーライト中のセメンタイトが分解し，黒鉛が析出する．

この焼戻しを第二黒鉛化処理という．このとき析出する黒鉛は片状ではなく結晶粒の間に粒状かやや球状（図

図5・18　黒心可鍛鋳鉄の組織

5·18) になっているので，材質をもろくすることがない．さらに，組織は軟らかいフェライトになるので，ねずみ鋳鉄に比べて非常に粘り強く，機械的性質が優れる．このため自動車用部品，鉄道車両，機械用部品，管継手，送電線金具など広い用途に使用されている．

　この可鍛鋳鉄は折れ口を見ると，周囲は白く，中心部が黒く見えるので黒心といわれる．また，アメリカで発達したためアメリカ鋳鉄とも呼ばれるが，日本の可鍛鋳鉄も大部分が黒心である．表 5·4 は黒心可鍛鋳鉄の機械的性質である．

表 5·4　黒心可鍛鋳鉄品の機械的性質（JIS G 5705：2000）

記　号	試験片の直径 [mm]	引張強さ [N/mm² 以上]	0.2% 耐力 [N/mm² 以上]	伸　び [% 以上]	硬　さ (HB)
FCMB 27-05	12 または 15	270	165	05	163 以下
FCMB 30-06	12 または 15	300	—	06	150 以下
FCMB 31-08	12 または 15	310	185	08	163 以下
FCMB 32-12	12 または 15	320	190	12	150 以下
FCMB 34-10	12 または 15	340	205	10	163 以下
FCMB 35-10	12 または 15	350	200	10	150 以下
FCMB 35-10S	12 または 15	350	200	10	150 以下

（2）**白心可鍛鋳鉄**（FCMW）　白心可鍛鋳鉄はヨーロッパ可鍛鋳鉄と呼ばれ，白鋳鉄の鋳物を細かい酸化鉄粉とともに焼なまし箱に詰め，900 ～ 1000℃の高温で長時間（40 ～ 50 時間）加熱したのち，徐冷したものである．図 5·19 は白心可鍛鋳鉄の焼なましのサイクルである．

　長時間の熱処理をすると酸素と反応して炭素が失われる．脱炭された表面部はフェライト組織となり粘り強くなるが，中心部は白鋳鉄のままになっているので硬いままである．折れ口を見てみると破面が白いので白心可鍛鋳鉄という（図 5·20）．内部まで脱炭されることは少なく，脱炭されているのは表面から数ミリなので，厚さ 4 ～ 12 mm くらいの薄肉鋳物に用いられていて，表面の脱炭部分は溶接が容易である．

　国内では白心可鍛鋳鉄の生産量は少ないが，ブレーキシューなどの自動車用部品，自転車用部品，継手類などに用いられている．表 5·5 は白心可鍛鋳鉄の機械的性質である．

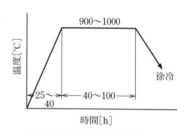

図 5·19　白心可鍛鋳鉄の焼なましサイクル

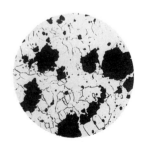

図 5·20　白心可鍛鋳鉄の組織

表5·5　白心可鍛鋳鉄品の機械的性質（JIS G 5705：2000）

記　号	試験片の直径 [主要寸法 mm]	引張強さ [N/mm² 以上]	0.2% 耐力 [N/mm² 以上]	伸　び [% 以上]	硬　さ (HB 以下)
FCMW 34-04	6 (5 未満) 10 (5 以上 9 未満) 12 (9 以上)	310 330 340	— 165 180	8 5 4	207
FCMW 35-04	9 12 15	340 350 360	— — —	5 4 3	280
FCMW 38-07	6 (5 未満) 10 (5 以上 9 未満) 12 (9 以上)	350 370 380	— 185 200	14 8 7	192
FCMW 38-12	9 12 15	320 380 400	170 200 210	15 12 8	200
FCMW 40-05	9 12 15	360 400 420	200 220 230	8 5 4	220
FCMW 45-07	9 12 15	400 450 480	230 260 280	10 7 4	220

（3）　**パーライト可鍛鋳鉄**（FCMP）　パーライト可鍛鋳鉄は，白鋳鉄中の Mn 量（Mn は黒鉛化を抑制する働きがある）を高めることにより，第二黒鉛化の時間を黒心可鍛鋳鉄の場合より短くすることで，黒心可鍛鋳鉄で素地がパーライトとなるように熱処理を施し，粘り強くしたものである．素地がパーライトなので，鋼と同じように焼入れ焼戻しが可能となる．

他の可鍛鋳鉄に比べると，強く耐摩耗性に優れているが，伸びは減少する．歯車，スプロケット，クランク軸，カム軸，ポンプ部品，自在継手などに用いられている．表5·6 はパーライト可鍛鋳鉄の機械的性質である．

表5·6　パーライト可鍛鋳鉄品の機械的性質（JIS G 5705：2000）

記　号	試験片の直径 [mm]	引張強さ [N/mm² 以上]	0.2% 耐力 [N/mm² 以上]	伸　び [% 以上]	硬　さ (HB)
FCMP 44-06	12 または 15	440	265	6	149〜207
FCMP 45-06	12 または 15	450	270	6	150〜200
FCMP 49-04	12 または 15	490	305	4	167〜229
FCMP 50-05	12 または 15	500	300	5	160〜220
FCMP 55-04	12 または 15	550	340	4	180〜230
FCMP 65-02	12 または 15	650	430	2	210〜260
FCMP 70-02	12 または 15	700	530	2	240〜290

3. 球状黒鉛鋳鉄

ねずみ鋳鉄は黒鉛の形が片状になっているため,力が加わったときに炭素の結晶部分を発端としてすぐに割れてしまう.それを改良したのが可鍛鋳鉄である.

可鍛鋳鉄によって粘り強い鋳鉄はある程度達せられ,黒心可鍛鋳鉄などは国内での生産量の大半を占めていた.しかし,焼なましの長い時間,コストや材質的な面から**球状黒鉛鋳鉄**(spheroidal graphite cast iron)が製造された.

球状黒鉛鋳鉄は鋳鉄の溶湯に Ce(セリウム),Mg(マグネシウム),Ca(カルシウム)などを添加することにより,黒鉛を片状ではなく球状にしたものである.**ダクタイル鋳鉄**(ductile cast iron)または**ノジュラ鋳鉄**(nodular graphite cast iron)とも呼ばれている.

黒鉛を球状化することにより,黒鉛が独立しているため,連なって破壊することが少なくなり,鋳物にはほとんどない伸びが出てくる.また素地は,フェライトとパーライトにすることができ,鋼に近い機械的性質をもち,耐摩耗性にも優れ,耐熱性は普通鋳鉄の3倍以上である.

図5・21は球状黒鉛鋳鉄の顕微鏡組織であり,それぞれ組織が異なっている.同図(a)はパーライト素地の中に球状黒鉛が分布しており,低 Si,高 Mn のときに現れる.伸びは5%以下であるが,引張強さは鋳放して $500 \sim 600 \text{ N/mm}^2$ ぐらいである.同図(b)は球状黒鉛の周囲をフェライトが白く縁どった組織で,高 Si,低 Mn のときに現れて,**ブルスアイ組織**(bulls eye structure:雄牛の目の意味)と呼ばれる.同図(c)は黒鉛の周囲が全部フェライトになり,強さは 400 N/mm^2 程度に低くなるが,伸びは $10 \sim 20\%$ と大きく増す.

  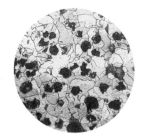

(a) パーライト地 + 球状黒鉛
(b) パーライト + フェライト + 球状黒鉛(ブルスアイ組織)
(c) フェライト + 球状黒鉛

図5・21 球状黒鉛鋳鉄(溶湯にマグネシウムを添加処理したもの)

球状黒鉛鋳鉄は機械的性質が優れているので,ポンプ,バルブなどの圧力部品や自動車部品で衝撃のかかる鋳造部品などに幅広く利用されているが,溶解には特別な技術と熟練を必要とし,JIS でも化学成分に関してはほとんど規定していない.表5・7は JIS

表5·7 球状黒鉛鋳鉄品の機械的性質 (JIS G 5502:2001)

種類の記号	引張強さ [N/mm²]	0.2%耐力 [N/mm²]	伸び [%]	シャルピー吸収エネルギー			硬さ (HB)
				試験温度 [℃]	3個の平均 [J]	個々の値 [J]	
FCD 350-22	350 以上	220 以上	22 以上	−23±5	17 以上	14 以上	150 以下
FCD 350-22L				−40±2	12 以上	09 以上	
FCD 400-18	400 以上	250 以上	18 以上	−23±5	14 以上	11 以上	130 〜 180
FCD 400-18L				−20±2	12 以上	09 以上	
FCD 400-15			15 以上				
FCD 450-10	450 以上	280 以上	10 以上				140 〜 210
FCD 500-7	500 以上	320 以上	07 以上	―	―	―	150 〜 230
FCD 600-3	600 以上	370 以上	03 以上				170 〜 270
FCD 700-2	700 以上	420 以上	02 以上				180 〜 300
FCD 800-2	800 以上	480 以上					200 〜 330

の球状黒鉛鋳鉄品の引張試験規格を示す．

4. チルド鋳鉄

冷却した試験片の折れ口を見て材質を検査するものがチルテストであるが，チル (chill) とは鋳型の一部または全部を金型にして，冷却速度を大きくする操作で，この方法でつくられた鋳物を**チルド鋳鉄**（chilled cast iron）という．

チルド鋳鉄は普通鋳鉄より C や Si のやや少ない材料を使い，冷やしておいた金型に溶湯を流し込んで，表面だけを急冷する．そのため，急冷の部分だけが，チル化されて白鋳鉄となり硬くなるが，金型に接しない内部は徐冷されて，軟らかい黒鉛の析出したねずみ鋳鉄のままである．鋳物の表面から 25 mm 以上チルが入ると全体にもろくなるので，チルの深さは 25 mm 以内にとどめてある．

チルド鋳鉄は，表面は硬く（HB 350 〜 500），摩耗によく耐え，内部はねずみ鋳鉄であるため，比較的粘り強く全体を白鋳鉄でつくったものより破損しにくい．そのため，表面だけに耐摩耗性を必要とするチルドロール類（図 5·22）や，圧延ロールや車輪，粉砕機，粉砕用ボール，ライナなど耐摩耗性部品として用いられている．

図 5·22 チルドロール

5. 合金鋳鉄

普通鋳鉄に Ni, Cr, Mo, Cu, Mg, Ti などさまざまな合金元素を添加し，または Si, Mn, P などをとくに多く加えた鋳鉄を**合金鋳鉄**（alloy cast iron）といい，特殊鋳鉄とも呼ばれている．

これらの元素は炭素鋼に対する特殊鋼（合金鋼）のように，鋳鉄に対してもふつうの鋳鉄では得られない性質を与えており，機械的性質，耐熱性，耐食性，耐摩耗性などの特殊な性質を向上させている．表5・8 は各種耐熱鋳鉄の化学組成である．合金鋳鉄は種類が多く以下にいくつか紹介したい．表5・9 は耐摩耗用鋳鉄の化学組成である．

表5・8 耐熱鋳鉄の化学組成（「機械工学便覧」日本機械学会編より）

名 称	C [%]	Si [%]	Mn [%]	P [%]	Cr [%]	Ni [%]	Cu [%]
低 Cr 鋳鉄	3.0〜3.4	1.6〜2.8	0.4〜1.0	0.1〜0.4	0.5〜2.0	—	—
高 Si 鋳鉄	2.3 以下	5.5〜7.0	0.5〜0.8	1.0 以下	—	—	—
ニクロシラル	1.5〜2.0	4.5〜5.5	0.6〜1.0	0.1〜0.4	2〜4	18〜23	—
ニレジスト	2.6〜3.1	1.0〜2.0	0.8〜1.4	0.1〜1.0	2.5〜3.5	12〜16	5.5〜8.0
高 Cr 鋳鉄	2.0〜2.8	1.4〜1.8	1.0〜1.6	0.1 以下	14〜17	—	—
	1.0〜1.3	1.0〜1.3	0.7〜1.0	0.1 以下	30〜33	—	—

表5・9 耐摩耗鋳鉄の化学組成と硬さ（「機械工学便覧」日本機械学会編より）

種 類	化 学 成 分 [%]							ビッカース硬さ (HV)
	C	Si	Mn	P	Ni	Cr	Mo	
白鋳鉄 高 C	3.2〜3.8	0.4〜0.8	0.3〜0.7	<0.2	—	—	—	450〜550
白鋳鉄 低 C	3.0〜3.4	0.9〜1.3	0.6〜1.0	<0.2	—	—	—	400〜500
ニハード	2.7〜3.2	0.5〜0.8	0.3〜0.5	<0.4	3.0〜5.0	1.5〜2.0	—	525〜625
	3.3〜3.6	0.5〜0.8	0.3〜0.5	<0.4	2.5〜4.5	1.5〜2.0	—	550〜650
12〜18% Cr 鋳鉄	3.0〜4.0	0.4〜1.0	0.5〜0.9	<0.1	—	12〜18	—	600〜700
	3.0〜4.0	0.4〜1.0	0.5〜0.9	<0.1	—	12〜18	2〜4	700〜800
30% Cr 鋳鉄	2.5〜2.9	0.3〜0.6	0.6〜0.8	<0.1	—	28〜33	—	350〜450

（1） 高けい素鋳鉄 Si 5〜7% の鋳鉄は組織が黒鉛とフェライトからなり，900℃ の耐熱性をもち酸化にも強い．比較的安価で**シラル**と呼ばれている．Si 14〜15% を含有した鋳鉄は耐酸性がきわめて優れているが，鋳造性や加工性がわるい．ジュリロンという商品名で広く利用されている．

（2） 高クロム鋳鉄 耐熱，耐食性に優れたフェライト地の鋳鉄で，鋳鉄としては最高の耐熱性をもち，1050℃ に耐える．耐摩耗性にも優れ，硝酸に対しても抵抗が強いが，被削性がわるい．ブレーキドラムやシリンダブロック，押出しダイス，土砂ポンプなどに利用されている．

（3）**ニレジスト**　Ni を 12 ～ 22％を含むオーステナイト地の優れた耐熱性をもつ鋳鉄である．衝撃値が大きく，伸びも良好でアルカリに対する耐食性があり，鋳造性もよく強度が高い．化学工業用のポンプやバルブ，ガスタービンのハウジングなどに使われている．

（4）**ニクロシラル**　Ni, Cr, Si を高めた耐用温度 950℃のオーステナイト系鋳鉄である．オーステナイト地であるため成長はまったく起こらず，耐酸化性もよく，強度および熱衝撃にも優れている．また，耐急熱，急冷，非磁性などの特徴をもつため，加熱炉や溶解鍋，化学機械に使われている．

（5）**低クロム鋳鉄**　Cr 0.5 ～ 2.0％の耐用温度 700 ～ 750℃の鋳鉄である．セメンタイトが安定し，黒鉛化を阻害し，成長を防止しているが，高温酸化は防げない．

（6）**ニハード**　マルテンサイト組織をもつ耐摩耗用鋳鉄の一種である．粉砕機，混錬機，鉱石処理機，サンドポンプなどの耐アブレージョン摩耗を受ける機械部品に使われている．

5・4　鋳鋼

形状が複雑なために鍛造などではつくりにくく，鋳鉄では機械的強度が不足であるようなものには**鋳鋼**（cast steel）が用いられる．鋳鋼品は鍛鋼品に比べると材質を選ぶのが容易で，機械加工が省略でき，大量生産が可能であるので，工作機械，土木機械など大物の工業材料として広く使われている．

鋳鋼品は形状が複雑で焼入れができない場合が多く，鋳放しのままでは組織が粗大化している．この組織を**ウィドマンステッテン組織**と呼ぶ．この組織はフェライトが網状になり，さらに網目の内部に針状のセメンタイトが析出したりする．そのため材質が不均質でもろく，鋳造後，焼なましや焼ならしによって組織を改善して使用している．

また鋳鋼は，鋳込み温度が高く，湯の流動性がわるく，凝固収縮も大きいという欠点もあるが，他の材料にはない特徴をもつ．図 5・23 は鋳放しのままの鋳鋼の顕微鏡写真である．鋳鋼は特別な合金成分を含まない炭素鋼鋳鋼と合金成分を含む合金鋼鋳鋼に大別することができる．

図 5・23　鋳放しのままの鋳鋼組織

1. 炭素鋼鋳鋼

炭素鋼鋳鋼はSiを約0.5％以下，Mnを約0.8％以下含み，ほかに合金元素を含まないものであり，**普通鋳鋼**とも呼ばれる．炭素含有量により低炭素鋳鋼（C 0.2％以下），中炭素鋳鋼（C 0.2～0.5％），高炭素鋳鋼（C 0.5％以上）に分類でき，炭素量が高いほど機械的強度は増す．鋳造したままではじん性が低いため，ほとんどの炭素鋼鋳鋼品は焼なまし，または焼ならしを行って使われていて，鉄道車両，船舶，機械部品，化学工業など広範囲で使用されている．

JISでは引張強さで規定されていて，表5・10はJISに規定してある炭素鋼鋳鋼品の化学成分と機械的性質を示す．

表5・10 炭素鋼鋳鋼品（JIS G 5101：1991）

種類の記号	化学成分 [％]			機械的性質			
	C	P	S	降伏点または耐力 [N/mm^2]	引張強さ [N/mm^2]	伸び [％]	絞り [％]
SC 360	0.20 以下	0.040 以下	0.040 以下	175 以上	360 以上	23 以上	35 以上
SC 410	0.30 以下	0.040 以下	0.040 以下	205 以上	410 以上	21 以上	35 以上
SC 450	0.35 以下	0.040 以下	0.040 以下	225 以上	450 以上	19 以上	30 以上
SC 480	0.40 以下	0.040 以下	0.040 以下	245 以上	480 以上	17 以上	25 以上

2. 合金鋼鋳鋼

合金鋼鋳鋼は**特殊鋳鋼**とも呼ばれ，Mn，Ni，Crなどの合金元素を加えて，耐食性，耐熱性，耐摩耗性を高めたものであり，合金元素の合計濃度が約5％以下のものを低合金鋼鋳鋼といい，10％以上のものを高合金鋼鋳鋼という．合金鋼鋳鋼も炭素鋼鋳鋼同様に鋳造のままでは機械的性質が劣るため，熱処理を行って使われている．

表5・11はJISに規定してある低合金鋼鋳鋼の化学成分を示す．

表5・11 低合金鋼鋳鋼品（JIS G 5111：1991）

種類の記号	C [％]	Si [％]	Mn [％]	P [％]	S [％]	Cr [％]	Mo [％]
SCC3	0.30～0.40	0.30～0.60	0.50～0.80	0.040 以下	0.040 以下	—	—
SCMn1	0.20～0.30	0.30～0.60	1.00～1.60	0.040 以下	0.040 以下	—	—
SCSiMn2	0.25～0.35	0.50～0.80	0.90～1.20	0.040 以下	0.040 以下	—	—
SCMnCr2	0.25～0.35	0.30～0.60	1.20～1.60	0.040 以下	0.040 以下	0.40～0.80	—
SCMnM3	0.30～0.40	0.30～0.60	1.20～1.60	0.040 以下	0.040 以下	0.20 以下	0.15～0.35
SCCrM1	0.20～0.30	0.30～0.60	0.50～0.80	0.040 以下	0.040 以下	0.80～1.20	0.15～0.35
SCMnCrM2	0.25～0.35	0.30～0.60	1.20～1.60	0.040 以下	0.040 以下	0.30～0.70	0.15～0.35

5章 練習問題

問題 1. 鋳鉄の組織に最も影響を与えるものを述べなさい．

問題 2. 鋳鉄中の硫黄の働きについて述べなさい．

問題 3. 鋳鉄中に現れる黒鉛の種類とその特徴を述べなさい．

問題 4. 鋳鉄の成長について説明しなさい．

問題 5. 鋳鉄の収縮とは何か述べなさい．

問題 6. 可鍛鋳鉄の種類とその特徴を説明しなさい．

問題 7. 次の鋳鉄について簡単に説明しなさい．
① ミーハナイト鋳鉄　② 高クロム鋳鉄

6

非鉄金属材料

金属材料の中で鉄は最も多量に用いられている．これは鉄が豊富に存在していることによる．鉄は生産量，消費量ともに圧倒的に多く，鉄を主成分とするさまざまな材料が多様な用途で使われている．そのため金属材料では，鉄を主成分とするものを鉄鋼材料として扱い，それ以外の金属材料を**非鉄金属材料**（non-ferrous metals）として扱っている．非鉄金属は鉄を含まない金属をいい，その種類はきわめて多く，銅，アルミニウム，ニッケル，マグネシウム，鉛，すず，亜鉛，チタン，ジルコニウムなどがある．

機械によっては鉄鋼材料でつくるのには限度があり，部品の一部や大部分を非鉄金属材料でつくらなければならないものも多数ある．非鉄金属材料は，軟らかく展延性に富み，軽い材料が比較的多く，合金鋼の添加金属としても使われている．

6・1　アルミニウムとその合金

1. アルミニウムの製造と性質

（1）**アルミニウムの製造**　アルミニウム（aluminum）は地殻中に最も多く含まれている金属元素であり，代表的な軽金属である．アルミニウムは鉄に次いで広く多く利用されているが，歴史的には若い金属材料である．

工業的に金属アルミニウムを製造するには，ボーキサイト（bauxite）を粉砕して，濃い水酸化ナトリウム水溶液に溶かして不純物を除き，アルミナ（Al_2O_3：酸化アルミニウム）に変える．このアルミナを氷晶石（Na_3AlF_6）の溶融した中で溶かし，炭素電極を使って約1000℃で電気分解をすると，99.5～99.8％の純度のアルミニウムが得られる．この方法を**融

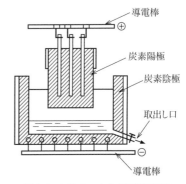

図6・1　アルミニウムの融解塩電解

解塩電解（ホール-エルー法：図 6・1）という．その後アルミニウムをもう一度電気分解して，ゆっくり再結晶させると，99.99％の高純度のアルミニウムが得られる．純度の高いアルミニウムほど加工性が大きい．

このように，アルミニウムの製造には大量の電気を必要とするので，アルミニウムは「電気の缶詰」と呼ばれることもある．しかし，アルミニウムは，他の金属と比較すると酸化しにくく融点が低いため，使用済みのアルミ製品を溶かして簡単に再生できる．これはボーキサイトから新しく地金をつくる場合の 30 分の 1（3％）のエネルギーである．また，アルミニウム缶を回収し，再資源化するリサイクル運動も行われている．

（2） アルミニウムの性質　アルミニウムは銀白色をしている比重 2.7 と軽い金属で，これは鉄（7.8）や銅（8.9）と比べると約 1/3 であり，自動車，鉄道車両，航空機などの輸送分野や建築，土木などの分野で，重量増加を抑え軽量化に役立っている．

また，空気中では自然に表面にち密な酸化被膜を生成するので，優れた耐食性を示す．しかし海水，酸，アルカリには耐食性が担保されていないので，十分な防食対策や，使用を控える必要がある．

アルミニウムの防食処理としてアルマイト法がある．これはアルミニウム製品を陽極として，シュウ酸，硫酸，クロム酸などの溶液中で電解し，多孔質の酸化被膜（厚さ 5 〜 100 μm）を人工的につくる処理である．この表面処理によってより美しくなり，耐食性，耐摩耗性を改善できる．

アルミニウムはまた，電気や熱伝導度は銅に次いで良好であり，塑性加工がしやすく，さまざまな形状のものがつくれるが，きわめて軟らかく，かつ弱い性質があるので，強度を必要とするところでは使われない．

そのほかに，低温にも強く，極低温下でも脆性破壊が起こらず，毒性がないので，医薬品の包装などにも広く使われている．

表 6・1，表 6・2 はそれ

表 6・1　アルミニウムの物理的性質

性質	純アルミニウム (99.996％)	普通純度アルミニウム (99.5％)
比　重（20℃）	2.6989	2.71
溶融点［℃］	660.2	653 〜 657
熱膨張係数（20 〜 100℃）	23.86×10^{-6}	23.5×10^{-6}
比熱（100℃）［J/g］	0.9314	0.9611
電気伝導度［％］	64.94	59（焼なまし材）
電気抵抗温度係数（10 〜 30℃）	0.00429	0.0115

表 6・2　アルミニウムの機械的性質（厚さ 1.5 mm の場合）

性質	純アルミニウム (99.996％)		普通純度アルミニウム (99.5％)	
	焼なまし	硬質	焼なまし	硬質
引張強さ［N/mm²］	48	114	88	167
耐力（0.2％）［N/mm²］	13	110	34	152
伸び［％］	50	5.5	35	5
ブリネル硬さ	17	27	23	44

それアルミニウムの物理的性質と機械的性質を示したものである．

2. アルミニウム合金

前節でも述べたように，アルミニウムはきわめて軟らかく，かつ弱い性質をもっているので，単金属のままでは構造用としては不適当である．そのため，用途により強度を高めるなどの性質を改善する必要がある場合には，種々の元素を添加してアルミニウム合金としてさまざまな分野で使用される．アルミニウム合金は質量に対する強さが大きく，加工しやすいので，航空機，自動車関係の部品，アルミサッシなどの建築用材料，光学機器，電気機器，化学工業機器，その他軽量であることを必要とする機械の材料として広く利用されている．

アルミニウム合金は，板，棒，形材，鍛造品に加工する**展伸材**と，鋳物，ダイカストなどの**鋳造材**に大別される．これらの成分組成は，ちょうど鋼と鋳鉄の成分組成が違うようにまったく異なっている．展伸材，鋳造材ともに，非熱処理型（non-heat treatable）と熱処理型（heat treatable）に分けられ，非熱処理型は製造のままあるいは圧延，引抜きなどの冷間加工によって強度を高めることができる．熱処理型は焼入れ，焼戻しなどによって，所定の強度が得られる合金である．

図 6・2 はアルミニウム合金の分類を示す．図のように展伸材は，合金成分に対応して 4 けたの数字で表される．

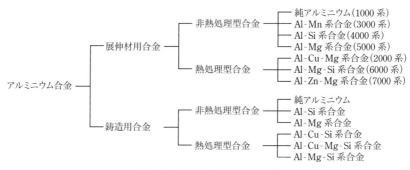

図 6・2　アルミニウム合金の分類

（1）**アルミニウム合金の熱処理**　アルミニウム合金は熱処理をすることによって，機械的性質を大きく改善することができる．この熱処理は鋼の場合とは異なり，析出硬化あるいは時効硬化を利用している．図 6・3 はアルミニウムと銅の合金の平衡状態図である．この状態図からわかるように α 固溶体が主であり，固溶体の範囲が高温で広く，常温で狭くなっている．したがって，熱処理をすることにより，この合金は性質を

改善することができる．

（2） アルミニウム合金の硬化現象
Al-4.0 Cu 合金を例として硬化現象を説明しておこう．Al-4.0 Cu 合金を 550℃ くらいに加熱すると，均一な α 固溶体（X 点）になる．これを徐冷すると，Y 点で $CuAl_2$ の金属間化合物が析出して，$\alpha+CuAl_2$ の組織となる．しかし急冷すると $CuAl_2$ が析出するひまがなく，常温でも高温のときと同じ量の銅を固溶した固溶体が得られる．このような状態を

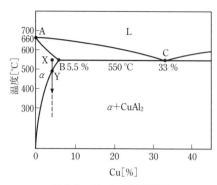

図6·3 Al-Cu系の状態図

過飽和固溶体という．このように急冷をすることによって，金属間化合物の析出を阻止し，過飽和固溶体を得る操作を**溶体化処理**という．

溶体化処理で得られる固溶体は不安定な過飽和状態であるため，時間が経過するにつれて，金属間化合物を少しずつ析出して安定な状態になろうとする．このように熱処理の後，過飽和固溶体を室温に放置して，時間がたつにしたがって，自然に強く硬くなる現象を**自然時効**（natural aging）または**常温時効**といい，焼入れ材を 160℃ くらいの温度に加熱して時効現象を速めることを**人工時効**（artificial aging）という．この両方を区別せず**時効**（aging）ということもある．このように，時効によって強さ，硬さを増す現象を**時効硬化**（age hardening）といい，熱処理型アルミニウム合金において典型的に見られる現象である．

図6·4 はアルミニウムと銅の合金の熱処理と強さの関係を示したものである．同図でⒶ線は焼なまし状態，Ⓑ線は高温から急冷した状態，Ⓒ線はⒷ線を時効した状態で，それぞれの引張強さを示したものである．Ⓒ線をⒷ線と比べてみると時効による強化が現れている．この図からもわかるように，アルミニウムは熱処理の条件によって機械的性質が大きく変化する．

（3） 展伸材用アルミニウム合金 展伸材用アルミニウム合金は板，棒，条，線，形材，管，箔，鍛造品およびリベットに使われるもので，アルミ製品総需要の 70% は展伸

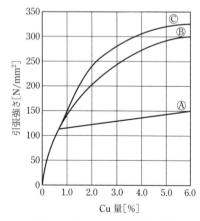

図6·4 Al-Cu 合金の機械的性質

表6・3 アルミニウムおよびアルミニウム合金の板および条の化学成分 (JIS H 4000:2015)

合金番号	化 学 成 分 [%]								
	Si	Fe	Cu	Mn	Mg	Cr	Zn	Ti	Ga, V, Ni, B, Zr など	Al
1080	0.15 以下	0.15 以下	0.03 以下	0.02 以下	0.02 以下	—	0.03 以下	0.03 以下	Ga 0.03 以下, V 0.05 以下	99.80 以上
1070	0.20 以下	0.25 以下	0.04 以下	0.03 以下	0.03 以下	—	0.04 以下	0.03 以下	V 0.05 以下	99.70 以上
2014	0.50〜1.2	0.7 以下	3.9〜5.0	0.40〜1.2	0.20〜0.8	0.10 以下	0.25 以下	0.15 以下	—	残部
2017	0.20〜0.8	0.7 以下	3.5〜4.5	0.40〜1.0	0.40〜0.8	0.10 以下	0.25 以下	0.15 以下	—	残部
3003	0.6 以下	0.7 以下	0.05〜0.20	1.0〜1.5	—	—	0.10 以下	—	—	残部
3004	0.30 以下	0.7 以下	0.25 以下	1.0〜1.5	0.8〜1.3	—	0.25 以下	—	—	残部
3104	0.6 以下	0.8 以下	0.05〜0.25	0.8〜1.4	0.8〜1.3	—	0.25 以下	0.10 以下	Ga 0.05 以下, V 0.05 以下	残部
5005	0.30 以下	0.7 以下	0.20 以下	0.20 以下	0.50〜1.1	0.10 以下	0.25 以下	—	—	残部
5052	0.25 以下	0.40 以下	0.10 以下	0.10 以下	2.2〜2.8	0.15〜0.35	0.10 以下	—	—	残部
5083	0.40 以下	0.40 以下	0.10 以下	0.40〜1.0	4.0〜4.9	0.05〜0.25	0.25 以下	0.15 以下	—	残部
5110A (5N01)	0.15 以下	0.25 以下	0.20 以下	0.20 以下	0.20〜0.6	—	0.03 以下	—	—	残部
6061	0.40〜0.8	0.7 以下	0.15〜0.40	0.15 以下	0.8〜1.2	0.04〜0.35	0.25 以下	0.15 以下	—	残部
7075	0.40 以下	0.50 以下	1.2〜2.0	0.30 以下	2.1〜2.9	0.18〜0.28	5.1〜6.1	0.20 以下	—	残部
7204 (7N01)	0.30 以下	0.35 以下	0.20 以下	0.20〜0.7	1.0〜2.0	0.30 以下	4.0〜5.0	0.20 以下	V 0.10 以下, Zr 0.25 以下	残部
8079	0.05〜0.30	0.7〜1.3	0.05 以下	—	—	—	0.10 以下	—	—	残部

材である.合金量の低いものが用いられていて,おもな合金成分に Cu,Mn,Mg,Zn などが含まれている.

表6・3は代表的なアルミニウムおよびアルミニウム合金の板および条の化学成分である.

(a) **1000系アルミニウム** 1000系は工業用アルミニウムを表し,99.0%以上のアルミニウム地金である.1070,1080と合金番号の下2けたはそれぞれ純度99.70,99.80以上の純アルミニウム材料であることを表し,純度が高い方が強度が低い.この系は,展延性,耐食性,加工性および溶接性は優れているが,純アルミニウムのため強度が低いので,構造物には適さず,強度を要しない家庭用品,電気器具,日用品,導電材,各種容器,化学工業用タンクなどに広く用いられている.

（b） **2000系合金**　2000系はAl-Cu系合金，Al-Cu-Mg系合金であり，代表的なものに**ジュラルミン**（duralumin）や**超ジュラルミン**の名前で知られる2017や2024合金がある．鋼に匹敵する引張強さ，耐力をもつ熱処理強化合金であり，切削性も良好で，航空機用材，各種構造材などに使用されている．しかしCuを多く含むため耐食性はわるく，溶接もしにくい．そのため，航空機用材料としては表面に純アルミニウムをはり合わせ，表面を防食し圧延してクラッド材（**8章**参照）として使われている．

図6·5はジュラルミンの時効硬化の状態を示したものである．図からもわかるように，ジュラルミンは前節で述べた時効硬化で放置しているとしだいに硬さを増し，7～10日で最高に達する．

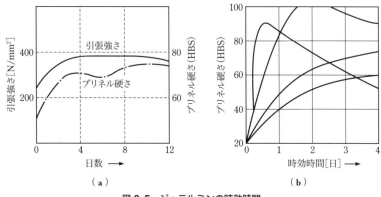

図6·5　ジュラルミンの時効時間

（c） **3000系合金**　3000系は耐食性を落とさずに，Mnを1～1.5％添加することで1000系より強く（約10％）したAl-Mn系合金である．用途はほとんど純アルミニウムと同じで，代表的なものに3003があり，一般用器物，建築用材などに使われている．3004，3014はMgを加えて強度を増加させて，ビールやジュースの缶材やカラーアルミ，屋根板，ドアパネルなどに広く利用されている．

（d） **4000系合金**　この系はAl-Si系の鍛造用合金であり，使用量はあまり多くない．4032は耐熱性，耐摩耗性に優れ，熱膨張率が低いもので，鍛造用ピストン材料として用いられている．4043は融点が低く，凝固収縮が小さく，灰色のアルマイト皮膜を示すため，ビル外装パネルや溶接ワイヤーなどに使われている．

（e） **5000系合金**　Al-Mg系合金は非熱処理型合金で最も耐食性の優れたものである．比較的強度も高く，被削性も優れている．Mgの添加量によって数種に分類されていて，種類が最も多い．Mg添加量の少ないものは装飾用材や器物用材に用いられ，多いものは構造材として用いられている．

Mg添加量が少ない5110A(5N01)は耐食性がよく,高い光輝性をもち,装飾用材として用いられている.5005は溶接性,加工性がよく,車両用内装材,建材などに用いられている.

Mg添加量が中程度の5052は耐食性,溶接性,加工性がよく,車両,船舶,飲料缶などに用いられている.

Mg添加量が多い5083は非熱処理型合金の中で最高の強度をもち,溶接性も優れているので,低温用タンク,圧力容器,溶接構造用材などに用いられている.

Mg添加量が多い合金の場合には,過度の冷間加工を与えたまま高温で使用すると,応力腐食割れを生じやすいので,Mn,Crを添加している.

(f) **6000系合金** 熱処理型合金であるAl-Mg-Si系合金は,焼入れ,焼戻しを行うことにより,強度が著しく高められる.導電性や耐食性がよく,Siの添加によって加工性も良好である.6061はCuを添加して強度を向上させ,高圧送電鉄塔,クレーンなどの構造物に用いられる.6063は押出し加工性が優れていて,陽極酸化性も良好である.6061ほど強さを必要としない建築用サッシ,家具用材,熱交換機などに使われている.

(g) **7000系合金** この系は,Al合金中最高の強さをもつAl-Zn-Mg-Cu系合金と,Cuを含まない溶接構造用Al-Zn-Mg系合金に分けられる.Al-Zn-Mg-Cu系の7075は**超々ジュラルミン**(extra super duralumin)と呼ばれ,引張強さは600 N/mm^{2}にも達し,航空機用材,スポーツ用品類に使用されている.しかし,耐食性(海水および潮風)がわるいので,純Alまたは耐食性Al合金を接着して合板として使用される.

Al-Zn-Mg合金の7204(7N01)は強度が高く,耐食性,成形性が比較的良好であり,鉄道車両,陸上構造物などに用いられている.

この系の合金は応力腐食割れを生じやすい欠点があるので,これを防ぐため,適切な熱処理とMn,Crなどを添加している.

(4) **鋳造用アルミニウム合金** 鋳造用アルミニウム合金は砂型,金型,シェル砂型用の**鋳造用合金**と**ダイカスト用合金**がある.鋳造用アルミニウム合金は,鋳鉄や鋼鋳物と比較すると,溶解が容易で取り扱いが楽なため,軽量化を必要とする製品に広く利用されている.JIS記号でACから始まり,ダイカスト用はADCから始まる.

表**6・4**は代表的な鋳造用アルミニウム合金の化学成分であり,表**6・5**は代表的なアルミニウム合金ダイカストの化学成分である.

(a) **鋳物用合金**

① **Al-Cu系合金** 機械的性質に優れ,切削性もよいが,耐食性や鋳造性はよくない.架線用部品,自転車部品,航空機油圧部品など強度を要する構造物などに使われている.4〜5% Cuを含むアルミニウム合金鋳物第1種のAC1AとAC1Bがある.

表6・4 アルミニウム合金鋳物の化学成分 (JIS H 5202:2010)

種類の記号	化学成分 [%]										
	Cu	Si	Mg	Zn	Fe	Mn	Ni	Ti	Pb	Sn	Cr	Al
AC1B	4.2〜5.0	0.30以下	0.15〜0.35	0.10以下	0.35以下	0.10以下	0.05以下	0.05〜0.35	0.05以下	0.05以下	0.05以下	残部
AC2A	3.0〜4.5	4.0〜6.0	0.25以下	0.55以下	0.8以下	0.55以下	0.30以下	0.20以下	0.15以下	0.05以下	0.15以下	残部
AC2B	2.0〜4.0	5.0〜7.0	0.50以下	1.0以下	1.0以下	0.50以下	0.35以下	0.20以下	0.20以下	0.10以下	0.20以下	残部
AC3A	0.25以下	10.0〜13.0	0.15以下	0.30以下	0.8以下	0.35以下	0.10以下	0.20以下	0.10以下	0.10以下	0.15以下	残部
AC4A	0.25以下	8.0〜10.0	0.30〜0.60	0.25以下	0.55以下	0.30〜0.6	0.10以下	0.20以下	0.10以下	0.05以下	0.15以下	残部
AC4B	2.0〜4.0	7.0〜10.0	0.50以下	1.0以下	1.0以下	0.50以下	0.35以下	0.20以下	0.20以下	0.10以下	0.20以下	残部
AC4C	0.20以下	6.5〜7.5	0.20〜0.4	0.3以下	0.5以下	0.6以下	0.05以下	0.20以下	0.05以下	0.05以下	0.05以下	残部
AC4D	1.0〜1.5	4.5〜5.5	0.4〜0.6	0.5以下	0.6以下	0.5以下	0.3以下	0.2以下	0.1以下	0.1以下	0.05以下	残部
AC5A	3.5〜4.5	0.7以下	1.2〜1.8	0.1以下	0.7以下	0.6以下	1.7〜2.3	0.2以下	0.05以下	0.05以下	0.2以下	残部
AC7A	0.10以下	0.20以下	3.5〜5.5	0.15以下	0.30以下	0.6以下	0.05以下	0.20以下	0.05以下	0.05以下	0.15以下	残部
AC8A	0.8〜1.3	11.0〜13.0	0.7〜1.3	0.15以下	0.8以下	0.15以下	0.8〜1.5	0.20以下	0.05以下	0.05以下	0.10以下	残部
AC8B	2.0〜4.0	8.5〜10.5	0.50〜1.5	0.50以下	1.0以下	0.50以下	0.10〜1.0	0.20以下	0.10以下	0.10以下	0.10以下	残部
AC8C	2.0〜4.0	8.5〜10.5	0.50〜1.5	0.50以下	1.0以下	0.50以下	0.50以下	0.20以下	0.10以下	0.10以下	0.10以下	残部
AC9A	0.50〜1.5	22〜24	0.50〜1.5	0.20以下	0.8以下	0.50以下	0.50〜1.5	0.20以下	0.10以下	0.10以下	0.10以下	残部
AC9B	0.50〜1.5	18〜20	0.50〜1.5	0.20以下	0.8以下	0.50以下	0.50〜1.5	0.20以下	0.10以下	0.10以下	0.10以下	残部

表6・5 アルミニウム合金ダイカストの化学成分 (JIS H 5302:2006)

JIS記号	化学成分 [%]										
	Cu	Si	Mg	Zn	Fe	Mn	Ni	Sn	Pb	Ti	Al
ADC01	1.0以下	11.0〜13.0	0.3以下	0.5以下	1.3以下	0.3以下	0.5以下	0.1以下	0.2以下	0.3以下	残部
ADC05	0.2以下	0.3以下	4.0〜8.5	0.1以下	1.8以下	0.3以下	0.1以下	0.1以下	0.1以下	0.2以下	残部
ADC10	2.0〜4.0	7.5〜9.5	0.3以下	1.0以下	1.3以下	0.5以下	0.5以下	0.2以下	0.2以下	0.3以下	残部
ADC10Z	2.0〜4.0	7.5〜9.5	0.3以下	3.0以下	1.3以下	0.5以下	0.5以下	0.2以下	0.2以下	0.3以下	残部
ADC12Z	1.5〜3.5	9.6〜12.0	0.3以下	3.0以下	1.3以下	0.5以下	0.5以下	0.2以下	0.2以下	0.3以下	残部
ADC14	4.0〜5.0	16.0〜18.0	0.45〜0.65	1.5以下	1.3以下	0.5以下	0.3以下	0.3以下	0.2以下	0.3以下	残部

② **Al‑Cu‑Si 系合金**　Al‑Cu 系合金の欠点を改良するために Si を加えたものが第 2 種である．鋳造性，溶接性がよく，強度もある．一般用として広く用いられているもので，自動車のマニホールド，デフキャリア，シリンダーヘッド，クランクケースなどに使われている．この合金は**ラウタル**（lautal）と呼ばれ，AC2A と AC2B がある．

③ **Al‑Si 系合金**　Si を 10 〜 13％加えた共晶組成の合金である．**シルミン**（silumin）と呼んでいる第 3 種の AC3A である．鋳造性がとくに優れ，熱膨張係数も小さく，耐食性，流動性にも優れているが，耐力は低い．ケースカバー，カーテンウォールなど薄肉の複雑な形状のものに使われている．

シルミンはふつう冷却の遅い砂型に鋳込むと，図 6·6（a）に示すようにほとんど Al と Si の共晶組織となるが，Si の結晶が針状に大きく発達した，鋳物の機械的性質のよくない組織となる．そのため，シルミンは改良処理（modification）という溶解法を行っている．

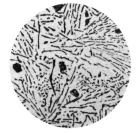

（a）鋳鉄状態　　　（b）改良処理後の組織
図 6·6　シルミン（13.2％ Si）**の組織**（白い部分は Al の固溶体，黒い部分は Si）

これは鋳造の際に，溶湯に 0.05 〜 0.1％の Na（ナトリウム）を加え，よくかき混ぜて鋳込み，組織を微細化して機械的性質を改善する方法である．図 6·6（b）でわかるように，Si が非常に細かい共晶となっている．また図 6·7 の Al‑Si 系合金の状態図からもわかるように，Na を加えることにより，Al‑Si 系合金の状態図の共晶点（Si 約 11.7％, 577℃）が図中の点線に示すように，Si 13.5％で 564℃のところまで移動し，Si は微細な粒状の共晶となり，合金は強さを増し伸びも大きくなる．

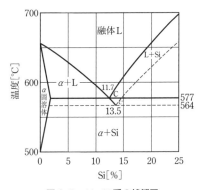

図 6·7　Al‑Si 系の状態図

④ **Al‑Si‑Mg 系合金**　Al‑Si‑Mg 系合金は鋳造性のよい合金で，Al‑Si 系の Si 量を減らし Mg を加え，熱処理性を高めたのが第 4 種の AC4A で，**シルミン γ（ガンマーシルミン）**と呼ばれている．じん性が優れていて，ブレーキドラム，ミッションケース，クランクケースなどに使われている．AC4C は，AC4A より Si, Mg 量を少な

くしたもので，耐圧性，耐食性も良好である．また AC4CH は，とくにじん性がよく高級鋳物に用いられていて，アルミホイル，架線金具などに使われている．

⑤ **Al‐Si‐Cu 系合金** 第4種の AC4B は**含銅シルミン**といわれていて，Mg の代わりに Cu を加えて機械的性質を改善した合金である．鋳造性や溶接性がよく，引張強さもよいが，伸びが少ない．クランクケース，シリンダヘッド，マニホールドなどに使われている．

⑥ **Al‐Si‐Cu‐Mg 系合金** 第4種の AC4D は Cu と Mg の両方を添加してある合金で，不純物量を制御して熱処理性を高めたものである．強度とじん性に優れ，耐圧性を要するものに用いられ，水冷シリンダーヘッド，クランクケース，ギヤハウジング，航空機用油圧部品などに使われている．

⑦ **Al‐Cu‐Ni‐Mg 系合金** 第1種の Al-Cu 系合金に Ni と Mg を加えた耐熱性アルミニウム合金である．内燃機関用のピストン，シリンダなど，高温度になる箇所に使われているが鋳造性は著しくわるく，熱膨張率も大きい．第5種の AC5A であり，**Y 合金**（Y alloy）ともいわれている．

⑧ **Al‐Mg 系合金** Al-Mg 系の AC7A と AC7B は第7種のアルミ合金鋳物であり，AC7B は**ヒドロナリウム**（hydronalium）といわれる．この合金は耐食性とくに耐海水性に優れていて，強度と伸びも良好で，じん性，陽極酸化性にも優れている．しかし，鋳造性はわるく，製品の歩留まりがわるい．AC7A は架線金具，彫刻材，建築物の装飾金具などに使われている．AC7B は経年変化により引張強さは増すが，伸びがとくに減少するので，強度を必要とする車両，トラックなどに使われている．

⑨ **Al‐Si‐Cu‐Ni‐Mg 系合金** JIS 規格アルミ合金鋳物の第8種（AC8A，AC8B，AC8C）と第9種（AC9A，AC9B）が Al-Si-Cu-Ni-Mg 系合金である．シルミンに Cu および Mg とともに 3% 以下の Ni を加えた合金は**ローエックス**（lowex）と呼ばれ AC8A，AC8B が相当する．熱膨係数が小さく，耐熱性や耐摩耗性もあるので，内燃機関のピストン，シリンダヘッドなどに使われている．価格の面で Ni を除いたものが AC8C である．また AC9A，AC9B はとくに高性能であるが，鋳造性や切削性はよくない．

(b) **ダイカスト用合金**

① **Al‐Si 系合金** Al-Si 系の ADC1 は鋳造性がとくによく，耐食性，機械的性質も良好な共晶組成の合金である．複雑で大形の鋳物の製造に適していて，鋳物用と同じく**シルミン**と呼ばれている．自動車のメインフレーム，フロントパネル，自動製パン器内釜などに使われている．

② **Al‐Si‐Mg 系合金** Al-Si-Mg 系の ADC3 はアルミニウム合金ダイカストの第3種であり，ADC1 とほぼ同じ耐食性をもつ．鋳造性が ADC1 より若干劣るが，Mg

を添加して衝撃値と耐力を高めた合金である．自動車のダイナモロータ，クランクケースなどに使われている．

③ **Al - Mg 系合金** 5種のADC5は耐食性が非常に優れ，伸び，衝撃値も高いが，鋳造性がわるいので，複雑な形状の製品には適さない．船外機プロペラ，農機具アーム，屋外スイッチケース，釣り具レバーなどに使われている．

④ **Al - Si - Cu 系合金** Al-Si-Cu系の10種ADC10と12種ADC12は鋳造性，被削性，機械的性質が優れ，最も大量に使われている．自動車のクランクケース，ミッションケース，シリンダーブロック，カメラ本体，ミシン部品などに使われていて，現在生産されているアルミニウムダイカスト製品はほとんどこの系である．

6·2　マグネシウムとその合金

1. マグネシウムの製錬と性質

（1）**マグネシウムの製錬**　マグネシウム（magnesium）は地球上で6番目に多い元素で，1808年にH.Davyによって発見された．マグネサイト（magnesite：$MgCO_3$），ドロマイト（dolomite：$MgCO_3$, $CaCO_3$）などの鉱石中に存在し，海水中にもわずかに含まれており，製塩の際の"にがり"もその原料になる．また，宇宙に最も多く存在する金属元素とみられている．

マグネシウムの製錬方法は大別して**電解法**と**熱還元法**の2種類がある．電解法は海水より採取した塩化マグネシウム（$MgCl_2$）を電解して精製する方法で，ダウ法，イーゲー法，新電解法があり，コストが安いという利点がある．熱還元法は酸化マグネシウム（MgO）に還元剤を加えて減圧した中で高温に加熱し製錬する方法で，ピジョン法，マグネテルム法があり，純度が高いという利点がある．生産量の多くは電解法で製錬されている．

（2）**マグネシウムの性質**　マグネシウムは実用金属中で最も軽量である．銀白色の金属で比重は1.74とアルミニウムの2/3，鉄の1/4であり，実用金属としてはアルミニウム，鉄に続いて3番目に多く存在している．また人体の中にもマグネシウムが約20g含まれている．

室温では酸化は進行しにくいが，湿った大気中に置くとすぐ酸化して灰黒色になる．しかし，アルミニウムと同様に，内部の方までは酸化は進まない．また，高温では強い光を出して燃え，酸化物となる．マグネシウムは結晶構造が稠密六法格

表6·6　マグネシウムの物理的性質

比　　重（20℃）	1.74
融　点［℃］	649
沸　点［℃］	1105
比熱（25℃）［kJ/(kg·K)］	1.02
熱膨張係数（40℃）	26×10^{-6}
熱伝導率［W/(m·K)］	156

子であるので，常温の加工性はあまりよくないが，少し温度を上げると（200℃以上）加工性は改善される．表6·6，表6·7はそれぞれマグネシウムの物理的性質と機械的性質を示したものである．

表6·7 マグネシウムの機械的性質

種別	引張強さ[N/mm^2]	伸び[%]	絞り[%]	ブリネル硬さ
砂型鋳物	60	6	6	30
金型鋳物	120	4〜7	6	30
圧延材	180	4.5	6	40
圧延材焼なまし	165	5	6	33

2. マグネシウム合金

マグネシウムは，単体としては球状黒鉛鋳鉄やアルミニウムなどへの添加元素として用いられているが，実用材料としては非常に軟らかいので，単独ではあまり用いられていない．JISにも純マグネシウムの規定はない．そのため，マグネシウムにアルミニウム，マンガン，亜鉛などを加えてマグネシウム合金（magnesium alloy）として用いられる．

マグネシウム合金の比強度*は鉄やアルミニウムより優れ，減衰能は実用金属中で最も優れている．切削性や耐くぼみ性にも優れていて，溶接も可能であり，温度や時間が変化しても，寸法変化が少ない．

また，アルミニウム同様にリサイクルして再生利用することができ，製錬時の約10%以下のエネルギーでリサイクルすることができる．しかし，製造コストが高く，耐食性が劣っていて，とくに海水に対する耐食性が著しくわるい．耐食性は不純物が多いほどわるくなり，Fe，Ni，Cuなどに強く影響されるが，地金の純度向上や表面の保護性皮膜を強化して改善されている．

マグネシウム合金も，アルミニウム合金と同様に**鋳造用合金**と**展伸用合金**に分けられており，鋳造用合金が実用量の大部分を占めている．マグネシウム合金の記号は正式にはJISで規定されているが，組成のわかりやすさから，ASTM（アメリカ材料試験協会）記号による呼び方が広く用いられている．

鋳物用のAZ91Cを例にとると，ASTMでは前半のアルファベッドが主たる添加元素を表し，Aはアルミニウム，Zは亜鉛を示している．それに続く数字はそれぞれの成分割合を表し，アルミが約9%，亜鉛が約1%であることを示す．末尾のアルファベッドは不純物の許容の程度を表している．

（1） 鋳造用マグネシウム合金（ダイカスト用合金を含む） 鋳造用Mg合金はMg-Al系，Mg-Al-Zn系，Mg-Zn-Zr系，Mg-Zn-RE系，Mg-Mn系などがあり，広く

---

* 引張強さを比重で割った値．

利用されているのはMg-Al-Zn系である．

Mg-Al系はマグネシウム合金の基礎となる合金であり，延性，耐衝撃性を向上させた合金である．Mg-Al-Zn系は，時効硬化で強さやじん性の改善ができ，AZ91系は鋳造性や機械的性質などに優れた代表的なマグネシウム合金であり，ダイカスト合金として最も多く利用されている．とくにAZ91E合金は高純度耐食性合金としてあらゆる分野で利用されている．

Zr（ジルコニウム）を添加したMg-Zn-Zr系は，結晶粒が微細化され強度に優れた合金であり，この結晶粒の微細化は，Al, Mnを含む合金系では見られないものである．ZK51AやZK61Aなどが代表的な合金である．

Mg-Zn-RE系は，希土類元素（rare earth element：RE）のCe（セリウム），Nd（ネオジウム）などを添加した合金である．希土類元素は鋳造性を改善し耐圧性を向上させる働きがある．この合金は常温での強度はあまり高くはないが，200～250°Cの温度では，他のMg合金に比較すると強度は高い．EZ33Aは耐熱性を高めたものである．

表6·8に鋳造用マグネシウム合金の特色と用途例（ダイカスト用合金を含む）を示

表6·8 鋳造用マグネシウム合金の特色と用途例（JIS H 5203：2006）

記号	ASTM記号	鋳型の区分	合金の特色	用途例
MC2C	AZ91C	砂型 金型 精密	じん性があって鋳造性もよく耐圧用鋳物としても適する．	一般用鋳物，ギヤボックス，テレビカメラ用部品，工具用ジグ，電動工具，コンクリート試験容器など．
MC2E	AZ91E	砂型 金型 精密	MC2Cより耐食性がよい．その他の性質はMC2Cと同等．	
MC5	AM100A	砂型 金型 精密	強度とじん性があり，耐圧用鋳物としても適する．	一般用鋳物，エンジン部品など．
MC6	ZK51A	砂型	強度とじん性が要求される場合に用いられる．	高力鋳物，レーサ用ホイールなど．
MC7	ZK61A	砂型	強度とじん性が要求される場合に用いられる．	高力鋳物，インレットハウジングなど．
MC8	EZ33A	砂型 金型 精密	鋳造性，溶接性，耐圧性がある．常温の強度は低いが，高温での強度の低下が少ない．	耐熱用鋳物，エンジン部品，ギヤボックス，コンプレッサケースなど．
MC9	QE22A	砂型 金型 精密	強度とじん性があって，鋳造性がよい．高温強度が優れる．	耐熱用鋳物，耐熱鋳物ハウジング，ギヤボックスなど．
MC10	ZE41A	砂型 金型 精密	鋳造性，溶接性，耐圧性があり，高温での強度低下が少ない．	耐熱用鋳物，耐熱鋳物ハウジング，ギヤボックスなど．

す.
(2) **展伸材用マグネシウム合金** マグネシウムは結晶構造が稠密六法格子のために展延性に乏しく,冷間加工がむずかしい.そのため,展伸材用マグネシウム合金は,鋳造用 Mg 合金に比べると利用は少ない.展伸材用 Mg 合金も,鋳造用 Mg 合金と同じく,Mg-Al 系,Mg-Al-Zn 系,Mg-Zn-Zr 系,Mg-Mn 系,Mg-Zn-RE 系,Mg-Th 系があり,板材,鋳造物などに使われている.

Mg-Al-Zn 系は板,管,棒,形材として最も多く利用されていて,AZ31B は展伸材用の代表的な合金である.Mg-Zn-Zr 系は Zr を添加することにより,熱間加工性を高めている.Th(トリウム)を添加した Mg-Th 系合金は高温度強度に優れた合金で 350℃ 近くまで耐えられる HM21 や HK31 などがある.

表 6・9 はマグネシウム合金の押出し形材の化学成分を示す.

表 6・9 マグネシウム合金の押出し形材の化学成分(JIS H 4204:2011)

種類	記号	化 学 成 分 [%]									
		Mg	Al	Zn	Mn	Zr	Fe	Si	Cu	Ni	Ca	その他合計
1種B	MS1B	残	2.4〜3.6	0.50〜1.5	0.15〜1.0	—	0.005以下	0.10以下	0.05以下	0.005以下	0.04以下	0.30以下
2種	MS2	残	5.5〜6.5	0.50〜1.5	0.15〜0.40	—	0.005以下	0.10以下	0.05以下	0.005以下	—	0.30以下
3種	MS3	残	7.5〜9.2	0.2〜0.8	0.12〜0.40	—	0.005以下	0.10以下	0.05以下	0.005以下	—	0.30以下
6種	MS6	残	—	4.8〜6.2	—	0.45〜0.8	—	—	—	—	—	0.30以下

6・3 チタンとその合金

1. チタンの製造と性質

(1) **チタンの製造** チタン(titanium:Ti)は近年工業的に生産されるようになった金属で,その名はギリシャ神話のタイタン(巨人)から由来する.チタンは地殻中に存在する元素の中では 9 番目で,実用金属としては鉄,アルミニウム,マグネシウムに次ぐ 4 番目に多い金属である.採掘も容易で,資源としては無尽蔵といわれている.

チタンは自然界では純粋なものは存在せず,ルチル(金紅石:TiO_2)やイルメナイト(チタン鉄鉱:$FeTiO_3$)と呼ばれる鉱石の中に酸化物の状態で存在している.

金属チタンを得るには,まず,鉱石の中の酸化チタンを塩素化反応させ,酸化物の酸素を取り除き,四塩化チタン($TiCl_4$)を製造する.この四塩化チタンを蒸留で精製

し，溶融マグネシウムで還元させるクロール（kroll）法で純粋なチタンを精製する．

このときにできるチタンは軽石のように穴ぼこだらけで，スポンジのような状態のため**スポンジチタン**（多孔性バージン地金）と呼ばれている．

クロール法のほかに，四塩化チタンを金属ナトリウムで還元するハンター（hunter）法や電解法（溶融塩電解）などもある．

JIS H 2151 にはスポンジチタンの化学成分が定められている．

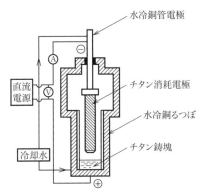

図6·8　消耗電極式アーク溶解炉

塊状のスポンジチタン（約1〜10 t）は切断機や解砕機で粉砕された後に加圧成形してブリケット（必要な寸法の塊）とする．ブリケットを消耗電極式アーク溶解（図6·8），電子ビーム溶解，プラズマアーク溶解などでチタンインゴットを製造し，鍛造や圧延を経て，板，棒，パイプあるいは鍛造品などにして，工業用純チタンとして供給している．

（2）**チタンの性質**　チタンは耐食性が非常に優れており，ステンレス鋼と比較しても劣らず，海水に対する耐食性は最も優れている．比重は4.5でアルミニウムよりは重いが，銅やニッケルの約半分で，鉄の約60%という軽さである．しかも比重の割には強く，比強度は普通鋼を上回り，アルミニウムの約3倍である．耐熱性も高く，過酷な環境にも耐える性質をもつため，航空機の構造体やロケット関係などには欠かせない材料である．

またチタンはアレルギー性が低く生体適合性に優れているので，人工骨やペースメーカーなど，さまざまな医療器具にも用いられている．

チタンは非常に優れた性質をもっているが，熱伝導率が低いため，熱がこもりやすく，ねばりもあるので加工性がわるいという欠点がある．また，製造工程においても純粋なチタンを取り出すのは大変で，莫大な量の電気を消費するので，材料費が高いとい

表6·10　チタンの物理的性質

	純チタン	鉄	銅	アルミニウム
比　重	4.51	7.86	8.93	2.7
融　点 [℃]	1668	1530	1083	660
電気抵抗率（20℃）[$\mu\Omega\cdot cm$]	47.0〜55.0	9.7	1.7	2.7
電気伝導率（対Cu）[%]	3.1	18.0	100.0	64.0
ヤング率 [MPa]×10000	10.43	19.22	11.67	6.91
熱伝導率 [W/(m·K)]	17.00	67.00	386.0	204.00

う欠点もある．しかし，費用よりも性能が重視され，100％近くリサイクルも可能であり，地球に優しい金属として無限の可能性を秘めている材料である．
表6・10はチタンの物理的性質を他の金属と比較したものである．

2. 純チタン

工業用純チタンと呼ばれて規定されているものがJISには4種類ある．チタンは高温で大気中の酸素，水素，窒素などと反応して，それらが不純物として入り，その量によって機械的性質が異なっている．

表6・11は純チタンの化学成分および機械的性質であり，不純物（とくにOとFe）の含有量によって分類されている．1種が最も軟らかく，チタンの純度も高い．

表6・11　工業用純チタンの化学成分および機械的性質（JIS H 4600：2012）

種類	化学成分 [％]						機械的性質（引張試験）		
	N	C	H	Fe	O	Ti	引張強さ [MPa]	耐力 [MPa]	伸び [％]
1種	0.03以下	0.08以下	0.013以下	0.20以下	0.15以下	残部	270〜410	165以上	27以上
2種	0.03以下	0.08以下	0.013以下	0.25以下	0.20以下	残部	340〜510	215以上	23以上
3種	0.05以下	0.08以下	0.013以下	0.30以下	0.30以下	残部	480〜620	345以上	18以上
4種	0.05以下	0.08以下	0.013以下	0.50以下	0.40以下	残部	550〜750	485以上	15以上

純チタンは耐食性，とくに耐海水性がよく，300〜700 N/mm^{2}程度の引張強さをもち，チタン合金と比較すると加工コストがかからないので，海洋施設や化学工業用装置，石油精製装置などに利用されているが，摩耗しやすいという欠点もある．

3. チタン合金

チタンをベースにして他の金属元素を添加することにより，チタンの長所を生かしつつ，チタンの特性を最大限に引き出したものが**チタン合金**（titanium alloy）である．チタン合金は，純チタンと比較すると機械的性質が著しく優れており，種類も非常に多く，それぞれに個性と特徴をもっている．耐熱性がよいので，ジェットエンジン部品などの高温にさらされるところや，軽く，強く，さびないので，ドーム球場の屋根，ゴルフクラブのヘッド，めがねのフレームなどさまざまなところに使われているが，純チタンに比べて加工が困難であり，製造コストがかかり，値段が高いという欠点もある．

純チタンは882℃に変態点をもっており，金属組織がα相（最密六法格子）⇔β相（体心立方格子）の同素変態（allotropic transformation）をするが，添加する合金元素

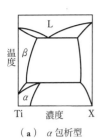 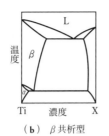 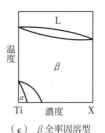 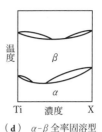

（a）α包析型　　（b）β共析型　　（c）β全率固溶型　　（d）α-β全率固溶型

図6·9　Ti二元系状態図の4種

によって変態温度が上下して，α相，β相のそれぞれに固溶される量が異なる．

図6·9はチタンと他の元素との二元系状態図を示したものである．（a）はα包析型でAl, Sn, B, O, Nなどの元素を添加している．（b）はβ共析型でFe, Cr, Mn, Co, Cu, Si, Ag, W, Hなどの元素を添加している．（c）はβ全率固溶型でMo, Nb, V, Taなどの元素を添加している．（d）はα-β全率固溶型でZr（ジルコニウム），Hf（ハフニウム）などの元素を添加している．

（a）の元素は変態点を上げ，α相の領域を広げているのでα**安定化元素**といい，（b），（c），（d）の元素は逆に変態点を下げ，β相の領域を広げているので，β**安定化元素**という．

以上の4種類の状態図から，チタン合金はα型，β型，α＋β型に大別される．

（1）α型チタン合金　α型チタン合金（alpha titanium alloy）は熱処理によって機械的性質を向上させることができない合金であるが，冷間加工や固溶体強化で強度を高めている．極低温下においても優れたじん性と強度をもち，溶接性や高温での耐酸化性にも優れている．

代表的なものにTi-5Al-2.5 Sn合金があり，高温クリープ特性に優れていて，航空機部品などに使われている．Ti-5Al-2.5 SnELI合金のELIはextra low interstitalの略で，O, Fe, Cなどの元素を抑えた合金で，低温でも延性に優れているため，低温用圧力容器に用いられている．α型合金に少量のβ相安定化元素を添加したnear α型合金もある．

（2）β型チタン合金　β型チタン合金（beta titanium alloy）は加工や熱処理によって高い強度を得ることができる．チタン合金の中で最も高い強度をもっているものが，β型の熱処理材であり，高い強度をもっているにもかかわらず加工性が優れていて，時効硬化性も大きく，溶接性にも優れている．

代表的なものにTi-13V-11Cr-3Al合金があり，ファスナー類に使われている．また，Ti-Mo系合金は耐食性や強度に優れていて，Ti-15Mo-5Zr-3Al合金などがある．β型合金にも少量のα相安定化元素を添加したnear β型合金がある．

(3) **α+β型チタン合金** α+β型チタン合金 (alpha-beta titanium alloy) は α 相，β 相の 2 相からなり，α 型と β 型の中間的な性質をもっているため，熱処理の方法により金属組織の調節ができる．代表的なものに Ti-6Al-4V 合金（JIS 60 種）があり，加工性，溶接性，鋳造性，強度などの特性をもっていて使いやすく，チタン合金の中で最も広く使われている．

この合金は**ロクヨン**と呼ばれ，アメリカでジェットエンジンの開発にともない開発されたもので，宇宙開発機器や，兵器，潜水艦船体などにも多量に使用されている．

表 6・12 は代表的なチタン合金の機械的性質である．

表6·12　チタン合金の組成と機械的性質

タイプ	種類（組成）	引張強さ $[N/mm^2]$	耐　力 $[N/mm^2]$	伸　び [%]	絞　り [%]
α 型	Ti-0.15Pd	330	250	30	40
	Ti-5Al-2.5Sn	850	800	10	25
	Ti-5Al-2.5SnELI	800	750	10	20
β 型	Ti-11.5Mo-4.5Sn-6Zr	1382	1313	11	8
	Ti-13V-11Cr-3Al	1215	1165	8	—
	Ti-15Mo-5Zr-3Al	1470	1450	4	10
α+β 型	Ti-6Al-4V	890	820	15	20
	Ti-6Al-6V-2Sn	1270	1170	10	20
	Ti-5Al-2Sn-2Zr-4Cr-4Mo	1140	1070	8	10

6·4　銅とその合金

1. 銅の製錬と性質

（1）**銅の製錬**　銅（copper）はクラーク数[*1] 25 位の元素で，鉄やアルミニウムと比較すると少ないが，人類が初めて使った金属であるといわれている．日本では紀元前 300 年頃といわれていて，最も古くから利用されている金属である．

図 6・10 は銅製品でできた一般的な玉形弁である．

銅（Cu）は，黄銅鉱（$CuFeS_2$），輝銅鉱（Cu_2S），赤銅鉱（Cu_2O）などの鉱石から，浮遊選鉱法[*2] など

図6·10　玉形弁

[*1] 地球の表面より地殻中 16 km までの岩石の中の元素量を 100 分率で示したもの．
[*2] 銅鉱石と試薬を混ぜて空気を吹き込み泡をつくり，その泡に不必要な成分や岩石をくっつけて浮かしてしまう方法．

によって銅の含有量や大きさ別に分け，それを溶鉱炉で融解する．融解された銅鉱石はマット（matte：かわ）と酸化物を主成分とするスラグ（slag：からみ）に分離し，Cu_2S を主成分とするマットは炉の底にたまる．この行程は製鉄のときの銑鉄に相当する．

このマットを転炉に移して融解し，その中に強圧の空気を吹き込み，Cu 中に含まれている硫黄を酸化除去して 98〜99.5% Cu の**粗銅**（coarse copper）にする．

さらに粗銅は，いったん鋳物（$1\,m \times 1\,m$，$t\,40\,mm$ 程度）にされ，電気精錬される．粗銅の板を陽極（+）にし，薄い銅板を陰極（−）にして硫酸銅溶液中で電気分解を行い，99.96% Cu の高純度の**電気銅**（electrolytic copper）になる．

図 6·11 は銅の製法である．この電気銅を得る方法が**乾式製錬法**であり，このほか，酸を使って銅鉱石を溶かし，それを電解する方法が**湿式製錬法**がある．

表 6·13 は JIS で規定している電気銅地金の化学成分である．

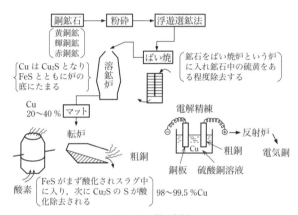

図 6·11 銅の製法

表 6·13 電気銅地金の化学成分（JIS H 2121：1961）

Cu [%]	As [%]	Sb [%]	Bi [%]	Pb [%]	S [%]	Fe [%]
99.96 以上	0.003 以下	0.005 以下	0.001 以下	0.005 以下	0.010 以下	0.01 以下

(2) 銅の性質

(a) **物理的性質** 銅は電気や熱の伝導度が大きく，常温では銀に次ぐ 2 番目の電気の良導体であり，需要の 70〜80% は電線に使われている．熱伝導率も 2 番目で，冷蔵庫やクーラーなどの熱交換器に使われている．非磁性であることも大きな特徴で，磁気変化を避けたいものはほとんどが銅でできている．

また，結晶構造が面心立方格子であるため展延性にも富み，切削加工性も良好で，低温でももろさを示さない．しかし，電気伝導度は銅に含まれる P

表 6·14 銅の物理的性質

比　重（20℃）	8.96
融　点	1083℃
融解熱	13.0 kJ/mol
熱伝導率（27℃）	398 W/(m·K)
抵抗率（20℃）	1.673 μΩ·cm

(りん)，Fe（鉄）などの不純物で著しく低下する．

表 6·14 は銅の物理的性質を示したものである．

銅そのものは硬さや強さなどの機械的性質が弱いので，機械部品としては適さず，強さを必要とするときには加工硬化して使われている．

図 6·12 は引抜き加工した場合の機械的性質を示したものであり，加工によって引張強さが増すと伸びが減るのがわかると思う．

表 6·15 は無酸素銅板の JIS 規格の一部を示したものであり，質別は加工程度により O（軟質），1/4 H（1/4 硬質），1/2 H（1/2 硬質），H（硬質）と分けていて，これによって機械的性質が異なる．

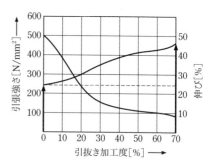

図 6·12 銅の加工と機械的性質

表 6·15 無酸素銅板の機械的性質（JIS H 3100：2012）

合金番号	質別	記号	引張試験			硬さ試験
			厚さ[mm]	引張強さ[N/mm²]	伸び[%]	ビッカース硬さ(HV)
C1020	O	C1020PS-O	0.15 以上 0.3 未満	195 以上	30 以上	—
	1/4H	C1020PS-1/4H	0.15 以上 0.3 未満	215～285	20 以上	55～100
	1/2H	C1020PS-1/2H	0.15 以上 0.3 未満	235～315	10 以上	75～120
	H	C1020PS-H	0.10 以上 10 以下	275 以上	—	80 以上

（b）**化学的性質** 銅は一般的な環境下では化学的には安定であるが，二酸化炭素，二酸化硫黄などを含む空気中では**緑青**（ろくしょう）を生じる．緑青は**青さび**ともいい，緑色をした銅のさびである．緑青は塩基性炭酸銅や塩化第二銅の表面保護被膜であり，内部の保護作用をするので，表面に緑青を人工的に形成させる屋根材などもある．また，真水には侵されないが海水には侵されやすいし，希硫酸，塩酸には徐々に溶解し，硝酸には速やかに溶解される．

2. 純銅

工業用純銅といわれるものにはタフピッチ銅，リン脱酸銅，無酸素銅の 3 種類がある．これらは電気銅に含まれている硫黄などの不純物を取り除いて純度をさらに高めたものである．表 6·16 は純銅の化学成分である．

（1） **タフピッチ銅**（tough pitch copper） 電気銅を主原料としていて，この電気銅

を反射炉で再加熱し，溶解してからそこに空気を吹き込んで，不純物を酸化除去して再度銅を還元[*1]したものである．

昔は還元するのに生の赤松の丸太を使用していたが，現在は天然ガスを使用してい

表6·16　純銅の化学成分（JIS H 3100：2012）

合金番号	名称	化学成分 [%]	
		Cu	P
C1020	無酸素銅	99.96 以上	―
C1100	タフピッチ銅	99.90 以上	―
C1201	りん脱酸銅	99.90 以上	0.004 以上 0.015 未満
C1220		99.90 以上	0.015 ～ 0.040

る．意図的に酸素を 0.03～0.06% くらい残したもので，電気，熱の伝導性に優れていて，展延性，耐食性も良好で，電線や電気用に使われている．しかし，還元雰囲気中で高温加熱すると水素ぜい性（水素病[*2]）を起こす．

（2）**りん脱酸銅**（phosphorous-deoxidized copper）　脱酸剤としてりんを用いた銅である．酸素が残っていないので水素病を起こす心配はないが，りんが微量に残り，電気伝導性が少し落ちるので，風呂がま，湯沸かし器など，導電性を重視しないところで使われる．りんの残留量によって，高りん脱酸銅と低りん脱酸銅とがある．

（3）**無酸素銅**（oxygen-free copper）　電気銅を真空中や還元性雰囲気中で溶解し，不純物を揮発させた銅である．酸素がほとんど残らず，電気や熱の伝導性が非常によく，展延性，絞り加工に優れ，溶接性や耐食性にも優れる．電気用，化学工業用など，とくに電子機器に多く使われている．

3.　銅合金

前項でも述べたが，銅は展性，延性に富んでいて加工はしやすいが，硬さや強さなどの機械的性質が弱いので，機械部品などには適さない．そこで銅の持ち味に強さなどの性質を改善させるため，他の合金元素を添加したものが**銅合金**（copper alloy）である．

銅合金は非常に多くの種類があるが，二元系状態図で分けると，黄銅型（Cu-Zn，Cu-Ti，Cu-Ge，Cu-Cd など），青銅型（Cu-Sn，Cu-Sb，Cu-Si，Cu-Al，Cu-Be など），共晶型（Cu-Ag，Cu-P，Cu-Cr，Cu-Mg など），全率固溶型（Cu-Ni，Cu-Pd など）の四つに大別できる．このうち，おもな二元素合金は Cu-Zn 合金および Cu-Sn 合金などである．

（1）**Cu-Zn 合金**　銅に亜鉛を加えた合金は一般に**黄銅**または**真鍮**（しんちゅう：brass）と呼ばれていて，Cu 合金の中で最も知られ，生産量も最も多い．

図 6·13 は Cu-Zn 系の平衡状態図である．図中の α または $\alpha+\beta$（$\alpha+\beta'$）の 30 ～

[*1]　酸素と結合している化合物から酸素原子を取り除くこと．
[*2]　水素と反応して全体がもろくなること．

40％Znが実用合金である．銅に亜鉛を加えると融点が低くなり，合金は包晶反応*により α, β, γ, δ, ε, η の六つの固溶体をつくる．α 固溶体は軟らかく，冷間で延性が大きく容易に加工することができる．

(a) **黄銅の種類**

丹銅 この系の合金はいろいろな名前がついていて，5％Znはギルドメタル，10％Znはコマーシャルブロンズ，20％Znはローブラスといい，5～20％Znの範囲のものを総

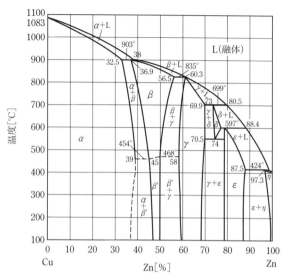

図6・13　Cu-Zn系平衡状態図

称して**丹銅**（red brass）と呼んでいる．展延性，耐食性に優れていて，建材，装身具，家具などに使われている．

七三黄銅 30％Znのものがこの系の代表的な合金で，**七三黄銅**と呼ばれる．七三黄銅は金色の美しい光沢を示し，強度や展延性に優れ，深絞り加工が可能なため，複雑な加工用として広く使われている．自動車用ラジエータタンクや電球のソケット，弾丸の薬莢などに使われる．35％Znのものが65-35黄銅といわれている．

六四黄銅 Znが40％程度になると，図6・13からもわかるように，α 固溶体と β 固溶体が混じり合ったものになり，40％Znのものが**六四黄銅**と呼ばれるものである．七三黄銅と比べると引張強さは大きいが，伸びがあまり大きくなく，常温での加工には適さない．それは，β' 固溶体は α 固溶体よりも強いが，延性が小さいからである．

しかし，600℃以上の高温にすると，β 固溶体となり延性が出るので，熱感加工（700～800℃）をして板，棒，線，管などに成形され，ガス器具のバルブなどの熱間鍛造材として使われている．5円玉は六四黄銅である．

その他 さらにZnの量が増えると，γ, δ, ε などの固溶体が出てくるが，いずれも著しくもろいので，合金としての価値はなくなり使用は不可能となる．

(b) **黄銅の機械的性質その他** 前述のように，黄銅は亜鉛の含有量によって機械的

---

* ある温度以上で，一つの固相が別の固相と液相に分解する反応．

性質が変化する．図 6・14 は黄銅の機械的性質を表したものである．また，黄銅は色調も異なり，10% Zn までが赤色で，20% Zn では赤黄色を帯び，30% Zn までは淡黄色となり，40% Zn で黄金色となる．表 6・17 は黄銅の板の化学成分であり，表 6・18 は黄銅鋳物の特色，用途例と化学成分である．

（c） **黄銅の割れ現象**　黄銅には最も注意をしなくてはいけない点があり，それは，常温で加工した黄銅製品が貯蔵中に自然に亀裂を生じることである．この現象を時期割れ（season cracking）また

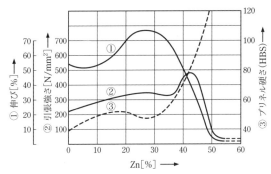

図 6・14　黄銅の亜鉛含有量と機械的性質の関係

表 6・17　黄銅板の化学成分（JIS H 3100：2012）

合金番号	記号	化学成分 [%]			
		Cu	Pb	Fe	Zn
C2600	C2600P	68.5〜71.5	0.05 以下	0.05 以下	残部
C2680	C2680P	64.0〜68.0	0.05 以下	0.05 以下	残部
C2720	C2720P	62.0〜64.0	0.07 以下	0.07 以下	残部
C2801	C2801P	59.0〜62.0	0.10 以下	0.07 以下	残部

は自然割れ，置割れといい，**応力腐食割れ**（stress corrosion cracking）現象の一種である．これは，製造過程で材料中に残留した引張応力がおもな原因であるといわれるが，直接の原因は，大気中のアンモニアや塩類により，黄銅の粒界が腐食を受け，割れを起こすと考えられている．この現象を防止するには，塗装やめっきなどの方法で表面を保護するか，加工後に 250〜300℃で低温焼なましをして，強さや硬さを失わず，内部ひずみだけを除去すればよい．

（2）　**特殊黄銅**　黄銅に，目的に応じて他の元素を加えて各種の性質を改良したもの

表 6・18　黄銅鋳物の特色・用途例および化学成分（JIS H 5120：2016）

種類	記号	化学成分 [%]			参考	
		Cu	Pb	Zn	合金の特色	用途例
黄銅鋳物 1 種	CAC201	83.0〜88.0	—	11.0〜17.0	ろう付けしやすい．	フランジ類，電気部品，装飾用品など．
黄銅鋳物 2 種	CAC202	65.0〜70.0	0.5〜3.0	24.0〜34.0	黄銅鋳物の中で比較的鋳造がしやすい．	電気部品，計器部品，一般機械部品など．
黄銅鋳物 3 種	CAC203	58.0〜64.0	0.5〜3.0	30.0〜41.0	CAC202 よりも引張強さが高い．	給排水金具，電気部品建築用金具，一般機械部品，日用品・雑貨品など．

が**特殊黄銅**（special brass）である．いわゆる三元系合金で，以下にいくつか紹介したい．

（a）**鉛入り黄銅**（lead brass）　Pbを0.5～3.0％添加して黄銅の被削性を改良したもので，**快削黄銅**と呼ばれる．時計用の歯車，ねじなどの機械部品などに用いられる．

（b）**すず入り黄銅**（tin brass）　1％前後のSnを添加して，海水に対する耐食性を改良したもので，6·4黄銅＋Sn 1％のものが**ネーバル黄銅**（naval brass）で，7·3黄銅＋Sn 1％のものが**アドミラルティ黄銅**である．船用機械や海洋構造材として用いられる．

（c）**高力黄銅**（high tension brass）　6·4黄銅に1.0％～3.0％のMnとAl，Feなどを添加して強度を高めた合金で，**マンガン青銅**と呼ばれることもある．船舶用プロペラ軸やポンプ軸などに用いられる．

（d）**アルミニウム黄銅**（aluminium brass）　Zn 20％の黄銅にAl 1.8～3％を添加した加工用合金で，**アルブラック**と呼ばれる．耐海水性に優れ，熱交換器および復水器管などに用いられる．

（e）**ニッケル黄銅**（nickel brass）　黄銅に14～30％のNiを添加して耐食，耐熱性を改良したもので，**洋白**または**洋銀**（nickel silver）といわれる．水晶振動子キャップ，洋食器などに用いられる．

（3）**Cu-Sn合金**　銅とすずの合金を**青銅**（bronze）といい，古くから使われてきた．古くなると表面に青色の錆が生じるので，"青銅"と名がついたとされる．かつては大砲をつくるのに使われていたので，**砲金**（gun metal）とも呼ばれている．Snの産出量は地域的に偏り，あまり多くないので，現在の生産量は高くない．代表的なものに10円硬貨がある．青銅は耐食性，耐摩耗性があり，強度は黄銅よりも優れていて，機械的性質も優れている．鋳造性もよく，鋳造用銅合金の代表的なものである．

図6·15はCu-Sn系の平衡状態図である．図からもわかるように，α固溶体の範囲が500℃以下で狭くなっている．これは強い加工をしたものを，きわめて長い時間再加熱した場合の状態とされている．したがって，実用的に

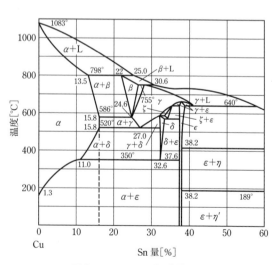

図6·15　Cu-Sn系平衡状態図

は，図に破線で示したように，15.8％Snのところから縦線を引いた状態図で考えればよい．

また，図6·16はCu-Sn合金の機械的性質を示したものである．Sn量が増すにつれて，引張強さや硬さが高くなっているのがわかると思う．しかし，Sn量が多くなりすぎると，化合物が組織に析出するので急に減少してくる．そのため，青銅はSnが約15％以下のα相のものが，一般に機械部品として実用されている．

表6·19は青銅鋳物の化学成分と機械的

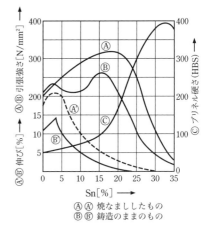

図6·16 青銅のすず含有量と機械的性質の関係

Ⓐ Ⓐ 焼なまししたもの
Ⓑ Ⓑ 鋳造のままのもの

表6·19 青銅鋳物の化学成分および機械的性質（JIS H 5120：2016）

種類	記号	化学成分［％］				引張試験	
		Cu	Sn	Pb	Zn	引張強さ [N/mm²]	伸び [％]
青銅鋳物1種	CAC401	79.0～83.0	2.0～4.0	3.0～7.0	8.0～12.0	165以上	15以上
青銅鋳物2種	CAC402	86.0～90.0	7.0～9.0	—	3.0～5.0	245以上	20以上
青銅鋳物3種	CAC403	86.5～89.5	9.0～11.0	—	1.0～3.0	245以上	15以上
青銅鋳物6種	CAC406	83.0～87.0	4.0～6.0	4.0～6.0	4.0～6.0	195以上	15以上
青銅鋳物7種	CAC407	86.0～90.0	5.0～7.0	1.0～3.0	3.0～5.0	215以上	18以上

表6·20 青銅鋳物の特色と用途（JIS H 5120：2016）

種類	記号	参考	
		合金の特色	用途例
青銅鋳物1種	CAC401	湯流れ，被削性がよい．	軸受，銘板，一般機械部品など．
青銅鋳物2種	CAC402	CAC406に比べて，耐圧性，耐摩耗性，耐食性がよく，かつ引張強さ，伸びもよい．鉛浸出量は少ない．	軸受，ポンプ部品，バルブ，歯車，船用丸窓，電動機器部品など．
青銅鋳物3種	CAC403	CAC406に比べて，耐圧性，耐摩耗性，引張強さ，伸びがよく，かつ耐食性がCAC402よりもよい．鉛浸出量は少ない．	軸受，ポンプ部品，バルブ，船用丸窓，電動機器部品，一般機械部品など．
青銅鋳物6種	CAC406	耐圧性，耐摩耗性，被削性，鋳造性がよい．	バルブ，ポンプ部品，給水用具・給水管用各種部品，軸受，一般機械部品，景観鋳物，美術鋳物など．
青銅鋳物7種	CAC407	耐圧性，耐摩耗性がよい．引張強さ，伸びがCAC406よりよい．	バルブ，ポンプ部品，給水用具・給水管用各種部品，水道用資機材，軸受，一般機械部品など．

性質であり，表 6·20 は青銅鋳物の特色と用途例を示したものである．

JIS では 5 種類が規定されていて，1 種～3 種は機械用青銅といわれる．3 種は**アドミラルティ青銅**（admiralty bronze）といわれ，鍛造や圧延加工もできる軸受用青銅である．6 種，7 種は Pb で被削性を改良したものであり，Sn と Zn はほとんど同量である．

(4) **特殊青銅**　三元系元素で，青銅に，目的に応じて他の元素を加えて各種の性質を改良したものが**特殊青銅**（special bronze）である．一般に特殊黄銅よりも強度が大きい．以下にいくつか紹介したい．

(a) **りん青銅**（phosphor bronze）　青銅に P を脱酸剤として添加して，その P を少量（0.03～0.5％）残したものが**りん青銅**である．図 6·17 は，りん青銅の機械的性質であり，0.5％あたりで強さは最大となり，1％程度になると，Cu_3P が組織の中に出て硬くなる．

りん青銅には鋳物用と加工材があり，鋳物用は P を 0.05～0.50％含んだもので，耐食性，耐摩耗性も優れているので，歯車，ウォームギヤ，軸受，ブッシュ，スリーブ，しゅう（摺）動部品などに使われている．表 6·21 はりん青銅鋳物の化学成分と機械的性質である．

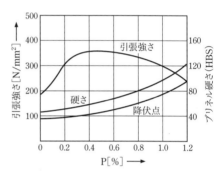

図 6·17　りん青銅の機械的性質

表 6·21　りん青銅鋳物の化学成分と機械的性質（JIS H 5120：2016）

種　類	記　号	化学成分 [％]			引張試験		硬さ試験
		Cu	Sn	P	引張強さ [N/mm^2]	伸び [％]	ブリネル硬さ (HBW)
りん青銅鋳物 2 種 A	CAC502A	87.0～91.0	9.0～12.0	0.05～0.20	195 以上	5 以上	60 以上 (10/1000)
りん青銅鋳物 2 種 B	CAC502B	87.0～91.0	9.0～12.0	0.15～0.50	295 以上	5 以上	80 以上 (10/1000)
りん青銅鋳物 3 種 A	CAC503A	84.0～88.0	12.0～15.0	0.05～0.20	195 以上	1 以上	80 以上 (10/1000)
りん青銅鋳物 3 種 B	CAC503B	84.0～88.0	12.0～15.0	0.15～0.50	265 以上	3 以上	90 以上 (10/1000)

加工材は P を 0.03～0.50％含んだもので，展延性，耐食性，耐疲労性がよく，圧延した板材は電気接触抵抗も低く，高温で弾性が大きいので，電子，電気機器用ばね，スイッチ，リードフレーム，コネクタ，ヒューズグリップなどに使われている．

りん青銅板の化学成分と機械的性質は，**JIS H 3110** を参照すること．

(b) **アルミニウム青銅**（aluminium bronze） アルミニウム青銅はCuに11％以下のAlを加えたCu-Al合金であり，鋳物用と加工材がある．

図6·18はCu-Al合金の平衡状態図である．図からもわかるようにα固溶体の範囲は広く，α相は展延性に富み，冷間，熱間加工が容易である．この合金は565℃に$\beta \to \alpha + \gamma_2$の共析変態があり，このα+γ₂相は硬くてもろいので加工ができない．

しかし，冷却速度が大きい場合は，この変態は起こらず，針状のβ′相になる．そのためAl 9.4％以上のものは，800℃付近からの焼入れで変態を阻止して，

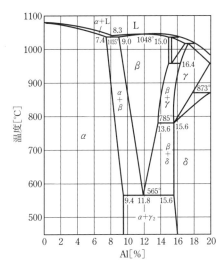

図6·18 Cu-Al系平衡状態図

α+β′相の機械的性質が改良されたものになる．

ところが，砂型に鋳込んだものは徐々に冷却されるので，$\beta \to \alpha + \gamma_2$の変態が起きて，もろくて弱い状態になる．この現象を**自己焼なまし**（self annealing）という．これを防ぐために鋳物を急冷するか，Fe，Mn，Zn，Niなどの第三元素を添加して欠点を補っている．

アルミニウム青銅は，黄銅よりも鋳造性，加工性，溶接性は劣るが，強度が高く，耐海水性，耐酸性，耐食性，耐熱性，耐摩耗性は優れていて，Cu合金の中でも最も優れた合金の一つである．鋳物用は船用プロペラ，軸受，歯車，ボルトなどに使われていて，加工材は機械部品，化学工業用，船舶用などに使われている．

表6·22 アルミニウム青銅鋳物の化学成分と機械的性質（JIS H 5120:2016）

種類	記号	化学成分 [％]					引張試験		硬さ試験
		Cu	Fe	Ni	Al	Mn	引張強さ [N/mm²]	伸び [％]	ブリネル硬さ (HBW)
アルミニウム青銅鋳物1種	CAC701	85.0～90.0	1.0～3.0	0.1～1.0	8.0～10.0	0.1～1.0	440以上	25以上	80以上 (10/1000)
アルミニウム青銅鋳物2種	CAC702	80.0～88.0	2.5～5.0	1.0～3.0	8.0～10.5	0.1～1.5	490以上	20以上	120以上 (10/1000)
アルミニウム青銅鋳物3種	CAC703	78.0～85.0	3.0～6.0	3.0～6.0	8.5～10.5	0.1～1.5	590以上	15以上	150以上 (10/3000)
アルミニウム青銅鋳物4種	CAC704	71.0～84.0	2.0～5.0	1.0～4.0	6.0～9.0	7.0～15.0	590以上	15以上	160以上 (10/3000)

表 6·22 はアルミニウム青銅鋳物の化学成分と機械的性質であり，アルミニウム青銅棒の化学成分と機械的性質は JIS H 3250 に規定されている．

（c） **ニッケル青銅**（nickel bronze） ニッケル青銅は青銅に Ni を加えて耐食，耐熱性を向上させた Cu-Ni 系合金である．Ni と Cu は互いによく溶け合い，状態図は全率固溶型になるが，Ni 側に磁気変態点をもつ．一般的には Al, Si, Zn, Mn などを添加して時効硬化を与え，特殊ニッケル青銅として使われている．

キュプロニッケル（cupro nickel） 15〜25% Ni を含んだ良好な耐海水性を利用した合金で，実用的には Fe 0.4〜1.8%，Mn 0.2〜1.0%を添加していて，ボイラーの復水器管に多用されている．**白銅**とも呼ばれ，50 円，100 円，500 円硬貨は 25% Ni の白銅である．

コンスタンタン（constantan） 45% Ni-Cu 合金の商品名である．この合金は電気抵抗の温度係数が小さく，銅に対して熱起電力が大きいので，計測器や抵抗器の抵抗体として使われている．

マンガニン（manganin） 12〜25% Mn を含む合金で，銅に対する熱起電力が小さく，何年たっても抵抗の変化がないため，精密測定用の標準抵抗として最も多く使われている．

洋白（nickel silver） 15〜35% Zn を含んだ色が銀に似た美しい合金で，耐食性，耐熱性に優れている．古くは**洋銀**（German silver）とも呼ばれ，白銅と同じ用途のほか，ばね用合金として使われている．

（d） **鉛青銅**（leaded tin bronze） 鉛青銅は Cu-Sn 合金に Pb を 4.0〜22.0%添加した合金である．鉛青銅は鋳物で使用されていて，青銅の樹枝状の α 相の間に混在している Pb が，軸となじみやすく潤滑作用の働きをするので，すべり軸受材料として使われている．

鉛青銅を改良したもので，Cu-Pb 合金にみられる鋳造時の偏析*を防ぐとともに，

表 6·23 鉛青銅鋳物の化学成分と用途例（JIS H 5120:2016）

種類	記号	化学成分 [%]			参考
		Cu	Sn	Pb	用途例
鉛青銅鋳物 2 種	CAC602	82.0〜86.0	9.0〜11.0	4.0〜6.0	中高速・高荷重用軸受，シリンダ，バルブなど．
鉛青銅鋳物 3 種	CAC603	77.0〜81.0	9.0〜11.0	9.0〜11.0	中高速・高荷重用軸受，大形エンジン用軸受など．
鉛青銅鋳物 4 種	CAC604	74.0〜78.0	7.0〜9.0	14.0〜16.0	中高速・中荷重用軸受，車両用軸受，ホワイトメタルの裏金など．
鉛青銅鋳物 5 種	CAC605	70.0〜76.0	6.0〜8.0	16.0〜22.0	中高速・低荷重用軸受，エンジン用軸受など．

* 合金中の溶質元素が場所によって成分量の異なる組織になること．

組織を均一化するために2％以下のAg（銀）またはNiを添加したものを**ケルメット**（kelmet）という．ケルメットは熱伝導度がよく，高速高荷重用，潤滑の不十分な軸受に適している．

表6・23は鉛青銅鋳物の化学成分と用途例を示したものである．

（e）**けい素青銅**（silicon bronze）　けい素青銅はCuに少量のSiを加えて脱酸してつくった合金である．けい素青銅は導電率が大きく，機械的強度も優れていて，酸に対する耐食性も優れている．

けい素青銅のSi量を4〜5％に増し，Zn 9.0〜15.0％を含む**シルジン青銅**（silzin bronze）がある．これは日本で発明されたもので，亜鉛を少なくしているので海水に強く，鋳造性も優れている．けい素黄銅とも呼ばれている．シルジン青銅鋳物の化学成分と用途例は**JIS H 5120**に定められている．

（f）**ベリリウム銅**（beryllium copper）　ベリリウム銅は1.6〜2.05％のBeとNi，Coなどを添加した銅合金の中で，最も強く硬い析出硬化形の合金である．冷間加工と時効硬化処理により鋼に匹敵する強さをもち，耐食性，耐摩耗性にも優れている．また，ばね特性，導電率もよく，電気通信機器用のばね，マイクロスイッチ，電気接点，ダイアフラム，安全工具などとして，Be量の多いものは鋳造用，少ないものは加工用に用いられている．

6・5　ニッケルとその合金

1. ニッケルの製造と性質

（1）**ニッケルの製造**　ニッケル（nickel）の製造は銅と似ているが，鉱石はほとんど日本では産出せず，海外に依存している．主要鉱石として，珪ニッケル鉱などの酸化鉱や針ニッケル鉱などの硫化鉱がある．

製造工程は鉱石により異なり，モンド法とヒビット法がある．**モンド法**は酸化鉱を乾燥，粉砕して，ニッケルとCOを低温で反応させ，揮発性のNi(CO)$_4$とした後に再び加熱して，ニッケルと一酸化炭素に分解して精製する方法で，99.95％程度の純ニッケルが得られる．**ヒビット法**は硫化鉱を浮遊選鉱で精鉱した後，乾燥，焙焼*，焼結して粗製酸化ニッケルとしたのち，電解法で単体ニッケル（99.95％）とする方法である．

（2）**ニッケルの性質**　ニッケル（Ni）は銀白色の美しい光沢をもち，軟らかく展延性に富んだ金属である．面心立方格子の結晶構造をもち，耐食性に優れている．空気

---

* 溶けない程度の温度で鉱石を他の物質と反応させて，次の反応の前処理をする加熱操作．

中では非常に安定していて，加熱しても500℃以下の場合はほとんど酸化しない．そのため，めっきとして多く使われている．常温では鉄と同じく強磁性体であるが，360℃以上で磁気変態を起こし強磁性を失う．

純粋な Ni を単体で用いることはまれで，真空管の電極などには使用されるが，大部分は合金材料として使用されていて，鋼の性質をすばらしく改善する非常に優れた金属であるが，価格が非常に高い金属である．

表 6・24 は Ni の物理的性質，表 6・25 は Ni の機械的性質を表す．

表6・24　ニッケルの物理的性質

比　重	8.908
融　点 [℃]	1455
磁気変態点 [℃]	353
電気抵抗率 [$\mu\Omega\cdot$cm]	6.84
比熱 (20℃) [kJ/(kg・K)]	0.452
線膨張係数 (20℃)	1.33×10^{-6}
熱伝導度 (20℃) [J/(cm・sec・℃)]	0.920

表6・25　ニッケルの機械的性質

性質＼材質	引張強さ [N/mm²]	伸び [%]	絞り [%]	硬さ (HB)
引抜き材	450～800	15～35	50～70	125～230
焼なまし材	350～550	35～50	60～70	90～120

2. ニッケル合金

Ni は単体の金属として使われることは少なく，最大の用途は，鉄，銅，アルミニウムなどに添加して，目的に合わせた合金をつくるための合金元素として使われている．

ニッケル合金は Ni-Cu 系，Ni-Cr 系，Ni-Fe 系，Ni-Mo 系などに分けることができる．

（1）**Ni-Cu系**　ニッケルと銅は溶けやすく，Ni-Cu 合金は，図 6・19 に示すように全率固溶体をつくる．そのため展延性に富み，常温および高温加工が容易で電気抵抗が大きい．

Ni 67～70%，Fe 1.0～3.0%，残りが Cu の合金を**モネルメタル**（Monel metal：商標名）といい，A. Monel が発明したカナダ産の鉱石から直接に製造される天然合金である．モネルメタルは非鉄合金の中で最も強い材料の一つで，高温においても強く，耐食性や耐摩耗性に優れているので，海水，坑内水用ポンプおよび化学工業用ポンプ，タービン羽根，ポンプ部品などに使われている．改良合金として，S を少量添加して被削性を向上させた**R モネル**，Al を加えて析出強化形の**K モネル**，Si を加えた鋳物用の**S モネル**，**H モ**

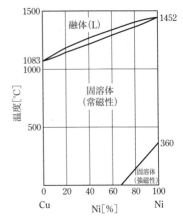

図6・19　Ni-Cu 合金の状態図

ネルなどがある．

Ni 40～45％の合金は**コンスタンタン**（constantan）といわれる合金で（前述），電気抵抗値が高く，熱電対および電気抵抗材料として使われている．Ni 44％，Cu 54％，Mn 1％，Fe 0.5％の**アドバンス**（advance）は標準抵抗線などに使われている．

（2） **Ni-Cr系**　この系の合金は主として**ニクロム**（Nichrome：商標名）と呼ばれ，電熱線，電熱帯として使われている．ニクロムは高温でも酸化せず，高温強さが大きい耐熱性ニッケル合金である．**JIS C 2520**には電熱用ニッケルクロム線（帯）の化学成分が規定されている．

そのほかに，Mn，Siを少量加えて温度測定用熱電対に用いる**クロメル**（Chromel：以下，商標名）や**アルメル**（Alumel）などがあり，Ni-Cr合金に8％のFeを含んだ**インコネル**（Inconel）は，耐食，耐熱合金で，加工材，鋳物ともに使われている．

（3） **Ni-Fe系**　Ni-Fe合金は鉄にニッケルを10～40％程度含ませた合金であり，低熱膨張係数をもつ**アンバ**（invar），**超アンバ**（super invar），**エリンバ**（elinvar），**プラチナイト**（pratinite）や弱い磁界の中でも高透磁率をもつ**パーマロイ**（parmalloy），**超パーマロイ**（super parmalloy）などがある．表6・26はおもなNi-Fe合金の性質と用途である．

表6・26　Ni-Fe合金の性質と用途

合金名	おもな成分	性　質	用　途
アンバ（インバ）	Ni 36％，Fe 残り	膨張係数小さく，銅の1/11.5，黄銅の1/17.2．	標準尺・地震計，時計の振り子，精密計器
超アンバ	Ni 30.5～32％，Co 4～6％，Fe 残り	膨張係数小さく，20℃でほとんど0である．	標準尺，地震計，時計の振り子，精密計器
エリンバ	Ni 36％，Cr 12％，Fe 残り	膨張係数小さく，弾性係数が常温で不変．	高級懐中時計のヒゲ，ゼンマイ，楽器の振動部
プラチナトイ	Ni 42～48％，Fe 残り	白金，ガラスと膨張係数がほとんど同じである．	白金の代用として電球に封入．
パーマロイ	Ni 8.5％，Fe 残り	透磁率が高く，わずかな磁化力で強く磁化される．	通信用変成器，鉄心チョークコイル，電子計算機素子
超パーマロイ	Ni 50％，Fe 残り		

（4） **Ni-Mo系**　この合金は**ハステロイ合金**（hastelloy alloys）と呼ばれていてNi-Mo系とNi-Cr-Mo系があり，種類により化学成分がかなり異なっている．NiにMoを添加すると，塩酸に対し耐食性のよい合金が得られ，耐熱性にも優れていて，ガスタービン翼や耐塩基性容器などの化学工業用方面に使われている．おもなものとして，ハステロイB系とハステロイC系があるが，次々にに改良されたものがつくられている．

6・6 亜鉛・鉛・すずとその合金

亜鉛（Zn），鉛（Pb），すず（Sn），アンチモン（Sb），ビスマス（Bi），カドミウム（Cd）などは融点が低く，いずれも非常に軟らかい金属であり，**低融点金属**（low melting metal）といわれている．低融点金属は加工硬化が起こりにくく，クリープが起こりやすいので，鉄や銅，アルミニウムやその合金などのように強度を必要とする構造物には適さない．そのため，これらの合金は軸受合金，はんだ，活字合金，ヒューズなど特殊な用途に使われているほか，ダイカスト合金としても広く使われている．

1. 亜鉛とその合金

（1） **亜鉛**　亜鉛（zinc）は青みを帯びた銀白色をしたもろい金属であり，非鉄金属としてはAl，Cuに次いで多く生産されている．亜鉛鉱という形で地球上には広く分布していて，閃亜鉛鉱（ZnS）や菱亜鉛鉱（ZnCO$_3$）を使い，鉱物を浮遊選鉱で精製してばい（焙）焼した後に還元する**乾式法**，または硫酸に溶かして電解還元する**湿式法**で製錬され，湿式法では99.995％の純度の金属が得られる．

亜鉛はもろいので純亜鉛がそのまま用いられることは少ない．亜鉛には，鉄鋼材料と共存すると鉄の防食を妨げる**犠牲防食作用**（galvanic protection）が働く．これは傷がついた鉄が露出しても，鉄よりもイオン化傾向の高い亜鉛が溶解し，再び被膜を形成することである（図 6・20）．そのため，おもな用途は鉄鋼製品の防食めっきが大半であり，亜鉛めっきを施した，いわゆる"トタン"として多く使われている．

(a) 塗装　　傷などから塗膜が破れ，鉄が露出したため腐食が起こる．

(b) 亜鉛めっき　　傷などから鉄が露出しても，亜鉛の犠牲防食作用により腐食が起こらない．

図 6・20　亜鉛の犠牲防食作用

そのほかに，乾電池のケース，銅などの金属との合金，亜鉛ダイカスト，亜鉛板などとして用いられている．

（2） **亜鉛合金**　亜鉛は鉄鋼製品（トタン板）などの防食めっきが生産量の半分を占めていて，残りは黄銅やダイカスト用などの鋳造合金として，または展伸用合金として用いられている．

（a） **鋳造用合金**　鋳造用のおもなものはダイカスト用であり，Zn-Al系合金の**ザマック**（Zamak：4Al-1Cu-0.05Mg-残り Zn）が多く使われている．亜鉛合金ダイカストは鋳造性がよく，安価で，製品の寸法精度が高い．しかし，不純物の許容量は厳格

表6・27 亜鉛合金ダイカストの機械的性質と使用部品例 (JIS H 5301:2009)

種類	記号	引張試験		硬さ(HB)〔10/500〕	使用部品例
		引張強さ[N/mm²]	伸び[%]		
1種	ZDC 1	325	7	91	自動車ブレーキピストン,シートベルト巻取り金具,キャンバスプライヤー
2種	ZDC 2	285	10	82	自動車ラジエータグリルモール,キャブレター,VTRドラムベース,テープヘッド,CPコネクター

で,Pb, Sn, Cdの量が多くなると結晶粒間腐食が生じて,Feの量が多くなると切削性がわるくなる.そのため,合金用亜鉛には高純度の亜鉛地金を用いる必要がある.

亜鉛地金の種類と化学成分は **JIS H 2107** に定められている.また,表 **6・27** は亜鉛合金ダイカストの機械的性質と使用部品例である.

(b) **展伸用合金** 展伸材の亜鉛合金は押出し,引き抜き,圧延加工が容易で,乾電池用,印刷用,ボイラジング用などに使われている.

2. 鉛とその合金

(1) **鉛** 鉛(lead)は比重が11.34と実用金属の中では重い青白色の金属である.古くから使用されてきた金属の一つで,身近なところでは釣り用のおもりとして使われているが,人体には有毒な元素である.現在利用が最も多いのが電池で,約70%が自動車のバッテリー(蓄電池の電極板)として使われている.

亜鉛鉱とともに産出される方鉛鉱(PbS)がおもな鉱石である.方鉛鉱に石灰石などを加えてばい焼処理し,溶鉱炉製錬した後に,溶離(乾式法)または電解(湿式法)により不純物を除いて単体とする.

鉛(Pb)は非常に軟らかく,展延性や潤滑性に優れていて,融点は327.5度と低い.再結晶温度が常温よりも低いので,加工しても硬くならず,常温でも板や箔に加工することができる.また,空気中,水中で皮膜をつくるため,比較的耐食性に優れていて,放射線の透過性が低いという特性ももっている.そのため,放射線防護材料として利用されている.鉛地金の化学成分に関しては,**JIS H 2105** を参照されたい.

(2) **鉛合金** 鉛は非常に軟らかく,また機械的性質も劣るため,構造用材料としてそのまま使われることはほとんどなく,Sb, Cu, Sn, Caなどを添加して強さを向上させ,鉛合金(lead alloy)として使われている.3〜10%のSbを含む鉛は**硬鉛**(hard lead)といい,Pb-Sb合金であり,化学工業用に使われている.2〜3% Sbのものはケーブル被覆用で,4〜8% Sbは板,管の展伸材用,8〜10% Sbは化学工業用の鋳物材として使われている.

3. すずとその合金

（1） すず　すず（錫；tin, Sn）は 13.2℃に同素変態点があり，13.2℃以上では**白色すず**（white tin）という比重 7.28 で銀白色の安定した金属である．しかし 13.2℃以下になると，理論的には粉末状の比重 5.8 という**灰色すず**（gray tin）になるが，ふつうはその温度以下では灰色すずにはならず，反応が実際に進むのは －10℃からである．また，すずは常温で折り曲げたりすると**すず鳴り**（tin cry）という音を出すが，これは結晶が変形する際に出るエネルギーが音になるためである．

すずは古くから使われてきた元素の一つで，天然にすず石（SnO_2）という鉱石で産出される．これを選鉱，ばい焼した後に，炭素などを使い還元によって粗すずとし，電解精製によって単体とする．

すずは展延性に富んでいて，常温でも箔に加工することができる．また耐食性にも優れていて，人体にも毒性がないので，鉄板にめっきを施し，ブリキ板（tin plate）として缶詰容器用などに使われていたり，はんだ付けの材料などとして使われているが，用途の大半は合金材料である．

JIS H 2108 には，すず地金の化学成分が規定されている．

（2） すず合金　すずは鉛に次ぐ軟らかい金属であり，鉛，亜鉛と同様に構造用材料としてそのまま使われることはほとんどない．すずは反応性に富み，他の金属と合金をつくりやすいため，軸受合金，器物装飾用合金，はんだやろう材など，または各種の低融点金属にも必ずすずは含まれ，すず合金（tin alloy）として使われている．

4. 白色合金

Sn，Pb，Zn，Cd などの軟らかくて融点の低い元素は，色調がともに白色であるところから，白色金属といわれている．白色金属は同じような性質を示していて，これらを主成分とする合金を一般に**白色合金**（ホワイトメタル：white metal）と呼んでいる．構造用材料として使われることはないが，重要な材料であり，おもな用途をいくつか紹介する．

（1） 軸受用合金　前節でも述べたりん青銅や Cu-Pb 合金のケルメットも軸受用材料であるが，白色合金も軸受用合金（bearing metal）として用いられている．白色合金が軸受用に使われているのは，比熱や熱伝導度が大きく，軟らかい組織と硬い組織が混ざり合い，軟らかい組織は軸になじみやすく，硬い組織が振動や衝撃に耐えて，荷重を支えているからである．

ホワイトメタルの中で最も代表的なものが Sn-Sb-Cu 系合金の**バビットメタル**（babbitt metal；Sn 80 ～ 90%, Sb 5 ～ 15%, Cu 3 ～ 10%）で，高速度，高荷重の軸受や発電機，タービンなどに広く用いられている．

表6·28 ホワイトメタルの化学成分と適用 (JIS H 5401:1958)

種類	記号	化学成分 [%]						適用
		Sn	Sb	Cu	Pb	Zn	As	
ホワイトメタル1種	WJ1	残部	5.0〜7.0	3.0〜5.0	—	—	—	高速高荷重軸受用
ホワイトメタル2種	WJ2	残部	8.0〜10.0	5.0〜6.0	—	—	—	
ホワイトメタル2種B	WJ2B	残部	7.5〜9.5	7.5〜8.5	—	—	—	
ホワイトメタル3種	WJ3	残部	11.0〜12.0	4.0〜5.0	3.0以下	—	—	高速中荷重軸受用
ホワイトメタル4種	WJ4	残部	11.0〜13.0	3.0〜5.0	13.0〜15.0	—	—	中速中荷重軸受用
ホワイトメタル5種	WJ5	残部	—	2.0〜3.0	—	28.0〜29.0	—	
ホワイトメタル6種	WJ6	44.0〜46.0	11.0〜13.0	1.0〜3.0	残部	—	—	高速小荷重軸受用
ホワイトメタル7種	WJ7	11.0〜13.0	13.0〜15.0	1.0以下	残部	—	—	中速中荷重軸受用
ホワイトメタル8種	WJ8	6.0〜8.0	16.0〜18.0	1.0以下	残部	—	—	
ホワイトメタル9種	WJ9	5.0〜7.0	9.0〜11.0	—	残部	—	—	中速小荷重軸受用
ホワイトメタル10種	WJ10	0.8〜1.2	14.0〜15.5	0.1〜0.5	残部	—	0.75〜1.25	

表 6·28 はホワイトメタルの規格と用途例を示したもので, Sn 基本と Pb 基本とのものがある.

(2) **ろう付用合金** 二つの金属を接合するのに, ふつう, 両者よりも融点の低い金属を用いる方法を (brazing) と呼び, 接合に用いる金属を**ろう**という. ろう付け用の合金にはたくさんの種類があり, 融点が 450°C 以下のものがいわゆる**はんだ** (solder) として知られている**軟ろう** (soft solder) で, 融点が 450°C 以上のものが黄銅をもとにした**硬ろう** (hard solder) と呼び区分している.

(a) **軟ろう** 軟ろうは Sn-Pb 合金で, 融点が低く, 接合作業が簡単なので幅広く使われている. 図 6·21 は Sn-Pb 状態図である. Sn 61.9% で共晶組成となり, 183°C まで融点が下がる. Sn が約 2〜95% のものがはんだとして使われていて, Sn が多いもの

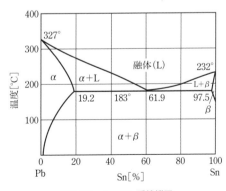

図 6·21 Sn-Pb 系状態図

ほど接着面によく伸びやすくなるが、値段も高いのでSn 50%くらいのものがよく使われている．

しかし、Pbは人体には有害なため、食器類用のはんだとしてはPbの少ないものを使用している．また、廃棄電気、電子製品のはんだ中のPbの毒性が環境汚染を引き起こすことが問題になっているため、Pb以外の金属を使用した**鉛フリーはんだ**が開発されている．表 **6・29** は、はんだの用途を示したものである．

(b) **硬ろう**　硬ろうははんだに比べると融点が高いため、作業時に高温度が必要で、ろう付は困難である．しかし硬さ、引張強さは大きく、高温の使用にも耐えることができる．ろう付に使用されるフラックスとしては、**ほう（硼）砂**、ほう酸などが使用されている．

表 6・29　はんだの用途例

種　類	用途例
100 Sn	特殊用（電気、電子工業関係のはんだ付け）、食品、医療器衛生機器用
95 Sn	
67 Sn	電気、電子、プリント配線用、通信機器継線用
65 Sn	
60 Sn	
55 Sn	電気、電子機器の配線、組立および機械、製缶用、ラジエータ用
53 Sn	
45 Sn	
40 Sn	ラジエータ用、製缶用、ケーブル鉛工用
37 Sn	
20 Sn	電球用、板金肉盛用、充てん用
10 Sn	
5 Sn	高温、製缶用
2 Sn	

硬ろうにはZnが33～67%の黄銅を元にした真ちゅうろうや、Ag-Cu-Zn合金にCdなどを添加して融点を調節した銀ろうがあり、ほかにアルミニウムろう、りん銅ろう、ニッケルろう、金ろうなどがある．

(3) **易融合金**　易融合金はCd、Bi、Pb、Sn、In（インジウム）などが主成分の合金で、**低融点合金**、**可融合金**（fusible alloy）とも呼ばれている．これらの元素は自身が低い溶融点をもっているが、これらを合金することによる共晶反応を利用して、成分金属の融点よりも低い温度で溶かすことができる．

この合金はほとんどが、Biを50%前後含んでいて、非常に溶けやすく100℃以下の温度で簡単に溶ける．この性質を生かし、広い範囲で使われ、火災警報器、消火栓、高圧ガス容器の安全弁、電気ヒューズ（図 **6・22**）、精密鋳型、レンズ研磨用などに用いられている．

図 6・22　電気ヒューズ

6・7　貴金属

Au（金）、Ag（銀）、Pt（白金）、Pd（パラジウム）、Ir（イリジウム）、Rh（ロジウム）、Ru（ルテニウム）、Os（オスミウム）の8元素が貴金属（noble metal）に分類されている．貴金属は生産量が少なく、価格も高いが、光沢が非常に美しく、耐食性、展

延性に優れているので，装飾品，歯科医療材料，貨幣，電気材料，化学工業の材料などとして用いられている．しかし，機械的強さが弱いので，構造材としては使われていない．

表6・30は貴金属の物理的性質であり，以下に代表的なものをいくつか紹介する．

表6・30 貴金属の物理的性質

	Au	Ag	Pt	Pd	Rh	Ir	Os	Ru
比 重	19.32	10.49	21.45	12.02	12.44	22.65	22.57	12.45
融 点 [°C]	1064	961.9	1769	1554	1963	2443	3045	2310
比 熱 [°C]	0.031	0.055	0.031	0.058	0.059	0.030	0.031	0.057
熱伝導度 [J/(cm·sec·°C)]	2.97	4.18	0.71	0.71	0.88	0.59	—	—
電気抵抗 [$\times 10^{-6} \Omega \cdot cm$]	2.35	1.59	10.6	10.8	4.5	5.3	9.5	7.6
線膨張係数 [$\times 10^{-6}$/°C]	14.2	19.68	8.9	11.76	8.3	6.8	4.6	9.1

1. 金とその合金

金（gold）は展延性があらゆる金属中最も優れていて，1gの金で約3000mくらいまでの金糸に伸ばすことができる．化学的に安定している金属で，ほとんど化合物をつくらず，耐食性にも優れている．また，加熱しても酸化することはなく，電気抵抗は銀，銅に次いで小さい．金はきわめて軟らかいため，他の金属を加えて使用目的に合わせて合金として使われることが多く，これはコスト低減の目的でもある．

金合金の種類は非常に多く，最も多いのは装飾用のAu-Ag-Cu合金である．この装飾用合金の品位は**カラット**（karat）という成分比を表す単位が使われていて，24カラット（K）が純金で，18Kは純度75%（18/24），12Kは純度50%（12/24）となる．ほかに歯科治療用のAu-Ag-Pd合金や，工業用材料として使われているAu-Ag合金，Au-Cu合金などがあり，電子工業部品，電気接点などとして使われている．

2. 銀とその合金

銀（silver）は文字通り銀白色の美しい金属で，金と同じように装飾品や貨幣として昔から使われてきた．あらゆる金属中，電気，熱の伝導度が最も優れていて，展延性も金に次いで2番目である．しかし，貴金属の中では最も融点，密度が低く，耐食性も劣る．金と同様に，単体では軟らかい金属なので，他の金属を加えて改良し，銀合金として使われていることが多い．

代表的なものにAg-Cu合金の**スターリングシルバー**（Ag-7.5% Cu）や**コインシルバー**（Ag-10% Cu）があり，歯科用に用いられているAg-Pd合金などもある．工業用材料としては，X線写真用フィルムの感光材料に最も多く使われていて，ろう材，電気接点などにも使われている．

3. 白金とその合金

白金（platinum）は金，銀と比較するとなじみは薄いが，白金族元素（Pt, Ru, Pd, Rh, Os, Irの6つ）の中ではいちばん多く産出され，昔から装飾品として人気がある．展延性に優れ，融点が1774℃と高く，王水には溶けるが，酸やアルカリには侵されない耐食性をもっているので，高温や化学工業用などの分野でも使われている．

白金もまた，一般に，金，銀同様に軟らかいので，他の元素を加えて硬さ，耐熱性を改良し，白金合金として使われている．工業用としては，自動車排気ガス浄化装置の各種触媒として使われている．また，Pt-Rh合金はるつぼ材料，熱電対などに使われ，Pt-Ir合金は点火プラグ，電気接点などに使われている．

6·8 希有金属

地殻中での存在量が少ないものや，存在量が多くても現在の段階では純粋なものを産出するのがむずかしい金属を総称して，希有金属または**レアメタル**（希少金属）と呼んでいる．レアメタルは高価な金属ではあるが，単体または合金の添加物として利用されていて，いままでの金属にない機能や性能をもっている．そのため，ロケット工業，原子力工業，電子工業または身近な家庭用品にまで幅広く用いられている．以下に，レアメタルといわれるものをいくつか示す．

1. ジルコニウムとその合金

ジルコニウム（zirconium：Zr）は融点（1852℃）が高く，酸とアルカリに強い耐食性をもつ銀白色の金属である．ジルコニウムはTiに似た性質があるほか，熱中性子吸収断面積*が小さいという特徴をもっているので，Sn, Fe, Cr, Niを混ぜて，より強力で耐食性の優れた**ジルカロイ**（zircaloy）という合金として，原子炉，炉心部構造材料，原子燃料被覆材に使われ，酸化物は磁器やレンガに使われている．

表6·31は核燃料被覆管として使われるジルコニウム合金管の化学成分である．

表6·31 ジルコニウム合金管の化学成分 (JIS H 4751：2016)

記号	化学成分 [%]						
	Sn	Fe	Cr	Ni	Fe+Cr+Ni	Fe+Cr	Zr
ZrTN 802 D	1.20〜1.70	0.07〜0.20	0.05〜0.15	0.03〜0.08	0.18〜0.38	—	残部
ZrTN 804 D	1.20〜1.70	0.18〜0.24	0.07〜0.13	—	—	0.28〜0.37	残部

---

* 原子核と熱中性子が衝突したときに吸収の起こる確率．

2. ベリリウムとその合金

ベリリウム（beryllium：Be）は銅やニッケルに添加して，強さや耐食性を向上させる働きがある銀灰色の金属である．Zrと同じように，熱中性子吸収断面積が0.009 barn*（バーン）と小さく，室温では空気中でも安定している．原子炉の反射体として使われていたり，ミサイル構造用などとして使われている．またX線をよく通過させるという特徴があるので，X線管球窓としても使われている．しかしBeは人体に入ると有害なため，製造過程では特別の防護設備が必要である．

3. タンタルとその合金

タンタル（tantalum：Ta）はタンタライト，コロンバイトなどの鉱石から産出される青みがかった鋼色をした金属である．電子ビームで溶かすという方法でつくられ，2996℃という高融点をもつ．誘電特性が良好なためコンデンサとして使われていて，タンタルコンデンサは容積が小さくても容量の大きいものができ，耐久力に優れている特徴がある．またTaは高温強度が強く，耐酸性が非常に高いため，熱交換器，ポンプ，化学工業用機器として用いられている．

表 6・32 はタンタル展伸材の化学成分である．

表6・32　タンタル展伸材の化学成分（JIS H 4701：2001）

化 学 成 分 [%]										
C	O	N	H	Nb	Fe	Ti	W	Si	Ni	Mo	Ta
0.03 以下	0.03 以下	0.01 以下	0.0015 以下	0.10 以下	0.02 以下	0.01 以下	0.03 以下	0.02 以下	0.02 以下	0.02 以下	99.80 以上

4. ニオブとその合金

ニオブ（niobium：Nb）はTaに似た性質をもつ銀白色の金属である．融点が2468℃と高く，耐酸性はTaに次いで良好である．高純度のNbは，きわめて延性に富んでいて冷間加工ができ，耐食性はほとんどの液体金属にも耐えることができる．超耐熱合

表6・33　Nb，V，Taの機械的性質

		Nb（ニオブ）	V（バナジウム）	Ta（タンタル）
引張強さ [N/mm^2]	焼なまし	350	390〜520	350
引張強さ [N/mm^2]	加　工	700	840	770
降伏点 [N/mm^2]	焼なまし	210	300	—
伸　び [%]	焼なまし	030	020	040
硬　さ (HB)	焼なまし	—	81B	60E

* 吸収断面積の単位；1 barn＝10^{-28} m^2

金の添加元素として使われていて，Nb-Mo合金，Nb-Zr合金は航空宇宙材料として，Nb-Ti合金は超伝導材として使われている．

表6·33はNb，V（バナジウム），Taの機械的性質を示したものである．

5. タングステンとその合金

タングステン（tungsten：W）は金属の中で最も高い融点（3410°C）をもち，比重19.3と重い銀灰色の金属である．高融点のため溶解して製錬できず，粉末を精製している．Wは強く硬いため，加工性には劣るが，その分，高温になっても高い強度を保つので，電球のフィラメント，電子管，ミサイル溶接用電極（TIG用）などに用いられているが，最も多く使われているのは炭化タングステンとしての超硬工具である．

図6·23は炭化タングステンを用いてつくられた超硬チップである．

図6·23　超硬チップ

6. モリブデンとその合金

モリブデン（molybdenum）もWと同じように精製されていて，融点も2610°CとTaに次いで高い銀青色の金属である．用途もWと同じであるが，ガラスによく溶けて有害な影響を与えないので，ガラス溶融炉の電極として用いられている．しかし，大半は特殊鋼用の合金元素で，Mo合金の鋼は焼入れ性やじん性が向上する．

7. コバルトとその合金

（1）**コバルト**　コバルト（cobalt）はNiなどとともに産出されることが多い強磁性体の金属で，キュリー点*は1120°Cである．Coといえばブルーを連想するが，金属Coは灰白色である．大気中ではわずかに表面がさびる程度だが，酸には弱い．Coも単体として使われることはなく，ほとんどは永久磁石，耐熱合金，ハイス，超硬合金などの合金元素として添加され，触媒としても使われている．ステライトと呼ばれるCo-Cr-W系の鋳造合金は，耐摩耗，耐熱を目的として肉盛用溶着棒として広く使われている．

（2）**コバリオン**　コバリオン（COBARION）はコバルト合金の商標名で，コバルトにクロムとモリブデンを配合した極低ニッケルである．金属アレルギーの主原因であるニッケルを極限まで減らしながら，プラチナと同等の輝きをもつ人体に優しい素材である．コバリオンは東北大学金属材料研究所の教授が開発したもので，シルバーの約4

---

* 強磁性体の金属が磁化を消失する温度．

倍という高硬度で傷がつきにくく，長い年月を経過してもさびを生じない特徴がある．

用途は医療分野では金属アレルギー対策品の人工関節などで，工業的には刃物，加工工具，治具，また磁性材料やインバー合金などに使われている．

表 6·34 はコバリオンと SUS 316L との物性の比較である．

表6·34　コバリオンと SUS 316L との比較

物理的特性	コバリオン	SUS 316L
密度 [g/cm^3]	8.4	7.9
引張強度 [MPa]	1643	577
硬さ [HV1]	530	140
ヤング率 [GPa]	215	208
熱伝導率 [$W/(m·K)$]	13.6	13.0
電気抵抗率 [$\Omega·mm^2/m$]	1.1	1.2
比熱 [$J/(g·K)$]	0.452	0.5
熱膨張係数 [$10^{-6}/°C$]	16.0	20.0

8. ストロンチウムとその合金

ストロンチウム (strontium) は，18世紀末，スコットランドのストロンチアンで産出された白くて重い石から，電気分解により単体として取り出されたもので，銀白色のアルカリ土類金属である．空気中ではすぐに酸化され，炎色反応は深紅色である．水とはかなり激しく反応し，水素を発生して水酸化ストロンチウムになる．

現代社会では欠かすことのできないストロンチウムは，コンピュータのディスプレイに使用するガラスの原料，真空管の電子ゲッター，磁石，銅合金の脱酸剤などに用いられるほか，炎色反応を利用して，花火で赤い光を発生させるために使われている．

また，人工的につくられる放射性同位体としてストロンチウム 90 があり，人体にとっては危険な放射性核種の一つである．

9. インジウムとその合金

インジウム (indium) はすずに似た銀白色の軟らかい金属である．空気中では安定しているが，水に合うとさびやすく，酸には溶けるがアルカリには溶けない．液晶ディスプレイの普及とともに関心の高まっているインジウムは，札幌市の豊羽鉱山が世界最大の産出国であったが，現在は中国となっている．

酸化インジウムと酸化すずの混合物の酸化インジウムすず (ITO：Indium Tin Oxide) として，液晶やプラズマといったパネルディスプレイの電極やガラス封着用合金などに用いられる．

表 6·35 はインジウムの性質である．

表6·35　インジウムの性質〔1 atm (1013.25 hPa) のときの値〕

温度 [°C]	密度 [g/cm^3]	比熱 [$J/(kg·°C)$]	熱伝導率 [$W/(m·K)$]	線膨張係数 [$\times 10^{-6}/°C$]	融点 [°C]
20	7.3	239	23.86	33	156.4

6章 練習問題

問題 1. アルミニウム合金の時効硬化について説明せよ．
問題 2. 鋳造用アルミニウム合金の種類と用途例を述べよ．
問題 3. マグネシウムの製錬について説明せよ．
問題 4. チタンの優れている点を述べなさい．
問題 5. 純銅の種類と用途例を説明せよ．
問題 6. 7・3黄銅と6・4黄銅の異なる点を述べよ．
問題 7. 特殊青銅の種類をあげなさい．
問題 8. 次の合金の主成分とその用途例を述べよ．
　　　　① モネルメタル　② ニクロム　③ ハステロイ合金
問題 9. 軸受用合金にはどのような性質が要求されるか．
問題 10. 軟ろうと硬ろうの違いについて述べよ．
問題 11. 希有金属の種類をいくつかあげよ．

7
非金属材料

　構造物に使われている材料や機械を構成している材料などは，大部分が金属材料を使用している．しかし，金属材料だけで構造物などができるわけではなく，それのみで私たちの要求を満たすことはできない．近年は，化学や化学工業の発達により，金属材料では得られない性質をもつ**非金属材料**（non metallic materials）が開発されてきて，金属材料に代わって使用されている．非金属材料は金属材料以外の総称であり，一般には**無機材料**（inorganic）と**高分子材料**（macromolecule materials）に分かれている．

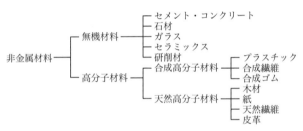

図7・1　非金属材料の分類例

　図7・1は非金属材料の分類例である．
　この章では近年，とみに重要性を増してきている非金属材料について述べたい．

7・1　セメント，コンクリート

1．セメントの製造

　水で練り混ぜると化学反応を起こして硬化する接着用の無機質粉末を総称して**セメント**（cement）という．セメントの製造は石灰石，粘土，けい石，酸化鉄などの原料を粉砕して細かなものと大きなものにふるい分ける．細かく粉末になったものをロータリーキルンと呼ばれる回転窯で1450℃前後まで加熱した後に，急冷して黒い**クリンカー**（clinker）を得る．クリンカーはセメントになる前の中間製品で，火山岩のような黒いかたまりをしている．このクリンカーに少量の石こうを加えて，細かく砕き，セ

メントができ上がる．

2. セメントの分類

セメントは原料の調合の割合でさまざまなものがつくられている．硬化してから強さが増すまでの期間に差があり，普通，早強，超早強などに分けられていて，それぞれが違う性能をもち，目的により使い分けられている．一般には**ポルトランドセメント**と**混合セメント**に大別することができ，単にセメントと呼ぶ場合は，ポルトランドセメントのことを指す．図7・2はセメントの分類例であり，以下にいくつかの代表的なものを紹介する．

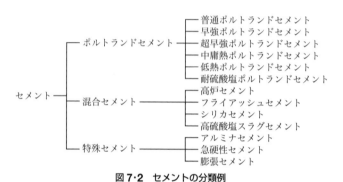

図7・2 セメントの分類例

（1） ポルトランドセメント

（a） 普通ポルトランドセメント（ordinary portland cement） 入手が簡単な最も汎用性の高いセメントである．コンクリート用として幅広い分野の工事で使用されていて，総生産量の74%を占めている．

（b） 早強ポルトランドセメント（high early strength portland cement） 普通ポルトランドセメントが3日で発揮する強度が，1日で得られるセメントである．水密性や耐久性が大きく，低温でも強いため，寒冷期の工事やプレストコンクリートなどに使われている．表7・1は普通ポルトランドセメントと早強ポルトランドセメントの組成である．

表7・1 普通ポルトランドセメントと早強ポルトランドセメントの組成（JIS R 5210:2009）

セメントの種類	化 学 成 分 [%]				
	酸化マグネシウム	強熱減量	三酸化硫黄	全アルカリ	塩化物イオン
普通ポルトランドセメント	5.0 以下	3.0 以下	3.0 以下	0.75 以下	0.02 以下
早強ポルトランドセメント	5.0 以下	3.0 以下	3.5 以下	0.75 以下	0.02 以下

（c） **超早強ポルトランドセメント**（extra early high strength portland cement）早強ポルトランドセメントより早強性を高め，普通ポルトランドセメントが7日で発揮する強度が，1日で得られるセメントである．早強ポルトランドセメントと似た性質をもち，緊急工事用に使われている．

（d） **中庸熱ポルトランドセメント**（moderate heat portland cement）　普通ポルトランドセメントと比較すると水和熱が低いため短期強度は遅いが，長期強度に優れている．乾燥収縮が小さく耐久性に富んでいるので，ダムや構造物の基礎，マスコンクリート工事などに使われている．

（2）**混合セメント**

（a） **高炉セメント**（portland blast-furnace slag cement）　水砕高炉スラグ微粉末を混合材としたセメントで，高炉スラグの分量によってA，B，Cの3種がある．このセメントは高炉スラグの潜在水硬性によって長期強度が増進し，化学抵抗性や耐海水性にも優れている．ダム，港湾，河川など大型土木工事に使われている．

（b） **フライアッシュセメント**（portland fly-ash cement）　ポルトランドセメントとフライアッシュ（微粉炭燃焼時に発生する微細な物質）を均一に混合したセメントである．フライアッシュの分量によってA，B，Cの3種がある．水和熱が低く，長期強度が大きい．コンクリートのワーカビリティ（打込み，締固め，仕上げなどの作業のしやすさをいう）が良好で，ダムなどの大型土木工事に使われている．

表7·2はおもなセメントの強度を示したものである．セメントは貯蔵中，空気中の水分と化合して風化し，品質が下がるので，貯蔵場所に注意が必要である．

表7·2　セメントの強度（JIS R 5210, R 5211, R 5213：2009）

種類	圧縮強さ [N/mm^2]		
	3日	7日	28日
普通ポルトランドセメント	12.5 以上	22.5 以上	42.5 以上
早強ポルトランドセメント	20.0 以上	32.5 以上	47.5 以上
高炉セメント（B種）	10.0 以上	17.5 以上	42.5 以上
フライアッシュセメント（B種）	10.0 以上	17.5 以上	37.5 以上

3. コンクリートの製造と性質

セメント（粉状）と水を練り混ぜたものを**セメントペースト**と呼び，セメントペーストに砂（細骨材）を混ぜたものが**モルタル**（mortar）で，モルタルに砂利（粗骨材）を混ぜたものが**コンクリート**（concrete）である．コンクリートの圧縮強さは非常に大きく 24〜65 N/mm^2 で，引張強さはその約1/10である．この強さは水とセメントの比率で変化し，**水セメント比**〔（水量 / セメント量）× 100 ［%］〕が小さいほど強度が

大きくなる．このため，水はとても重要な働きをしている．

コンクリートは打込み後，表面をむしろ，布，砂などでおおい，散水して水分が失われない湿った状態を保たなければならない．これをコンクリートの**養生**（curing）といい，必要な強度がでるまでの時間を**養生期間**という．この期間は，普通セメントで約7日間，早強セメントの場合は約3日間で，養生温度は約15〜35℃である．コンクリートは約−3℃で凍り，凍ったコンクリートは固まらないので注意が必要である．

4. コンクリートの種類

コンクリートは，使う目的，用途または季節など，さまざまな条件に適したものがつくられている．製造が容易で自由な形のものがつくられ，圧縮力に強く，耐火，耐食性にも優れている．しかし，引張強さが小さいため，鉄筋と組み合わせることにより互いの短所（鉄筋はさびやすく，火に弱い）を補い，**鉄筋コンクリート**（RC：reinforced concrete）として使われているものが一般である．また，鉄筋を使用しないコンクリートを**無筋コンクリート**という．

図7・3は土木構造用に使われているコンクリートである．以下にいくつか紹介する．

（a）外郭放水路　　　　　　　　（b）外郭放水路の立坑

図7・3　土木構造用に使われているコンクリート

（1）**一般構造用コンクリート**　建築，土木工事で一般に使われる基本的なもので，普通コンクリートとも呼ばれている．小さな断面の場所に使うため，軟らかく練ったものが建築構造用で，固く練ったものが土木構造用に使われている．

（2）**寒中コンクリート**　平均気温が4℃以下と，養生中に凍結が予想される冬期に使用されるコンクリートである．セメント以外の骨材や水も温めてコンクリートの温度を高め，その後も保温する必要がある．早強ポルトランドセメントや超早強ポルトランドセメントが使われる．

（3）**暑中コンクリート**　平均気温が25℃を超え，コンクリートの温度が35℃にもなるような気温の高い夏期に使用されるコンクリートである．気温が高いとコンクリー

トの固まりが速くなり，悪影響が出るので，骨材に水をかけて冷やしたり，水にも氷を混ぜている．水和熱の小さいセメントを使用している．

（4）**ポリマーコンクリート**　コンクリートの引張強度を強くしたり，粘りなどを改善するために，ポリマー（合成高分子材料）を数10％加えたコンクリートである．防水ライニング，パイプ，ビルの外壁の仕上げなどに使われている．

（5）**プレストレスコンクリート**　コンクリートは，圧縮力には強いが引張強さに弱いため，構造物などにひび割れが生じやすい．そこで，プレストレスコンクリートは，PC鋼棒などを使用し，圧縮力がかかった状態にし，荷重を受けたときに引張応力の発生を抑制して，ひび割れを低減している．長大橋，建築物の梁などに使われている．

（6）**レジンコンクリート**　セメントや水を一切使わず，結合材にポリエステル，エキポシなどの合成樹脂（液状レジン）を使い，骨材，砂，砂利，充填剤などを固めたものがレジンコンクリート（REC：resin concrete）であり，ポリマーコンクリートとも呼ばれる．セメントコンクリートと類似するものであるが，液状レジンの種類を選択することにより，さまざまな性能を付加することができる．

従来のセメントコンクリートと比べて数倍の強度を有し，各種薬品に対し優れた耐食性をもち，吸水率が非常に低いため，凍結融解による強度劣化がない．上・下水道用の地下構造物や各種のバルブボックスに使われている．

表7・3は各種コンクリートの力学的特性である．

表7・3　各種コンクリートの力学的特性

コンクリートの種別	圧縮強度 [MPa]	曲げ強度 [MPa]	曲げ荷重下の全消散エネルギー [N・cm]
普通コンクリート	46.4	4.6	3.1
高強度コンクリート	114.6	6.4	5.0
鋼繊維補強高強度コンクリート	118.9	8.7	23.1
レジンコンクリート	151.0	19.4	3.1

7・2　耐火材および断熱材

1. 耐火材

金属を溶解，精錬，熱処理する場合，高い温度に耐える炉材が必要である．赤熱温度でも溶けにくく，耐える材料を総称して**耐火材料**（fire resisting material）という．一

般に使われている耐火材には，科学的腐食に強く，機械的強度や耐食性があり，**スポーリング**（spalling：熱応力により生ずるひずみで，亀裂などを起こす現象）のない耐火れんが，耐火モルタル，耐火粘土などの無機材料がある．

（1）**耐火度** 窯炉などに使われる耐火れんがでは，耐火度（refractoriness）を図7・4に示すような**ゼーゲルコーン**（seger cone）という小形三角すい（錐）に焼成した標準片の番号で表すように定めている．耐火れんがなどの耐火度は，耐火物（refractory body）の溶ける温度を示すものであり，ゼーゲル標準片およびこれと同寸法につくった耐火材料試片の下端を試験用受け台に林立させ（図7・5），均一に加熱したとき，試験片が，熱によって軟化わん曲

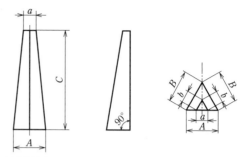

種類	A	B	C	a	b
1種	18.5±2.0	17.0±2.0	62.5±3.0	5.0±1.0	4.5±1.0
2種	07.0±2.0	06.5±2.0	27.0±3.0	3.0±1.0	2.5±1.0

図7・4 ゼーゲルコーンの形状と寸法 （JIS R 8101:1999）

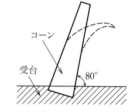

図7・5 ゼーゲルコーンの試験方法
（JIS R 2204:1999）

して，頭部が床に着いたとき，同じ状態になっている標準片の番号をもってその耐火材料の耐火度を表す．

耐火度を表す記号に「SK何番」というものがあり，SK 20～29 は低級耐火物，SK30～34 は普通耐火物，SK 35 以上は高級耐火物で，一応の目安がSK 26 である．

表7・4はゼーゲルコーン番号（SK）と溶倒温度を示したものである．

表7・4 ゼーゲルコーン番号と溶倒温度

ゼーゲルコーン番号（SK）	18	19	20	26	27	28	29	30	31	32
溶倒温度 [℃]	1500	1520	1530	1580	1610	1630	1650	1670	1690	1710
ゼーゲルコーン番号（SK）	33	34	35	36	37	38	39	40	41	42
溶倒温度 [℃]	1730	1750	1770	1790	1825	1850	1880	1920	1960	2000

（2）**耐火れんが** 耐火れんがには種々の形があり，窯炉や高温で使用する構造物などに用いられている．成分によって酸化物系，非酸化物系，複合物系の三つに大別されている．酸化物系には，けい石れんが，シャモット質れんが，ハイアルミナ質れんがな

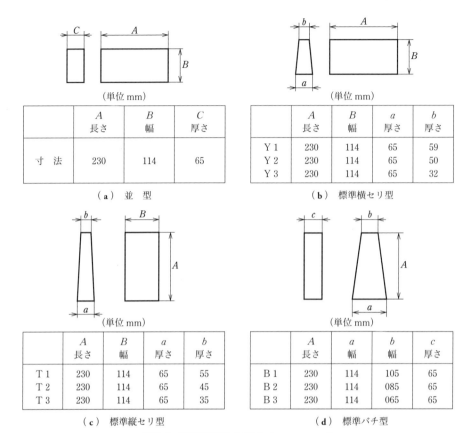

図 7・6　標準型耐火レンガ（JIS R 2101：1983）

どがあり，非酸化物系は炭化珪炭を含有しているれんがであり，複合物系はアルミナカーボン系れんがなどがある．

また，耐火れんがは製造時の熱処理によっても分類され，溶解れんが，焼成れんが，不焼成れんがに分けられている．

図 7・6 は JIS で定められている標準型耐火れんがの形状である．

2. 断熱材

熱を遮断する素材のことを**断熱材**（insulating materials）という．使用温度の低い方から保冷，保温，断熱，耐火断熱に分かれていて，一般的に，保温材は 500〜600℃以下の低温用，また耐火断熱は 900℃以上の高温で使用されている．

断熱材の素材には固体，気体，液体の三つがあり，なかでも固体のものはいろいろな

種類があり，大別すると有機質系と無機質系がある．有機質系は低温用保温材として使われていて，コルク，ウレタンフォーム，発泡スチロール，ゴム，木材などがあり，無機質系は高温用として使われていて，ロックウール，けいそう土，ガラス綿，鉱さい綿などがある．

7·3 ガラス

1. ガラスの製造

工業用，家庭用と広範囲に使われているガラス（glass）は，無機物質を溶融し，結晶化することなく冷却した過冷却の液体であり，紀元前からあったといわれる．

一般的なガラスは，けい砂（石英），ソーダ灰，石灰がおもな原料であって，そのほかにカリ，マグネシア，酸化バリウムなどが含まれている．けい砂はけい酸（シリカ：SiO_2）が主成分のガラスの中心になる成分で，地球上の砂や土はほとんどけい砂を含んでいる．ソーダ灰（Na_2O）は，工業用ガラスの重要な成分で透明度を高めるために加えていて，石灰（CaO）は炭酸カルシウムを含む鉱石が原料で，けい石を溶けやすくしている．

板ガラスは，これらの原料を調合して溶解がまへ入れ，約1600℃に加熱してドロドロに溶かし，ガラスより比重が大きい，すずなどの溶融金属上に流して必要なかたちに成型して，徐冷，洗浄後に切断する．このガラスの製造法を**フロート法**（図7·7）という．ほかフュージョン法，ダウンドロー法，リードロー法などもある．

また，熱溶解を使わないガラスの製造法として，気相合成法やゾルーゲル法などもある．

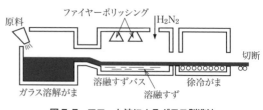

図7·7 フロート法によるガラス製造法

2. ガラスの性質

ガラスの性質は組成でおおよそ決まり，どのような製品，作業に用いるかで原料を調合している．一般的には，硬く傷がつきにくく，荷重に対しても相当な抵抗性をもっており，板ガラスの硬度（5.5～6.5）は鉄（4.5～5.0）よりも硬い．また薬品や熱にも強く，腐食せず，加工性や成形性も良好である．

また，固体で光を通す数少ない物質であり，一般の透明板ガラスでは可視光線の

90％は透過する．しかし，張力に弱く，熱伝導率はきわめてわるく，異常膨張する特性がある．

3. ガラスの種類

ガラスの種類は非常に多く，建築用板ガラス，光学ガラス，ガラス容器，テレビのブラウン管など数千種類にもなる．これらを化学成分，製造方法，使用方法などで分類しているが，大きく分けると，ソーダ石灰ガラス，鉛ガラス，ほうけい酸ガラス，石英ガラスの四つに分けることができる．

（1）**ソーダ石灰ガラス**　原材料に石灰を多く使い，窓ガラス，ビンなど日常生活に多く使われる基本的なガラスであり，古代に最初につくられたガラスもソーダ石灰ガラスと考えられている．成型，加工が容易で，熱に強く，原料が入手しやすく安価である．硬いがもろく，屈折率が低く，透明感にもやや欠ける．

（2）**鉛ガラス**　輝きや光沢に優れ，透明度が高いため高級食器や装飾品，光学用レンズなどに使われるガラスで，**クリスタルガラス**とも呼ばれる．けい酸，炭酸カリウム，酸化鉛が主成分で，一般に比重が大きい．ソーダ石灰ガラスに比べると軟化点がやや低く，軟らかいので，カット加工がしやすい．また，屈折率が大きく，電気的性質も優れている．

（3）**ほうけい酸ガラス**　ソーダ石灰ガラスや鉛ガラスと比較すると，けい酸の割合を大きくし，ほう酸（B_2O_3）を加えて熱膨張係数を小さくした耐熱ガラスで，**硬質ガラス**ともいう．透明度は低いが，化学的に安定していて，硬く熱衝撃にも強いので，化学工場の製造プラント，理化学用品，真空管などに使われているが，一般家庭の耐熱用品として使われることもある．

（4）**石英ガラス**　純けい酸のみからなり，熱膨張係数の小さい耐熱性に優れたガラスである．溶解温度が高いため，製造，加工とも困難ではあるが，温度の急変に耐え，高温にも使用でき，紫外線をよく透過するなどの利点をもち，半導体，光ファイバー，スペースシャトルの窓などに使われている．

7・4 研削材料

1. 研削材，研磨材

工作物の表面を削り取って面を平滑にしたり，面をみがいて精密に仕上げたりする場合に，非常に硬い非金属結晶の物質を用いる．比較的荒仕上げの加工を**研削**（図7・8）といい，これに用いる物質を**研削材**という．また，精密な仕上げ加工を**研磨**といい，研

磨の中で鏡面仕上げの感触の強い加工を**たく磨**といい，これらに用いる物質を**研磨材**，**たく磨材**という．

研削材，研磨材には，天然のものと人造のものがあり，これらの物質の粒状物や粉末を**砥粒**（とりゅう：abrasive grain）という．

図7・9は砥粒の種類である．

図7・8　研削作業

```
         ┌ 天然砥粒 ─ コランダム，エメリー，ガーネット，けい石，スピネル，ダイヤモンド
研削用 ──┤
         └ 人造砥粒 ─ 溶融アルミナ，炭化けい素，炭化ほう素，人造ダイヤモンド
         ┌ 天然砥粒 ─ けいそう土，ドロマイト，浮石粉，トリポリ
研磨用 ──┤
         └ 人造砥粒 ─ 酸化鉄，酸化クロム，仮焼アルミナ
```

図7・9　砥粒の種類

（1）**天然砥粒**（natural abrasives）　天然に産する石を粉砕して，研削材，研磨材に使うことは大昔より行われてきたが，天然産のものは特性，形状などに均一のものを得るのがむずかしく，資源の枯渇などの理由から，人造のものに変わってきている．以下にいくつか代表的なものを紹介する．

（a）**ダイヤモンド**　ダイヤモンドは天然砥粒の中で最高の硬さをもち，宝石などの装飾品に使われない粒子を**ボーツ**（boart）と呼ぶ．今でも人造ダイヤモンドの性能の及ばないところにあり，切削工具や硬い材料の研磨などに使われている．

（b）**エメリー**　エメリーはコランダム（Al_2O_3）と磁鉄鋼（Fe_3O_4）が入り混じったもので，加工面を美しくする特徴をもっているため，研磨紙，バフ用としてさび取りなどに使われている．

（c）**ガーネット**　ガーネット（ザクロ石）は砂礫（れき）中に産出するガラス光沢の鉱物である．ダイヤモンドやエメリーほど硬くはないが，ガーネット的性状の砥粒はいまだに人造されていない．木材加工用の研磨布紙や板ガラスの荒研磨に使われている．

（2）**人造砥粒**（artificial abrasives）　人造砥粒は1895年，アメリカのカーボランダム社で開発されたのが始まりで，今日では，自動車，航空機，電気製品などの部品の要求に応じてさまざまな人造砥粒が開発されている．以下にいくつかの代表的なものを紹介する．

（a）**溶融アルミナ**　アルミニウムの原鉱石であるボーキサイトや純粋なアルミナをアーク炉で高温溶融した後に，凝固させたものを粉砕整粒したものである．一般には，商品名からアランダム（Alundum）と呼ばれていて，研削砥石に多く使われている．

溶融アルミナは最も多量に使われ，他の成分を添加することにより，品質の違うものを製造することができる．最も純度のよいものが白色の溶融アルミナで，WA (4A) と呼ばれ，順次3A，2Aと呼ばれている．

（b）**炭化けい素** けい石と炭素を原料として，電気抵抗炉で反応させた炭化けい素のインゴットを粉砕した後に，水洗いして整粒させたものである．一般には，商品名からカーボランダム（Carborundum）と呼ばれている．現在最も広く利用されているもので，高純度の緑色炭化けい素（GC）とやや不純物のある黒色炭化けい素（C）の2種がある．

GCは，Cに比べると硬度が高く，超硬合金などのような発熱をきらう材料の研削やセラミックスの仕上げ研削に使われている．Cは，非金属材料や鋳物のような引張強さの小さいものの研削に使われている．

（c）**炭化ほう素** 炭化ほう素（carbon carbide）はダイヤモンドに次ぐ硬い研削材ではあるが，研削砥石としてはあまり切れ味がよくない．超音波加工やラッピングに使われている．

2. 研削砥石

各種の砥粒を結合剤で固めて加工物を切削したり，研磨したりする機械工具の典型的なものが**研削砥石**（grinding wheel）である．砥粒，気孔，結合剤の三要素で構成されて，粒度，結合度，結合剤，組織などによって各種の性質のものがあり，形状も作業用途によっていろいろである．表7・5は砥石の表示例であり，図7・10は研削砥石の構造である．

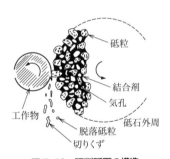

図7・10 研削砥石の構造

表7・5 砥石の表示例

形 状	縁 型	寸 法	と粒の材質	粒 度	結合度	組 織	結合剤	周速度
1号	A	205×25×9.53	A	F 60	K	7	V	2000 m/min

（1）**砥粒** 砥粒は加工物より硬いことが条件で，一つ一つが刃となって削っている．刃先が減って切れなくなった砥粒は，古い砥粒を脱落させて次の新しい砥粒が出る．これを**自生作用**という．

砥石に使われている砥粒は，ほとんどが人造のものであるが，天然のものには，砂岩，花こう岩，ち密凝灰岩，石英粗面岩，粘板岩などが用いられている．荒砥石には質が荒い砂岩，花こう岩などを用い，仕上げ砥石には細かい粘土が固まってできた粘板

岩，ち密凝灰岩などが用いられる．

人造のものは，主として前述の人造研削材を粉砕し，結合剤を加えて成形している．

（2） **粒度** 砥粒の大きさを**粒度**（grain size）といい，「F○○」，「#○○」と表示し，#240 は 240 番と呼ばれる「砥粒番号」である．この番号は篩（ふるい）の網目の数を表していて，測定する砥粒をふるいにかけて，それが通る目の大きさを，1 平方インチ（25.4 mm）のふるいに換算していくつの目になるか，その数で表している．粒度番号は数値が大きくなると砥粒が細かくなる．

表 7・6 は粒度の種類である．

表 7・6　粒度の種類（JIS R 6001-1～2 : 2017）

区　分	粒　度　の　種　類								
粗　粒	F 4 F 20 F 70	F 5 F 22 F 80	F 6 F 24 F 90	F 7 F 30 F 100	F 8 F 36 F 120	F 10 F 40 F 150	F 12 F 46 F 180	F 14 F 54 F 220	F 16 F 60
微　粉 （一般研磨用）	F 230 F 1000	F 240 F 1200	F 280 F 1500	F 320 F 2000	F 360	F 400	F 500	F 600	F 800
微　粉 （精密研磨用）	# 240 # 1000	# 280 # 1200	# 320 # 1500	# 360 # 2000	# 400 # 2500	# 500 # 3000	# 600 # 4000	# 700 # 6000	# 800 # 8000

（3） **結合剤** 砥石を固めるのに加える**結合剤**（bond）には，無機質のものと有機質のものがある．結合剤はあまり強く固めてしまうと，古い砥粒が脱落できず，あたらしい砥粒が出てこないので，注意が必要である．表 7・7 は結合剤の種類である．

表 7・7　結合剤の種類

種　　類	記　号
ビトリファイド	V
ゴム	R
繊維補強付ゴム	RF
レジノイド（合成樹脂）	B
補強付レジノイド（合成樹脂）	BF
シェラック	E
マグネシア	Mg

人造砥石の硬さは砥粒と結合度によって異なり，結合度の小さい砥石（軟らかい砥石）ほど減りやすい．一般には，硬い材料を研削する場合には軟らかい砥石を使い，軟らかい材料には硬い砥石を使っている．

結合度はアルファベットで表示され，A に近いほど軟らかく，Z に近いほど硬くなっている．表 7・8 は砥石の結合度の記号である．

表 7・8　砥石の結合度記号

種　類	極　軟	軟	中	硬	極硬
結合度記号	A B C D E F G	H I J K	L M N O	P Q R S	T U V W X Y Z

（4） **気孔** 気孔は成型するときにできるもので，削りかすを逃がすすきまである．このすきまがないと砥石は切れなくなる．また，砥石を冷やす働きもしているため，気孔は非常に大切な働きをしている．

7・5 セラミックス

1. 旧セラミックスとファインセラミックス

セラミックス（ceramics）は人工的に製造された非金属無機の固体材料である．セラミックスという言葉は英語で「焼き物」という意味で，もともとはヨーロッパで生まれた言葉である．硬く，摩耗しにくく，耐久性，耐食性があり，燃えないなどの特長をもち，過酷な条件下での用途には欠くことのできない，金属，プラスチックと匹敵する三大材料の一つである．

セラミックスは大きく二つに分けることができ，陶磁器，れんが，タイル，ガラスなど窯業製品を**旧セラミックス**または**オールドセラミックス**と呼び，化学的に処理した高純度原料を用いて，新しい性質や高い機能をもったものを**ニューセラミックス**または**ファインセラミックス**（fine ceramics）と呼んでいる．本書ではファインセラミックスについて述べたい．

図7・11はファインセラミックスでつくられた製品である．

図7・11 ファインセラミックスでの製品

2. ファインセラミックスの製造

ファインセラミックスはアルミナ，ジルコニア，コージュライト，チタン酸アルミニウムなどの原料を用いる．まず，これらの原料の不純物をできるだけ除いて純度を高め，その原料の粉を「ミル」と呼ばれるミキサーに水とともに入れてよくかき混ぜることで，粒の大きさをそろえ，粒径が小さい球形の粉末に精製している．

このような原料粉末は，その材料がもつ性質を最大限に引き出しているもので重要な作業である．調合された原料はバインダー（有機性結合剤）と混合され，加圧成形，鋳込み成形などで所定の形状につくり上げる．さらに，成形された粉末を融点以下に加熱して焼き締める．これを**焼結**（sintering）といい，**無加圧焼結法**と**加圧焼結法**がある．

焼結は，原料に含まれる水分やバインダーを除き，すきまのないち密な結晶体にしている．また，焼き固めるまでに30～40%の体積減少があるので，焼き上げたときの寸

法が，製品の寸法に仕上がるように温度を細かく管理している．この温度管理は他の焼き物とは異なり，かなりの経験が必要とされている．

3. ファインセラミックスの性質

ファインセラミックスは，原料粉末や焼成温度によって性質に違いが出てくるため，目的の製品に合わせて，素材の選択や粉末の形状を細かく調整して決めている．ファインセラミックスは，金属やプラスチックより硬く，鉄と比べると軽いという特徴があり，約 1/2 ～ 1/3 の重さであるが，柔軟性がないので，もろくて割れやすいという欠点がある．しかし，耐熱性，耐薬品性，耐摩耗性，絶縁性，半導体性，その他特定の機能を多数もっているので，私たちの生活になくてはならないものになっている．

4. ファインセラミックスの種類

天然には産出しない材料の組合わせや製造の仕方により，新しい性質や高い機能をもつファインセラミックスは，種類がたくさんあり，それぞれ特徴があり，用途が違う．以下にいくつか代表的なものを紹介する．

（1） アルミナセラミックス　薄板から大物まで比較的容易に製造できるアルミナセラミックスは，ファインセラミックスの中で最も幅広い分野で使われている．硬度が非常に高く，モース硬度 9 はルビーやサファイアと同じである．また耐摩耗性や耐熱性に優れ，耐薬品性，電気絶縁性にも優れている．しかし耐熱衝撃性が小さい．用途は各種粉砕機の部品，ポンプ部品，各種熱処理治具類，基盤や碍子などの電気部品，通信機器用絶縁部品など広範囲に使われている．

（2） ジルコニアセラミックス　ジルコニアセラミックスは，安定剤の添加が比較的少ない部分安定化ジルコニアを使うことで，機械的強度とセラミックス中，最高のじん性をもっている．耐薬品性，耐食性，耐摩耗性に優れ，熱膨張係数が金属に近いため，金属との接合に適している．耐摩耗性部材，各種カッター類，工具類，ポンプ部品，電子部品などに使われ，体に対しても親和性があるので，人工骨などの生体材料に使われている．

（3） 窒化けい素セラミックス　高温強度や高温耐摩耗性に優れている窒化けい素セラミックスは，熱伝導率が大きく熱膨張係数も小さいので，耐熱衝撃性にも優れている．高温にしたときの機械的強度の劣化が小さく，急激な温度差に耐え，鉄に比べて軽いため，自動車エンジンやガスタービン用材料など，従来の材料に代わる材料であり，ホットプレス部品，ノズル，バーナ部品などにも使われている．また，耐クリープ性，耐酸化性も他のセラミックスより優れている．

（4） 炭化けい素セラミックス　炭化けい素セラミックスはシリコンと炭素が結びつ

いた化合物である．非常に高い硬度をもち，ダイヤモンドに次ぐ硬質材料である．耐熱性もアルミナ，窒化けい素セラミックスを上回り，耐食性や耐熱衝撃性にも優れている．

空気中では高温（1650℃）でも安定であるため，耐熱構造材のエンジニアリングセラミックスとして，ターボチャージャロータやディーゼルエンジンのグロープラグ，ホットプラグなどに使われている．

（5）コーディエライトセラミックス　コーディエライトセラミックス（コージライトセラミックス）は，熱膨張係数がきわめて低いため，耐熱衝撃性に優れた性質をもつ．かりに熱による膨張が生じたときも，直線的に膨張するため，熱衝撃によるダメージを受けにくい．また，強度が大きいため，荷重のかかる部分に使用される．

用途は，自動車排ガス浄化用触媒担体，化学工業用装置材料，電熱器耐火物などに使用される．

（6）フェライトセラミックス　フェライトセラミックスは酸化鉄を主成分とし，磁性をもつセラミックスの総称である．東京工業大学の加藤与五郎博士と武井武教授が発明したもので，硬磁性を示すものをハードフェライト，軟磁性を示すものをソフトフェライトと呼ぶ．電気抵抗が高く，化学的に安定している．セラミックスのため耐腐食性，耐薬品性にも優れ，複雑な形状をつくりやすい．

用途は，ハードフェライトセラミックスが，回転機，計測器，マイク，スピーカーなどで，ソフトフェライトセラミックスが，磁気コア，マイクロ波通信フィルタ，マイクロ波通信アンテナなどである．

また，ハードフェライトセラミックス，ソフトフェライトセラミックスを含めた光を通す磁性体を，ガーネットフェライトと呼ぶ．

7·6　プラスチック

プラスチック（plastic）という言葉は，外力を加えると自由に変形ができる可塑性（plasticity）があるというギリシャ語からきている．JIS K 6900 に「必須の構成成分として高重合体を含み，かつ完成製品への加工のある段階で流れによって形を与え得る材料」と定義されているが，一般には，化学的に合成される高分子の有機化合物すなわち**合成樹脂**（synthetic resin）に添加剤を配合した合成物の総称である．

プラスチックの歴史はジョン，ハイアット（アメリカ）が1868年に発明したセルロイドが始まりであり，現在でも用途に合わせた工業用材料の開発が続けられていて，私たちの生活において欠くことのできないものになっている．

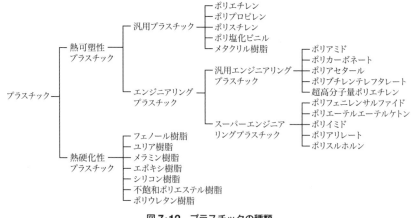

図7・12 プラスチックの種類

プラスチックにはたくさんの名前と種類があるが，熱に対する性質から，**熱可塑性プラスチック**（熱可塑性樹脂）と**熱硬化性プラスチック**（熱硬化性樹脂）の二つに大きく分けることができる．それぞれに特徴があり，つくられる製品も違ってきている．図7・12はプラスチックの種類である．

1. プラスチックの原料

現在使われているプラスチックは，ほとんどが石油からつくられているが，一部天然ガスも使われている．精製所で蒸留された原油からガソリン，灯油，ナフサ，軽油，重油，アスファルトなどに加熱分解され，その中のナフサといわれる液体がプラスチックの原料になる．ナフサは分子量が小さい燃えやすい成分である．化学工場でナフサは「ナフサ分解装置」という炉の中で分解され，エチレン，プロピレン，スチレン，ブタジエンなどのプラスチックの元になる物質になる．

エチレンやプロピレンなどは高圧や熱をかけて分子と分子を結びつけることによって，高分子化させ，ポリマー（重合体）という新しい性質の物質になる．さらにポリマーは，ペレットという米粒くらいの加工用の原料に形を変えて，このペレットに再度熱を加えて製品に加工される．しかし，この工程は後述の熱可塑性プラスチックに限られている．

2. プラスチックの性質

プラスチックの一般的な特徴は，熱を加えると変形するという性質である．そのため，成形加工が容易で，複雑な形状のものでも簡単に大量生産ができ，安価につくるこ

とが可能である．また，プラスチックは科学的安定性があり，軽くて強く，比重は0.83～2.1程度で，金属と比べると約1/5～1/6である．それに電気絶縁性や衛生的にも優れ，水に強く耐食性が大きく，透明性があり，自由に着色でき，薬品に侵され難い．

しかしこの反面，欠点としては耐熱性が金属材料に比較して不充分であり，熱膨張係数が金属よりも大きく，熱伝導度が小さく，軟らかいため表面に傷がつきやすいなどである．

3. 熱可塑性プラスチック

熱可塑性プラスチック（thermo plastics）は，分子が鎖状につながった高分子構造で，加熱すると溶けて軟らかくなり，粘りのある液体に変化し，型に流して冷却すると固まり，製品になる．また，加熱すると再び溶けて軟らかくなり，成形を繰り返すことができるプラスチックであるが，耐熱性や耐溶剤性は熱硬化性プラスチックに劣る．熱可塑性プラスチックは，耐熱性の度合いから汎用プラスチック，準汎用プラスチック，エンジニアリングプラスチックに分かれている．

（1） **熱可塑性プラスチックの成形法** 熱可塑性プラスチックの成形法は射出成形法と押出し成形法が主であり，いずれも加熱して溶かし，型に流して固めるという方法で成形している．

（a） **射出成形法** 射出成形法（injection molding）は，図7・13に示すように，ホッパに入れられた粉状または粒状の成形材料をシリンダの中で溶融温度に加熱して可塑化する．可塑化した樹脂は，ピストンで金型内に射出して，冷却，固化させてから成形品を取り出す方法である．注射器に似た原理を応用したもので，熱可塑性プラスチックの成形に最も広く用いられる方法である．

後仕上げがほとんどない，安定した寸法の製品をつくることができ，プランジャー式やスクリューインライン式などがある．

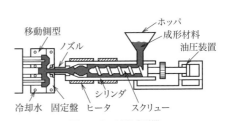

図7・13 射出成形機

（b） **押出し成形法** 押出し成形法（extrusion molding）も，成形材料をホッパの中に投入して，図7・14に示すように連続回転するスクリューによって送られ，加熱，可塑化する．可塑化し

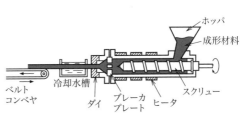

図7・14 押出し成形機

た樹脂は,スクリューのかみ込み圧力により連続的に供給されて,先端のダイを通って所定の形状として冷却されて製品となる.

連続的につくることが可能で,ダイの形状によってシート成形,フィルム成形などに分けられ,熱可塑性プラスチックの板,丸棒,管などはこの方法でつくられている.

(2) 熱可塑性プラスチックの種類 熱可塑性プラスチックの中で最も多いのは汎用プラスチックで,ポリエチレン,ポリプロピレン,ポリ塩化ビニルは3**大汎用プラスチック**と呼ばれている.生産量が多く,比較的安価であり,バランスのとれた機械的物性を示す.

また,強度が大きく耐熱が100℃以上の工業用プラスチックのことを**エンジニアリングプラスチック(エンプラ)**といい,各種機械部品として使われていて,ポリアミド,ポリカーボネート,ポリアセタールは3**大エンプラ**と呼ばれている.

熱可塑性プラスチックは,表7·9に示すようなものがあり,以下に代表的なものを紹介する.

表7·9 熱可塑性プラスチックの種類

樹 脂 名	略 称	おもな用途
ポリエチレン	PE	ゴミ袋,フィルム,発泡製品
ポリプロピレン	PP	食器容器,浴用品,植木鉢
ポリスチレン	PS	カップ,トレー,玩具
ポリ塩化ビニル	PVC	パイプ,シート,電線被覆
ポリアミド	PA	機械部品,歯車,コネクター
ポリアセタール	POM	軸受,カム,ねじ
ポリカーボネート	PC	カメラボディー,歯車,ヘルメット
ポリフェニレンサルファイド	PPS	化学機械部品,電気・電子部品
ポリエチレンテレフタレート	PET	録画テープ,ボトル,ハウジング
ポリエーテルエーテルケトン	PEEK	OA機器分野,ICウェハキャリア

(a) ポリエチレン ポリエチレン(PE)は水より軽く,柔軟性,電気的性質に優れた結晶性の汎用プラスチックで,幅広い分野で使われている.石油だけからつくられ,灯油と同じ発熱量をもつ.半透明のろう状で,高密度ポリエチレン(HDPE)と低密度ポリエチレン(LDPE)の2種がある.フィルム,発泡製品,ゴミ袋,ポリ容器などに使われている.

(b) ポリプロピレン ポリプロピレン(PP)はPEとよく似ていて,比重が0.9と一般的に使われるプラスチックの中で最も軽い.透明度が大きく,PEより耐薬品性が大きく,表面光沢もある.また耐熱性,防湿性に優れているので,食器容器,浴用品,植木鉢,人工毛髪,家電部品などに使われている.

(c) ポリ塩化ビニル ポリ塩化ビニル(PVC)は,硬質と軟質がある非晶性の汎用プラスチックである.機械強度はふつうであるが,電気絶縁性,耐水性,耐酸性に優

れていて，比較的安価であるので，パイプ，シート，電線被覆，工業用品，家庭用品などに幅広く使われている．

（d）**ポリアミド（ナイロン）** ポリアミド（PA）は，ナイロン合成繊維として知られている結晶性のエンジニアリングプラスチックである．摩擦係数が小さく，耐衝撃性や耐薬品性にとくに優れ，耐寒性にも優れている．また融点が高く耐熱性があり，自己潤滑性に優れているので，ファスナー，キャスター，機械部品の歯車や軸受などに使われている．

（e）**ポリカーボネート** ポリカーボネート（PC）は，融点が高い，機械強度，衝撃強さが大きい非晶性のエンジニアリングプラスチックである．成形収縮率が小さいので成形精度が高く，電気絶縁性がとくに強い．安全ガラス，風防ガラス，ヘルメット，CD，カメラのボディ，自動車部品，電機部品など幅広く使われている．

（f）**ポリアセタール** ポリアセタール（POM）は，白色不透明で硬質な結晶性のエンジニアリングプラスチックである．強度が大きく，加工性，耐疲労性に優れていて，バランスのとれた機械的性質をもつため，金属材料に代わり，機械部品，電機部品，自動車部品などに幅広く使われている．

4. 熱硬化性プラスチック

熱硬化性プラスチック（thermosetting plastics）は三次元網状構造を有する高分子化合物で，はじめから液体のものと，熱を加えて溶融するものがある．どちらも加熱を続けることで化学反応を起こし，硬化する樹脂である．一度熱によって硬化すると，再び加熱しても軟化，溶融することはなく，一般的には強度が高い．

（1）**熱硬化性プラスチックの成形法** 熱硬化性プラスチックの成形法にも射出成形法を用いるが，実用的には圧縮成形法，トランスファ成形法，積層成形法などが使われている．

（a）**圧縮成形法** 圧縮成形法（compression molding）は，原始的な方法ではあるが，熱硬化性プラスチックの成形法としては最も一般的である．

図7·15(a)に示すように，一定温度に加熱した金型の凹部（キャビティ：cavity）に予熱した成形材料を入れる．次に，同図(b)のように金型（フォー

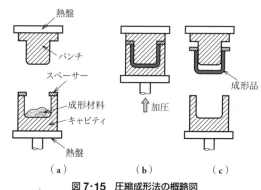

図7·15 圧縮成形法の概略図

スまたはパンチという）をかぶせて加熱すると，流動状態になり，キャビティのすみずみまで行きわたる．さらに加熱加圧して化学反応を起こして硬化させる．その後，同図（c）のように金型を開き成形製品を取り出す．

この成形法は大形製品か少量生産に利用される．

（b） **トランスファ成形法** トランスファ成形法（transfer molding）は，移送成形法とも呼ばれて，圧縮成形法と射出成形法との中間的な方法である．

図7・16に示すように，金型とは別にポット（加熱室）が装備され，固形材料をポットに入れ流動状態になったものを，ノズルを通して型内へ圧入して，硬化させた後，製品を取り出す方法である．トランスファ成形法は圧縮成形法に比較して，硬化時間が短く，成形品の寸法安定性がよく，能率的である．

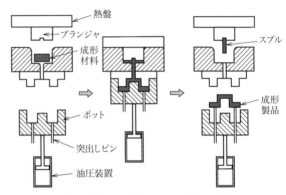

図7・16　トランスファ成形法の概略図

（2） **熱硬化性プラスチックの種類** 熱硬化性プラスチックには表7・10に示すようなものがあり，以下に代表的なものを紹介する．

（a） **フェノール樹脂** フェノール樹脂（PF）は，ベークライトの商品名で親しまれる，歴史的に最も古いプラスチックで，多くの用途に使われている．電気絶縁性，耐熱性，耐水性に優れていて，耐酸性にも良好である．機械部品，電気部品，釣りざお，塗料，接着剤などに使われている．

（b） **ユリア樹脂** ユリア樹脂（UF）は，硫安肥料製造のとき，副産物としてつくられる尿素とホルマリンとを反応させてできるもので，無色透明なため，着色が容易なプラスチックである．耐薬品性が優れているので，油性のフェルトペンのキャップなどに使われている．また，電気絶縁性や耐熱性にも優れているので，配線器具にも用いられ，接着剤などとしても使われている．

（c） **メラミン樹脂** メラミン樹脂（MF）は，表面硬

表7・10　熱硬化性プラスチックの種類

樹脂名	略称	おもな用途
フェノール樹脂	PF	機械部品，電気部品，釣りざお
メラミン樹脂	MF	電気部品，積層板，食器
エポキシ樹脂	EP	機械部品，接着剤，塗料
ポリエステル樹脂	UP	タンク，浴槽，ボード
ユリア樹脂	UF	接着剤，配線器具，灰皿
ポリウレタン樹脂	PUR	スポンジ，クッション，発泡

度が高く，ユリア樹脂より衝撃性がある．無色透明で耐水性に良好であるため，食器に使われている．また，難燃性で電気絶縁性がよく，耐熱性にも優れているので，電気安全性が必要なスイッチのハウジングや電気部品，積層板，化粧板などに使われている．

（d）**エポキシ樹脂** エポキシ樹脂（EP）は，1分子中に二つ以上のエポキシ基を有する化合物の総称である．エポキシ樹脂は各種硬化材や充填剤の組み合わせでさまざまな種類をもち，成形材料，接着剤，塗料用にと使われている万能樹脂であり，半導体素子封止用や航空機の構造材などにも使われている．

5. バイオプラスチック

枯渇が懸念される地下資源に代わり，生物資源からつくられたプラスチックをバイオプラスチック（bioplastic）という．トウモロコシやサトウキビなどの植物からデンプンを取り出し，そこから得られるポリ乳酸をプラスチック原料に使用したものがバイオプラスチックである．自動車のフロアマット，タイヤカバー，電気・電子部品，パソコンや携帯電話部品など，用途は多い．バイオマスを原料に含むプラスチックは，製造プロセスの違いから，表7・11のように3種に区別することができる．

表7・11 バイオマスを原料に含むプラスチックの種類

種　類	概　要	種　類
天然物系	バイオマス自体をポリマーとするもの	でんぷん樹脂，酢酸セルロース
化学合成系	バイオマス由来モノマーを化学的に重合するもの	PLA（ポリ乳酸），PTT（ポリトリメチレンテレフタレート），PBS（ポリビチレンサクネシート）
微生物産生系	微生物が体内で，バイオマスを重合するもの	PHB（ポリヒドロキシン酪酸）などのPHA（ポリヒドロキシアルカノエート）

7・7 ゴム

1. ゴムの製造

ゴムの木（パラゴムやインドゴム）が分泌する**ラテックス**（latex）という白い乳状の液に，酢酸，ぎ酸などを加えて凝固させたものが生ゴムである．生ゴムは工業用材料としてそのまま使用されることはなく，その生ゴムに硫黄を加えて練り合わせて型の中に入れ，100〜150℃の熱を加えて成形したものが**天然ゴム**（natural rubber）である．この操作を**加硫**（vulcanization）といい，硫黄以外の物質を加えて操作しても加硫という．加硫のときの硫黄量が15%以下のものは，軟らかく弾力性に富んだ軟質ゴムで，

硫黄量が30〜40%で長く加熱したものが**エボナイト**といわれる硬質ゴムになる．

また，**合成ゴム**（synthetic rubber）は石油からつくられていて，生ゴムの構造であるイソプレンやクロロプレン，ブタジエン（図7・17）などを付加重合*させて得られる高分子化合物である．合成ゴムは，長い歴史をもつ天然ゴムに比較すると歴史は浅いが，天然ゴムの生産地が限られているため，現在では天然ゴムの生産を上回っている．

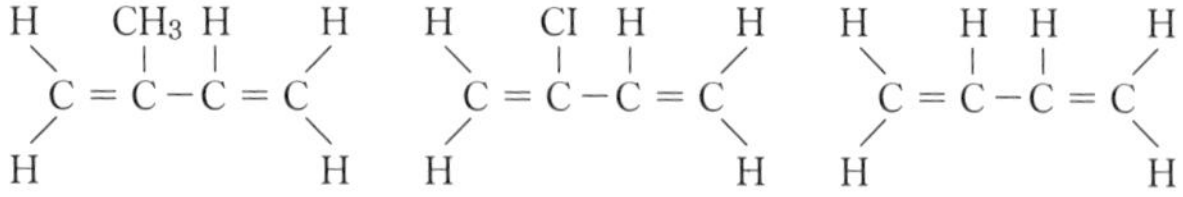

$$\begin{array}{ccc} \text{(a) イソプレン} & \text{(b) クロロプレン} & \text{(c) ブタジエン} \end{array}$$

図7・17 生ゴムの構造式

2. ゴムの性質

ゴムはゴム弾性をもっているのが最大の特徴であり，一般固体の弾性とは異なり，ゴムほど大きな弾性をもつ物質はない．これは硫黄を加えることで，分子内にたくさんの二重結合をもっている生ゴム分子に硫黄原子が付加し，硫黄原子による橋渡し（架橋構造）ができるためである．またヤング率が低く，粘弾性を示し，電気絶縁性に優れている．

しかし，ゴムは使用するにつれ，また時間がたつにつれて弾力性を失い，硬くなったり，べとついたり，表面にひびが入る．このような現象を老化（劣化）と呼ぶ．表7・12はゴムの弾性を他の固体の弾性と比べたものである．

表7・12 各種固体のヤング率・体積弾性率・ポアソン比

	ヤング率 [GPa]	体積弾性率 [GPa]	ポアソン比
鋼	195〜220	130〜215	0.25〜0.33
鋳鉄	74〜130	41〜75	0.2〜0.31
アルミニウム	70〜71	68〜70	0.33〜0.34
ガラス	50〜78	28〜57	0.2〜0.27
ポリエチレン	0.76〜1.00	25〜40	0.45〜0.458
ゴム	0.001〜0.006	0.003〜2.89	0.45〜0.49

3. ゴムの種類

自動車用タイヤとして需要を拡大したゴムは，現在では身近な物質の一つで，暮らしのあらゆる分野で利用されていて，ますます進化を遂げている．

ゴムは，充填剤や薬品などの配合によって，性質を変えるため種類が非常に多い．一般には用途で分類されており，タイヤや靴底などに用いるゴムを汎用ゴム，その他の特殊な目的に用いるゴムを特殊ゴムと呼ぶ．

表7・13はゴムの種類であり，以下にいくつか代表的なものを紹介する．

(1) 汎用ゴム

(a) **天然ゴム**　天然ゴム（NR）は，ポリイソプレン構造の最もゴムらしいゴムで

---

* 二重結合をもつ化合物が新しく分子間に結合をつくりつぎつぎとつながっていく反応．

表7·13 ゴムの種類

	種類	ASTM略語	化学構造	おもな特長
汎用ゴム	天然ゴム	NR	ポリイソプレン	各性質のバランスがとれている最もゴムらしいゴム.
	イソプレンゴム	IR	ポリイソプレン	天然ゴムに最も近い合成ゴムで安定している.
	ブタジエンゴム	BR	ポリブタジエン	耐摩耗性がよく,非常に高い反発弾性をもつ.
	スチレン・ブタジエンゴム	SBR	ブタジエン・スチレン共重合体	天然ゴムより,耐摩耗性,耐老化性が優れている.
	ブチルゴム*	IIR	イソブチレン・イソプレン共重合体	気体の透過性が小さく,耐候性,衝撃吸収性に優れている.
	エチレン・プロピレンゴム*	EPDM	エチレン・プロピレン共重合体	耐候性,耐オゾン性,耐熱性に優れている屋外用ゴム.
特殊ゴム	クロロプレンゴム	CR	ポリクロロプレン	耐候性,耐オゾン性にとくに優れていて,平均した性質をもつ.
	ニトリルゴム	NBR	ブタジエン・アクリロニトリル共重合体	耐油性,耐摩耗性,耐熱性に優れている.
	クロロスルフォン化ポリエチレンゴム	CSM	クロロスルフォン化ポリエチレン	耐候性,耐オゾン性,耐化学薬品性に優れている.
	シリコンゴム	MQ	ポリシロキサン	耐熱性,耐寒性,電気絶縁性に優れている.
	アクリルゴム	ACM	アクリル酸エステル・アクリロニトリル共重合体	高温における耐油性に優れている.
	ウレタンゴム	U	ポリウレタン	耐摩耗性,引裂強度が大きく,耐油性,耐寒性に優れている.
	フッ素ゴム	FKM	フッ化プロピレン・フッ化ビニリデン共重合体	最高の耐熱性,耐薬品性をもっている.

〔注〕 *これらは特殊ゴムに分類されることがある.

あり,この天然ゴム以外はすべて合成である.耐摩耗性,耐寒性に優れていて,機械的強度も良好で,各種のバランスがとれている.しかし,耐油性,耐候性,耐熱性に弱く,生産量が天候に左右されるなどの欠点がある.大型タイヤや産業用トラクタタイヤ,防振ゴムなど,高い強度を必要とする製品に用いられているほかに,一般用および工業用品として幅広く使われている.

（b） **イソプレンゴム** イソプレンゴム（IR）は,NRと同じ構造をもつ,NRに最も近い合成ゴムであり,NRとほとんど同じ性質をもち安定している.NRより振動吸収性,電気特性が優れているが,加工性がややわるい.透明で臭気が少なく,一般工業用ゴム製品などに使われている.また,天然ゴムの用いるところにはほとんど代用できる.

（c） **スチレン・ブタジエンゴム**　スチレン・ブタジエンゴム（SBR）は，スチレンとブタジエンの共重合物で，NRによく似ている汎用ゴムである．NRに比べて耐摩耗性，耐老化性，耐熱性がよく，価格も安い．タイヤトレッド，タイヤサイドウォール，ゴムロール，運動用品，床タイル，靴底などに広く使われている．

（2）**特殊ゴム**

（a） **クロロプレンゴム**　クロロプレンゴム（CR）は，ポリクロロプレン構造で，ネオプレンと呼ばれている特殊合成ゴムの代表的なものである．耐候性，耐オゾン性，耐熱老化性，耐油性に優れていて，全体的バランスのよいゴムであるが，耐寒性と原料ゴムの貯蔵安定性が悪い．電線，コンベアベルト，自動車部品，接着剤，コーティング剤などに使われている．

（b） **ウレタンゴム**　ウレタンゴム（U）は，加工，成形方法によって分類されていて，液状のものと固形のものがある．液状のものは注入成型され，固形のものは混錬成型と射出成型により成形され，原料と架橋剤により広い範囲の製品をつくることができる．他のゴムに比べて機械的強度がとくに優れていて，耐摩耗性，耐油性，耐オゾン性にも良好である．しかし，耐熱性と耐水性に劣る．工業用ロール，低速運搬用タイヤ，パッキング，ベルトなどに使われている．

（c） **シリコンゴム**　シリコンゴム（MQ）は，耐熱性，耐寒性に優れ，広い範囲の温度（－60℃～200℃）で使用することができる．耐油性や耐オゾン性，電気絶縁性にも優れ，非粘着性，はっ水性など他のゴムにない特長をもっているが，強度が低く，価格が高い．パッキン，ガスケット，ロール，防振ゴム，食品用，医療用などに使われている．

（d） **フッ素ゴム**　フッ素ゴム（FKM）は，バイトンという商品名で知られる耐油性，耐熱性，耐薬品性に非常に優れているゴムである．しかし，高圧水蒸気や油と対極をなす溶液には弱く，価格も高い．Oリング，ガスケット，ダイヤフラム，パッキンなど高温耐油性を必要とする工業用ゴム製品に使われている．

7・8　木材

太古の昔から暮らしに結びついている木材（wood）は，現在でも生活環境の中で多く使われている．機械材料としての木材の使われ方は，金属材料に対する補助材料，鋳型用木型，あるいは機械の台，作業台などとして用いられている．木材はこれまで述べてきた機械材料とは異なり，生命活動を続けていた生物であるので，同一樹種であってもまったく同じものは存在しない．そのため木材を使うためには特性をよく理解する必

要がある．

1. 木材の構造

（1）**心材と辺材**　図7・18は木材の組織を示したものである．**心材**は木材の中心に近い部分から取ったもので，色が濃い部分であり，**赤身**（あかみ：heart wood）ともいう．細胞がすでに死んだ部分であり，樹液をほとんど含んでなく，強くてくるいが少なく，虫害が少ない．また木髄（ずい）から外部に放射状に出た髄線と1年ごとにできる年輪とがある．

辺材は樹皮に近い周辺部から取ったもので，**白太**（sap wood）ともいう．心材に比べると淡色で材質は軟らかい．樹液が多いため腐りやすく，虫が付きやすい．

（2）**柾目と板目**　図7・19は製材の際の板取りを示したものである．**柾目**（まさめ：straight grain）は，輪切りにした木の芯に向かって直角に板取りをしたときに現れる年輪が平行状態になっている木目（grain）である．板の収縮や反り，ねじれ，割れが少ない．

板目（いため：flat grain）は，芯に対して平行に板どりしたときに現れる年輪が波形模様や山形模様になっている木目で，収縮や反りが大きいが，広幅の板が取れる．

板目には**木表**（きおもて）と**木裏**（きうら）があり（図7・20），木表は樹皮に近い部分，木裏は樹心（髄心）に近い部分である．板は乾燥すると木表側に反る性質がある．

図7・18　木材の組織

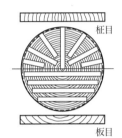

図7・19　柾目と板目

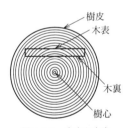

図7・20　木表と木裏

2. 木材の含水率

木材は生物であるため，非常に多くの水分を含んでいる．水分は，細胞の内腔や細胞壁のすきまにある自由水と，細胞壁中に付着している結合水とに大別される．大気中に放置し生木を乾燥させていくと，自由水が蒸発してなくなり，次に結合水が蒸発して減少する．そして，人工的に乾燥すると，まったく水分を含まない状態になる．この水分は木材の一部であり，水分含有量により物理的，力学的性質が大きく異なる．そのため，以下のように水分の程度の表示として**含水率**（moisture content）を定義しており，この算出した値によって木材を呼び分け（①〜③），含水率で木材の性質を比較している．

表 7·14 木材の機械的性質

木材の種類	気乾比重	圧縮強さ [MPa]	曲げ強さ [MPa]	せん断強さ [MPa]	曲げヤング率 [GPa]
アカマツ	0.53	45.0	90.0	10.0	11.5
エゾマツ	0.47	31.0	69.5	8.0	9.5
カツラ	0.49	39.0	77.0	7.5	8.5
キリ	0.29	21.5	39.5	5.5	5.0
ケヤキ	0.62	47.5	101.0	13.0	12.0
シイノキ	0.61	45.0	90.0	15.0	10.0
スギ	0.38	34.0	66.0	8.0	8.0
チーク	0.69	44.5	92.0	11.5	12.5
ヒノキ	0.41	40.0	75.0	7.5	9.0
ブナ	0.63	43.5	89.0	13.0	12.0

表 7·14 は木材の機械的性質を示したものである.

$$u = (W_u - W_0)/W_0 \times 100 \ [\%]$$

u：含水率，W_u：乾燥前の質量，W_0：全乾質量

① **生材** … 伐採後，乾燥していない状態の木材.

② **気乾材** … 生材を大気中に放置すると，大気中の湿度に応じた含水率になる．この状態の木材を気乾材といい，気乾材の標準含水率は日本では 12% となっている.

③ **全乾材** … 乾燥器の中で温度 100 ～ 105℃で乾燥し，重量が変化しなくなった状態の含水率が 0% の木材.

3. 木質材料の種類

（1）**合板** 合板（plywood）は，薄くむいた単板（veneer）を繊維方向を交互に変えて奇数枚積み重ね（図 7·21），接着剤で張り合わせたものである．単板を直交して重ね合わせることで，1 枚の板では反ったり，曲がったりするという欠点を補っている．

単板は図 7·22 に示すように丸太を回転させてナイフで薄板を剥ぎ取るロータリー単板と，ナイフで薄板を平削するスライド単板がある．

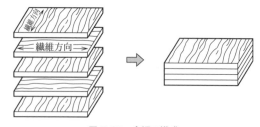

図 7·21 合板の構成

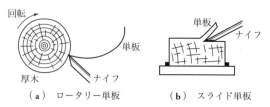

（a）ロータリー単板　　（b）スライド単板

図 7·22 単板のつくり方

合板はラワン，シナなどを材料としていて，木材製品の中で歴史も古く，一般にベニヤ板と呼ばれている．厚さの種類が豊富で，強度があり，くるいの少ない幅の広い板が得られる．JAS（日本農林規格）では，接着の程度により次の種類に分けている．

① **特類合板** … 屋外や常時湿潤状態の場所でも使える合板で，フェノール樹脂接着剤使用．

② **1類合板** … 屋外や長期間湿潤状態の場所でも使える合板で，メラミン，ユリア共縮合樹脂接着剤使用．

③ **2類合板** … 主として屋内で，時々湿潤状態の場所でも使える合板．

④ **3類合板** … 屋内で湿気のない場所に使う合板．

（2）集成材 集成材（laminated wood）は，製材されたひき（挽）板や小角材などを人工乾燥した後，大きな節や割れなどの木の欠点の部分を取り除き，繊維方向を互いにほぼ並行にして，長さ，幅，厚さの方向に集成接着した木材である．接着方法には図7・23のようにフィンガージョイントやバットジョイント，スカーフジョイントなどがある．

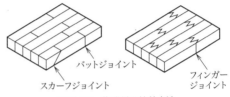

図7・23 集成材の接着方法

集成材は，木材の欠点の部分を取り除き，よい部分だけを使用してバランスよく組み合わせることにより，ふつうの木材に比べると強度が大きく，均一なものが得られる．また，曲がり材（アーチ）なども自由につくることができる．表7・15は集成材の種類と特徴である．

表7・15 集成材の種類と特徴

種　類	おもな特徴と用途
造作用集成材	ひき板や小角材などを素地のままで集成接着したもの．階段の手すり，テーブル，カウンターなど内部造作用材として使われる．
化粧ばり造作用集成材	造作用集成材の表面に薄い化粧板を張り付けて美しさを出したもので，敷居，かもい，化粧柱など内部造作用材として使われる．
構造用集成材	ひき板を積み重ねて接着し，構造物に耐えることを目的とした部材である．木材構造物の力が加わる柱などに使われる．
化粧ばり構造用集成材	構造用集成材の表面に薄い化粧板を張り付けて美しさと強さを求めたもので，和室の柱などに使われる．
構造用大断面集成材	厚さ75 mm以上，幅150 mm以上の断面の構造用集成材．大型木造建築物に使われる．

（3） **パーティクルボード**　パーティクルボード（particle board）は，木片を細かく砕いて合成樹脂接着剤を塗布し，高温圧縮成型したものである．木片や木のくずなど廃材を利用しているため，木材よりもコストが安い．軽くて加工しやすく，断熱性や遮音性に優れているので，建築資材の構造材や内装下地に使われている．パーティクルボードは，表7・16に示すように，JISにより表裏面状態，曲げ強さ，接着剤，ホルムアルデヒド放出量，難燃性の組合わせで分類されている．

表7・16　JISによるパーティクルボードの種類

種類	表裏面の状態	曲げ強さ	接着剤	ホルムアルデヒド放出量	難燃性
素地パーティクルボード	無研磨板，研磨板	8タイプ	Uタイプ	Uタイプ，MタイプおよびPタイプは5以下．P₀タイプは0.5以下．	難燃2級 難燃3級 普通
		13タイプ 18タイプ	UタイプMタイプPタイプ		
		24-10タイプ 17.5-10.5タイプ			
単板張りパーティクルボード	無研磨板，研磨板	30-15タイプ			
化粧パーティクルボード	単板オーバーレイ，プラスチックオーバーレイ塗装	8タイプ	Uタイプ		
		13タイプ 18タイプ	UタイプMタイプPタイプ		

7章　練習問題

問題1. コンクリートの養生期間について説明せよ．
問題2. 寒中コンクリートと暑中コンクリートの違いについて述べよ．
問題3. ゼーゲルコーンとは何か説明せよ．
問題4. 天然砥粒と人造砥粒の種類をあげよ．
問題5. ファインセラミックスの種類をあげて，その特性を比較しなさい．
問題6. プラスチックを分類し，そのおもなものをあげなさい．
問題7. 汎用ゴムと特殊ゴムについて述べよ．
問題8. 次の語について説明せよ．
　　① モルタル　② 耐火度　③ 石英ガラス　④ 粒度　⑤ 加硫　⑥ 柾目

8

複合材料

　複合材料（CM：composite material）は，性質の異なる2種類以上の材料を人為的に複合することにより，単体の素材よりも優れた特性と機能を有する材料の総称である．基本となる素材を**母材**（composite matrix：マトリックス）と呼び，強さや充填の目的で加える材料を**強化材**（reinforcing element）と呼ぶ．複合材料の歴史は古く，古代エジプトの「日干しれんが」が最初であるといわれている．これは粘土をわらで補強したものであり，組み合わせることによって優れたものをつくるという発想は古くからあった．しかし，近代の複合材料の歴史は浅く，1941年，アメリカで開発された繊維強化プラスチック（FRP）が最初とされている．この章では発展途上の材料である複合材料について述べたい．

8・1 複合材料の分類

　複合材料にはたくさんの種類があり，母材（マトリックス）で分類する方法と，強化材の形態によって分類する方法，または母材の性質にもとづく分類や強化繊維の種類による分類などもある．

1. 母材による分類
　（1）**高分子基複合材料**（PMC：polymer matrix composites）　PMCは母材に高分子（プラスチック基，ゴム基）を用いたものであり，強化材が荷重を受け，樹脂が強化材を支える役目をしている．金属の代わりとした軽量構造材料であり，複合材料の中で最も商品化が進み，多くの種類がある．絶縁性，耐腐食性に優れているが，熱には弱く，リサイクルしにくい．航空機，宇宙機器，軽量タンク，PC，家電などに使われているほか，橋梁などの補強材としても使われている．
　（2）**金属基複合材料**（MMC：metal matrix composites）　MMCは母材に金属を用いたものである．耐熱性や耐摩耗性などの目的により，アルミニウム，マグネシウム，

チタンなど，異なる材料が使われている．MMC は延性が大きく，加工がしやすい．また，電気伝導性，熱伝導性にも優れていて，高温にも強いため，PMC では耐えられない高温での用途に使われている．さらに，合金にしてさまざまな特性を与えることができるが，重いのが欠点である．

（3） セラミックス基複合材料（CMC：ceramic matrix composites） CMC は母材にセラミックス（含コンクリート，カーボン基）を用いたものである．セラミックスにはないじん性の向上が目的の材料で，機能材料，超耐熱材料として使われている．セラミックス基のため硬く，高温に非常に強いが，もろく壊れやすいのが欠点である．

2．強化材による分類

（1） 粒子分散強化複合材料 図 8·1 のように，母材中に微細粒子を分散させたものである．この複合材料は金属を母材，強化材としたものによく利用されている．これは，金属に力を加えることにより起こる転位（原子の配列がずれること）運動での破壊が生ずるのを，微粒子（0.01～0.1 μm 程度）を分散させることにより，母材自体の変形抵抗を高め阻止している．耐熱性に優れているので，ディーゼルエンジンのピストンヘッド部分などに使われているが，じん性や加工性には難がある．

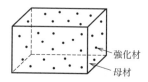

図 8·1　粒子分散強化複合材料

（2） 繊維強化複合材料 図 8·2 のように，母材中に繊維状の強化材を分散させたものである．強化材の中では最も多く使われている．強化材の繊維としてはガラス，炭素繊維，アルミナ，ほう素繊維，炭化けい素などがある．表 8·1 は代表的な繊維強化の母材と繊維による分類の名称である．

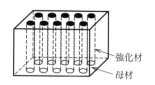

図 8·2　繊維強化複合材料

この複合材料は強さや剛性の高い繊維を埋め込むことにより，繊維のまわりを母材が取り囲む状態をつくる．これにより外力を繊維に受け持たせ，母材単体では得られない優れた機械的性質を得ることができる．強化材の種類で強さや剛性が決まり，母材により特性が選べる．ガラスでは強度が約 50 倍にもなる．

表 8·1　繊維強化の母材と繊維による分類の名称

母材＼繊維	ガラス	カーボン	アラミド
ゴ ム	GFRR	CFRR	AFRR
プラスチック	GFRP	CFRP	AFRP
セラミックス	GFRC	CFRC	AFRC
金 属	GFRM	CFRM	AFRM

また，繊維強化複合材料は連続繊維複合材料，不連続繊維複合材料，多方向連続繊維複合材料と繊維の形態によっても分類されている．

(3) **積層強化複合材料** 図8·3のように,2種以上の薄い異種材料を層状に重ねたもので,**クラッド材**(clad materials)が代表的である.この複合材料はそれぞれの素材の特性を生かし,重ね合わせることでサンドイッチ構造として複合強化させている.他の複合材料と比較すると製造技術が単純なため,よく用いられていて,大型のものも連続的につくることができる.

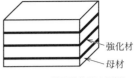

図8·3 積層強化複合材料

8·2 複合材料の種類

前節でも述べたように近代の複合材料の歴史は浅いが,今では身の回りのあらゆるところで使われている材料である.スキー板,ゴルフクラブ,テニスラケット,またロケットや人工衛星などの宇宙構造物にも使われている.以下に代表的な複合材料を紹介したい.

1. FRP

FRPはFiber Reinforced Plasticsの略で,**繊維強化プラスチック**の略称である.繊維強化複合材料の代表的なものであり,最も広く使われている.FRPはプラスチックの母材中にガラスやカーボンなどの繊維を入れて強化したもので,強化材がガラスのものをGFRP(ガラス繊維強化プラスチック),カーボンのものをCFRP(炭素繊維強化プラスチック),アラミドのものがAFRP(アラミド繊維強化プラスチック)と呼ぶ.また,とくに高度な性能をもつFRPのことをACM(先進複合材料:Advanced Composite Material)と呼ぶこともある.

FRPの歴史は浅く,20世紀の初めにレオ・ベークランド(アメリカ)が開発した「フェノール樹脂」が最初といわれている.一般にFRPはプラスチック系の材料として分類しているが,他のプラスチックとは比較できないほど強く,金属材料と比べても

表8·2 各種構造材料の機械的性質

種類	比重	引張強さ [MPa]	弾性係数 [MPa]	衝撃強さ [kJ/m^2]
アルミニウム	2.7	70〜110	69000	600〜900
ジュラルミン	2.8	370〜430	69000〜74000	200〜400
FRP	1.8〜1.9	290〜470	1600〜2400	100〜160
硬鋼	7.8	570〜700	205000	400
硬質塩ビ	1.4	60	3000	3
強化木材	1.3〜1.4	190〜200	24000〜28000	80〜90

遜色がない．また，アルミニウムより軽く，耐熱性，電気絶縁性，耐寒性に優れていて，さびたり腐ったりせず半永久的といえるほど長持ちをするため，軽量構造材としては最高級の性能をもつ．

表 8·2 は各種構造材料の機械的性質を示したものである．

FRP の成形は比較的簡単であり，工場などがなくても，作業をする場所があればつくることができる．また，破損があった場合でも，補修や補強が可能である．製品に要求される強度や使用目的，形状により多くの成形方法をもつが，樹脂や溶剤が燃えやすいので，取扱いは火気に注意をする必要がある．表 8·3 は各種の成形方法である．

表 8·3 各種 FRP の成形方法

成形方法	用途例
プレス成形	自動車部品，バスタブ，パネル式水槽
ハンドレイアップ成形	ボート，ヨット，漁船，薬品タンク
トランスファー成形	光学機器シャーシ，複写機部品
連続引抜成形	アングル，パイプ，チャンネル
連続パネル成形	平板，波板，浴室パネル
ピンワインディング成形	コンクリート補強材，地盤補強材
フィラメントワインディング成形	高圧ガス容器，液体輸送パイプ
オートクレーブ成形	航空機部品
射出成形	ヘルメット，ボタン，ベンチ

2. FRM

FRM は Fiber Reinforced Metals の略で，**繊維強化金属**の略称である．FRM は FRP の金属版であり，金属材料を強くするために強化繊維を埋め込んだものである．マトリックス（母材）には，アルミニウム，マグネシウム，チタンなどの軽い金属を使用し，強化用繊維には，炭素繊維，ガラス繊維，アルミナ繊維，ほう素繊維，ウィスカ*（whisker）などが使われている．

FRM の歴史は，1959 年，銅のタングステン線による強化が，鋳造法で複合化されたのが最初である．FRM は FRP から発展しているので，マトリックスからもわかるように，軽量化を目的としている．金属と繊維を複合するときに，熱と金属の反応で繊維の強度が劣化しないことが大切であり，反応を抑制し，充分な応力を金属と繊維に伝えるため，確実に接着する成形法は重要である．成形法は**固相拡散成形法**と**液体鋳造法**に大別される．

---

* 結晶内に含まれる転位がほとんどなく，金属表面から自然に針状成長したものである．ひげ結晶とも呼ばれ，直径数 μm 〜 数百 μm，長さ数 mm 程度のもの．

FRMは，マトリックス単体では得られない高比強度，高比弾性率をもち，FRPと比べ高耐熱性にも優れているため，ジェットエンジンやスペースシャトル（宇宙往還機）などに使われている．また，自動車エンジンのシリンダーやゴルフヘッドなどにも使われているが，成形法のむずかしさやコストの面では欠点がある．

3. FGM

　FGMはFunctionally Gradient Materialsの略で，**傾斜機能材料**の略称である．FGMは，異種素材を組み合わせた積層強化複合材料であり，材料の表側から裏側にかけて材質が変化し，一つの材料の中で表側と裏側では異なる性質をもった材料である．従来の複合材料とは違い，継ぎ目がない．これは，二つの素材を単純に張り合わせたものではなく，二つの素材が原子レベルで混じり合っていて，組成や機能がなだらかに変化（傾斜）したものである．

　FGMの歴史は非常に浅く，1984〜85年頃，超耐熱構造材を開発するため日本人研究者によって提案されたものである．スペースシャトルでは，大気圏に突入する際に，表面が2000 K（Kは絶対温度），内側が1000 K，と表面と内壁の温度差が1000 Kにもなる．このような過酷な環境に耐えるには，材料の組成をなだらかに変化（傾斜）させ，外側は耐熱性に優れ，内側は強度に優れているような材料が必要なため，FGMが開発された．

　FGMの製造法は，プラズマ溶射法，化学蒸着法（CVD），遠心力法，物理蒸着法（PVD）などがある．過酷な環境で使用するために，セラミックスと金属の組成傾斜が主流であったが，他の材質を使い，電子材料や生体材料などの分野でも開発が進められ，傾斜機能材料の概念にもとづいた製品として，超硬工具，腕時計，カミソリ刃，電子部品などが商品化されている．

4. クラッド材

　クラッド材（clad materials）は2種以上の異種金属を張り合わせた積層強化型の金属材料で，一体化接合することにより，それぞれの金属の特性や機能を兼ね合わせた高機能材料である．クラッドとは「被せる」，「被覆された」との意味をもち，被覆された金属の量が，少なくとも全質量の5％以上あるものをクラッド材としている．母材には，

　（a）2層クラッド　　（b）部分クラッド　　（c）多層クラッド　　（d）完全被覆クラッド

図8・4　クラッド材の種類

主として銅, アルミニウム, 鋼, ステンレス鋼などが用いられ, 合わせ材にはアルミニウム, 金, 銀, 銅, ニッケル, 亜鉛, チタン, すずなどが用いられる. 図8·4はクラッド材の種類である.

クラッド材の製法は他の複合材料と比べると単純であるため種類が多く, 熱間圧接圧延法, 爆発圧着法, 溶覆法 (鋳ぐるみ法), 拡散法, 肉盛圧延法, 通電圧接法, 高液圧押出法などがある.

(1) **熱間圧接圧延法**　母材, 合わせ材を清浄し, 表面を研磨した後に, ロールなどで強く圧延して一体化させ, 炉内で加熱することにより, 焼結させ接合する方法である. 大量生産が可能で, 工業的に最も生産量が多く, 板材はこの方法で製造されている.

(2) **爆発圧着法**　母材, 合わせ材を清浄し, 母材の上に合わせ材を重ね, 合わせ材の表面に粉末の爆薬を置いていく. その後, 一端から爆発させていき, 爆発のエネルギーで合わせ材を母材に接合させる方法である.

爆発圧着法は, 母材の厚さに制限がなく, 圧着強度が強く, 他の接合法では不可能な金属でも接合することができる. また, 爆発が一瞬なため, 熱が材料に伝わらず, 素材の物性を変えることがない. しかし, 作業場所や条件, 安全面では十分な注意が必要である.

クラッド材は, 母材と合わせ材を組み合わせることによって機能を発揮している. そのため, 金属によって違う特徴や機能を生かしながら組み合わされている.

表8·4は, 母材に炭素鋼や合金鋼を用い, 合わせ材にステンレス鋼を使ったステンレスクラッド鋼の種類である. ステンレスクラッド鋼は圧力容器, ボイラ, 原子炉, 貯漕などに使われる.

そのほかのクラッド材としては, ニッケル合金クラッド鋼やチタンクラッド鋼, 銅合金クラッド鋼などがある. また, ジュラルミンの耐食性を向上させた**アルミクラッド材**や熱膨張率の異なる二つの金属を張り合わせた**バイメタル** (bimetal) は, 温度調節部品や温度センサとして使われている.

表8·4　ステンレスクラッド鋼の種類
(JIS G 3601:2012)

種　類			記号
圧延クラッド鋼	圧延クラッド鋼	1種	R1
		2種	R2
	爆着圧延クラッド鋼	1種	BR1
		2種	BR2
	拡散圧延クラッド鋼	1種	DR1
		2種	DR2
	肉盛圧延クラッド鋼	1種	WR1
		2種	WR2
	鋳込み圧延クラッド鋼	1種	ER1
		2種	ER2
爆着クラッド鋼		1種	B1
		2種	B2
拡散クラッド鋼		1種	D1
		2種	D2
肉盛クラッド鋼		1種	W1
		2種	W2

5. ナノコンポジット

ナノコンポジット（nano composites）は粒子分散強化型の複合材料であり，ナノメーター（10^{-9} m＝1 nm）という，従来の粒子分散強化複合材料より微細なスケールで複合化された材料である．ナノコンポジットは，強化材をサブミクロン（10^{-7} m）からナノサイズ化することによって，異なる物性や機能を発現させている．たとえば，セラミックスでは破壊強度が大幅に向上し，高温でも強度が持続するようになる．マトリックスの種類により，有機ポリマー系，無機質系，金属系，炭素系などに分けられている．

ナノテクノロジーが生み出したナノコンポジットは，いくつか商品化されているものがあり，多機能を有する材料として，研究，開発が進められている．

6. C/C コンポジット

C/C コンポジット（carbon fiber/carboncomposite）は炭素繊維/炭素複合材料の略称であり，母材に炭素を用い，強化材にも炭素繊維を使った炭素のみで構成される複合材料である．C/C コンポジットは炭素の耐熱性を生かし，フェノール樹脂やフラン樹脂などの熱硬化性樹脂を母材として，強化材としての炭素繊維はポリアクリロニトリル（PAN）系が中心である．

C/C コンポジットは炭素材料の強度が目的でつくられたもので，軽量でありながら高い熱衝撃抵抗，高温強度（約 2500℃まで物理的性質が維持できる）をもっていて，機械的性質も優れている．耐熱材料として，スペースシャトルのノーズキャップやリーディングエッジなどの宇宙材料，または航空機やレーシングカーなどのブレーキディスクとして，きびしい熱環境で使われている．しかし，炭素からできているため，酸化性雰囲気中では酸化劣化してしまう欠点もある．そのため，スペースシャトルでは，C/C コンポジットの上にセラミックスをコーティングしている．

7. SAP 合金

SAP（sintered aluminium powder）合金は**アルミニウム粉末合金**の略称で，分散強化複合材料の代表的なものである．SAP 合金は，アルミニウム粉末表面に生じる酸化膜を利用し，熱間押出しで微細に破砕したものを母材に分散している．これにより，組織が微細化され，合金組成の自由度が高くなる．また，分散する Al_2O_3 粉の量により，引張強さが向上される．

8. ODS 合金

ODS（oxide dispersion strengthening）合金は酸化物粒子分散強化型合金であり，超

合金母材に Ni, Ti などを含む耐熱合金粉末と酸化物セラミックス粒子を分散させた超耐熱合金である．

ODS 合金は，1000℃以上の高温に耐えるよう超高温用材料として開発されたもので，メカニカルアロイング（機械的合金法）処理の後，サーモメカニカル（加工熱処理）処理を施し，製造されている．

8章 練習問題

問題 1. 複合材料の分類を母材と強化材によるもので記述せよ．

問題 2. 繊維強化複合材料の強化母材について述べよ．

問題 3. クラッド材の製造法を説明せよ．

9

機能性材料

　これまで述べてきた鉄鋼や合金,非金属材料は,内外力に耐える強度を目的とした構造材料 (structural material) で,これに対して,強度以外の機能を目的とし,外部からの作用,変化に応答するものに**機能性材料** (functional material) がある.

　機能性材料は材料がもっている物性を利用し,これに新しい機能を追加することで,まったく新しい特殊な機能を備えた材料になる.エレクトロニクスに使われる電子材料が一般的であるが,誘電材料,超伝導材料,磁性材料,光学材料,耐熱材料,耐食性材料などと種類も多い.この章では,先端技術の担い手として開発されている,または実用化されている機能性材料について述べたい.

9·1 金属間化合物

　母体金属と合金元素が化学的に結合したものを**金属間化合物** (intermetallic compound) といい,電子化合物,配位多面体化合物,電気化合物の三つに大別できる〔2章2·1節1.(6)参照〕.金属間化合物は元の両元素とまったく異なる結晶構造をもつが,両原子は規則正しく配列している.そのため,成分原子とはまったく異なる性質を示す.合金に比べて欠陥が移動せず,変形しにくいため非常に硬く,もろいという欠点があり,あまり実用化されていなかったが研究が進み,いままでにない特異な性質を示すため機能性材料として,過酷な条件下で使われるのを期待されている.

　金属間化合物には,半導体材料 (GaAs),耐熱材料用化合物 (Ni_3Al, TiAl),形状記憶合金 (NiTi),超伝導体化合物 (Nb_3Ge, Nb_3Sn),水素吸蔵合金 ($LaNi_5$),軟磁性材料 (センダスト),硬磁性材料 (MnAl),超硬工具用化合物 (Wc, TiN) など数多くの機能性材料があり,先端材料として特性が注目されている.

9·2 形状記憶合金

金属に力を加えるとひずみが生じ,塑性変形が起こる.一般の金属では塑性変形をすると元の形には戻らないが,あらかじめ形状を覚えさせるための熱処理を施しておくと元の形状に戻る.これを形状記憶効果(shape memory effect)といい,形状記憶効果をもつ合金を**形状記憶合金**(shape memory alloy)という.

1. 形状記憶効果と超弾性効果

通常の金属材料の性質と形状記憶合金の性質を応力-ひずみ曲線で説明しよう.通常の金属材料は,原子が規則正しく並んだ結晶であるが,弾性領域以上(約0.5%以上)の荷重を加えると原子の結合が切れて,結晶にすべり変形が起こる.この変形は荷重を除いても戻らず,図9·1(a)のように永久変形となる.

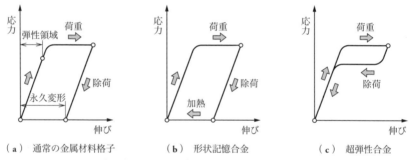

(a) 通常の金属材料格子　　(b) 形状記憶合金　　(c) 超弾性合金

図9·1 通常の金属材料,形状記憶合金,超弾性合金の応力-ひずみ線図

しかし,形状記憶合金は,大きな荷重(約5%)を加えて変形させても,荷重を取り除いた後に変形させたものを数10℃加熱すると,同図(b)のように変形前の形に戻る.また,同図(c)のように荷重(約8%)を加えてもゴムのように伸びて,除荷をすれば元の状態に戻るものを超弾性効果といい,この合金を**超弾性合金**(superelastic alloy)という.

図9·2は超弾性効果を利用した携帯電話のアンテナである.

図9·2 超弾性効果を利用した携帯電話のアンテナ
(NTT DoCoMoの例)

2. 形状記憶合金の原理

形状記憶合金や超弾性合金は通常の金属の変形とは異なり,結晶構造の変化をともなう変形である.形状記憶合金の記憶のメカニズムを図9・3で説明しよう.

通常の金属は,①(a)のように原子が規則正しく並んだ結晶構造でできている.そこに大きな力を加え変形させると,①(b)のように原子の結合が切れてすべりが生じる.結合が切り離されているため力を除いても,加

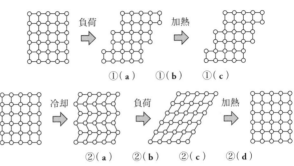

図9・3　形状記憶合金の記憶のメカニズム

熱しても,①(c)のように元の形状に戻ることはできない.

形状記憶合金は,②(a)のオーステナイト相(母相)のものを冷却することにより,②(b)の変形しやすいマルテンサイト相に変化させる.このマルテンサイト相の状態で力を加えて変形させると,②(c)のように原子の結合は切れずに,他の原子といっしょに位置をずらして変形する.このため,変形したマルテンサイト相を加熱してオーステナイト相に逆変態させると,切れていない結合が元の位置に戻るため,②(d)のように安定な母相になる.

3. 形状記憶合金の種類と使われ方

1951年,イリノイ大学(アメリカ)で「金,カドミウム合金」を用いた研究で形状記憶効果が発見されたのが最初で,その後,1962年にアメリカ海軍兵器研究所で現在使われているチタン,ニッケル合金で形状記憶効果が発見された.

現在,形状記憶合金には,Ti-Ni系,Au-Cd系,Cu-Zn-Al系,In-Ti系,Fe-Pt系,Fe-Mn-Si系など多数の種類があるが,身の回りで使用されている形状記憶合金はほとんどがTi-Ni系である.

Ti-Ni系合金は疲労強度,耐食性,耐摩耗性に優れており,この特性を利用し,眼鏡フ

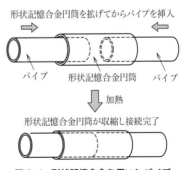

図9・4　形状記憶合金を用いたパイプ継手の動作原理

レームやブラジャーワイヤ，コーヒーメーカーの圧力調節弁やエアコン風向制御装置など日常生活のいたるところで使われている．Cu系合金は安価で加工性に優れているが，精度や繰り返し疲労性に劣るため，繰り返して使用しないパイプ継ぎ手などに使われている．

図9・4はパイプを継ぐ形状記憶合金円筒の動作原理である．接続前に形状記憶合金円筒の温度を下げて，内径を拡張させ，パイプを挿入したのち，加熱により形状記憶合金円筒の径が，記憶効果で収縮して接合できる．

鉄系（Fe-Mn-Si）形状記憶合金は，価格がいままでの約半分でできるため，開発が進められており，土木建設用などに利用されている．今後も実用域が広がる合金である．

9・3 アモルファス合金

通常の物質は原子が規則正しく配列されていて結晶をつくっているが，ガラスのように原子が不規則に配列され，結晶ではない状態を**非晶質**（amorphous：**アモルファス**）という．アモルファス合金（amorphous alloys）は**非晶質合金**と呼ばれ，原子が不規則に配列した合金である．

物質は原子の並び方や原子の種類で性質が左右されている．ところが，アモルファス合金は原子の配列に規則性がないため，従来の結晶金属とは異なる特異な性質をもたすことができる．図9・5はアモルファス合金の結晶構造である．

（a）結晶構造　（b）非結晶構造（アモルファス）

図9・5　アモルファス合金の結晶構造

1. アモルファス合金の製造

アモルファス合金は，溶解した金属を10^5～10^6 K/sくらいの速度で急速冷却することにより，結晶化する時間を与えず，非晶質のまま固体化させたものである．この方法を**液体急冷法**（melt quenching）といい，ほかに真空蒸着法やめっき法などがある．液体急冷法が一般的であり，液体急冷法の中でも**ロール急冷法**（roll quenching）が量

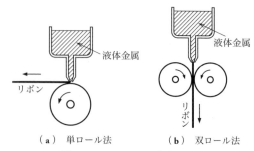

（a）単ロール法　（b）双ロール法

図9・6　アモルファス合金の製法

産装置として使われている.

ロール急冷法には,図 9・6 に示すように単ロール法 (single roll) と双ロール法 (twin roll) があり,どちらも融けた金属を高速で回転しているロールの外周面上に薄く吹き付け,急冷凝固させることにより,きわめて薄い (10 μm 程度),リボン状の帯を得る方法である.

2. アモルファス合金の性質

アモルファス合金は結晶となる前に固体化されるため,結晶構造をもたない金属である.そのため,ふつうの結晶金属とは異なる性質を示す.

アモルファス合金は通常の結晶金属がもつ転位*がないため,機械的性質に優れており,結晶金属と比較して 3〜4 倍の強度が得られ,粘り強さもある.また,結晶粒界や析出物がないため,均質な酸化皮膜を表面につくり,耐食性にも優れている.さらに,非晶質で方向性がないため,優れた磁気特性をもつ.しかし,熱を加えると 350〜500℃ くらいで結晶化するので,高温材料としては利用できないのが欠点である.

3. アモルファス合金の種類と使われ方

アモルファス合金は優れた特徴をもつため,用途別にさまざまな組成のものがある.「金属-金属元素系」と「金属-半金属元素系」の二つに大別でき,金属元素は遷移金属,希土類金属,多価単純金属,一価貴金属に分けることができる.これらは,どの組み合わせでも共晶型の平衡状態図をもつ合金であり,単一の金属よりも合金のほうがアモルファスになりやすく,共晶組成付近でアモルファスができやすい.

Fe,Co,Ni などの鉄属元素に B,C,Si,P などの半金属元素を加えた合金組成のものがよく使われていて,Fe-B-Si 系および Fe-B-Si-C 系合金は飽和磁束密度に優れているため,電力用トランス鉄心として使われている.Co-Nb-Ta-Zr 系や Co-Ta-Zr 系合金はテープレコーダーや VTR の磁気ヘッドなどに使われている.また,アモルファス合金は強さを向上する目的で,テニスラケット,ゴルフクラブ,釣りざおなどにも利用されている.

4. 金属ガラス

金属ガラス (metallic glass) はアモルファス金属の一種で,金属元素を主成分とする非結晶の合金である.前述のようにアモルファス合金の製造は,急速冷却することで非晶質のまま固体化させるため,薄いリボン状にしか成形できなかった.しかし金属ガ

---

* 金属の格子欠陥の一つで,原子の積み重ね構造の乱れ.

ラスは液体から固体になるまでに過冷却という一種の安定状態を通過するため、緩やかな冷却が可能である。そのため鋳型で鋳造でき、望みの形に成形できて、工業用途での利便性がある。金属ガラスは強度が高く、耐食性にも優れ、ばね性をもつなど優れた特徴があるが、研究は始まったばかりで、金属材料と比べて実用化は少ない。

9・4 水素吸蔵合金

私たちが生活している地球の化石燃料(石油,石炭など)には限りがあり、とくにフロンガスによるオゾン層の破壊や炭酸ガスによる温暖化などさまざまな問題がある。そこで地球環境への負荷を低減するため、地球環境にやさしいエネルギーとして水素が注目されている。

水素は爆発性が高く、取扱いがむずかしい気体で、貯蔵したり、輸送したりすることに難点があったが、水素の貯蔵方法として水素を吸収する合金、**水素吸蔵合金** (hydrogen storage alloy) が開発された。水素吸蔵合金は**水素貯蔵合金**とも呼ばれていて、将来性の高い材料として実用化が進められている。

1. 水素吸蔵合金のメカニズム

ほとんどの金属は水素を吸蔵して水素化物をつくるが、その量はきわめて少なく、常温、常圧付近では水素化物を安定して利用できるほどの吸蔵、放出はできない。そこで水素吸蔵合金は、発熱型の金属と吸熱型の金属を組み合わせることにより、常温、常圧下で水素を吸蔵したり放出させることを可能にしている。その水素は一般に、冷却や加圧によって吸蔵され、加熱や減圧によって放出されている。

図9・7に示すように、水素(気体)は水素吸蔵合金に接触すると、水素分子(H_2)が2個の水素原子(2H)に分かれて、金属原子のすきまに侵入し、拡散して合金内に固溶体をつくる。そして固溶量が一定濃度になると、金属水素化物をつくり、合金内で貯えられる。その量は、自己の体積の約1000倍以上の水素を吸蔵すること

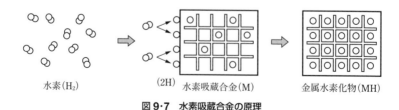

図9・7 水素吸蔵合金の原理

ができ，ガスボンベと比較すると容積が1/3〜1/5ですむ．また，安全性が高いため，離れたところへ輸送することもできる．

2. 水素吸蔵合金の種類

　水素吸蔵合金は1960年代後半にアメリカやオランダで開発されたのが最初であり，現在では100種類以上のものが開発されている．分類方法としては，合金の化学式による方法や主要元素による方法などがある．以下にいくつか代表的なものを紹介する．

　（1）**$LaNi_5$**　$LaNi_5$合金は最も広く使われている水素吸蔵合金で，1968年にオランダのフィリップス社で開発された．吸蔵能力が高く，常温，常圧で水素放出が可能であり，繰り返し使用しても性能が劣化しない．しかし，La（ランタン）が高価なため，代わりにMm（ミッシュメタル）が用いられている．水素貯蔵容器，水素精製装置，アクチュエータ，コンプレッサーなどに使われている．

　（2）**FeTi**　FeTi合金は吸蔵能力はあまり高くないが，水素吸蔵合金内では最も安価で，繰り返し使用することができる．しかし，水素ガスとの初期反応速度が遅く，高温高圧下での複雑な活性化処理を必要としている．水素貯蔵容器，自動車燃料タンク，蓄熱装置などに使われている．

　（3）**Mg_2Ni**　Mg_2Ni合金はアメリカのブルックヘブン国立研究所で開発されたものである．重量が軽いわりには水素吸蔵量に優れていて，比較的安価でもある．しかし，活性化処理が必要で，300℃以上の高温でないと水素を放出しない欠点がある．水素輸送容器，自動車燃料タンクなどに使われている．

9・5　制振合金

　金属材料でつくられている機械や構造物などは，叩くとよく響き，稼働を始めると必ず振動が起こる．一般に制振材料として使用されるゴムやプラスチックは振動減衰能は高いが，強度という点では構造材などには適さない．そこで，叩いてもほとんど音がなく，高い振動減衰能をもち，各種の加工を施すことができる構造用材料としての合金が**制振合金**（high damping alloy）である．制振合金は**防振合金**とも呼ばれ，振動や音を伝えやすい金属材料の欠点を補い，強度を保ちながら，機械や構造物などの振動や騒音を，発生源から防止するために使われている．

　制振合金は加工性，耐熱性，耐久性など品質がまだまだ不十分であり，一般工業用材料ほど普及はされていないが，振動，騒音を低減させ，より静かな生活環境を求める私たちには必要不可欠な材料であり，今後ますます需要が伸びるであろう．

1. 複合型制振合金

単体の合金だけではなく，2相以上からなる構造で，境界面に生じる摩擦を利用して振動を吸収している．ねずみ鋳鉄やAl-Zn合金がある．また，鋼板の間に軟らかくて変形しやすい高分子材料などをはさんだ積層型複合材の**制振鋼板**（high-damping steel sheet）もある．

制振鋼板は拘束型と非拘束型に分けられ，普通鋼板に比べ約1000倍の振動減衰効果があり，低価格でもある．しかし，積層構造のため溶接性や成形加工性には難があり，製品の大きさにも制約がある．

（1）拘束型 図9·8(a)に示すように，鋼板（約0.4～3.2 mm）と鋼板の間に100 μm以下の高分子膜をはさんだものである．高分子膜のずり変形により，振動エネルギーが熱エネルギーに変換され，振動を抑制する．拘束型の制振鋼板は非拘束型のものと比較すると制振効果が大きい．自動車のオイルパンやパソコンのハードディスクカバーに使われている．

（2）非拘束型 図9·8(b)に示すように，鋼板の片面に高分子膜を張り付けたものである．高分子層の伸び変形を利用することで，振動エネルギーを吸収していて，高分子膜が厚いほどエネルギー吸収が大きい．拘束型のものより制振効果は劣るが，高分子膜を張るだけなので施工は簡単である．自動車のフロアなどの振動抑制に使われている．

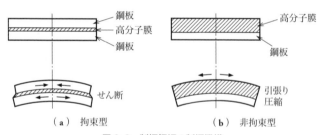

図9·8 制振鋼板の制振機構

2. 強磁性型制振合金

強磁性型は一体構造からなる制振合金で，図9·9に示すように，強磁性体がもつ磁壁（磁区の境界）が外力の作用で非可逆移動をともない，振動エネルギーを吸収する機構である．強磁性型は古くから機構が理解されていて，Fe基合金のものが多く安価である．また安定した特性が得られ，他のものと比べて使用温度の上限が高い．しかし，制振性能が発揮される振幅が狭く，外部地場の影

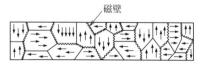

図9·9 強磁性型制振合金

響を受けやすいため，この合金の利用分野には限りがある．鉄道線路の補修機，DC ソレノイドプランジャー，扉，シャッターなどに利用されている．

3. 転位型制振合金
一体構造からなる制振合金で，金属結晶（六方晶構造）のすべり転位と不純物原子との相互作用による内部摩擦を利用し，振動エネルギーを熱エネルギーに変化させている．軽量で強度が高く，代表的なものに Mg や Mg-Zr 合金があり，ロケットやミサイルなど航空宇宙関係で利用されている．

4. 双晶型制振合金
双晶型は熱処理によってマルテンサイト変態〔3章3・3節参照〕を起こし，その際に発生する双晶の運動による内部摩擦を利用し振動を吸収している．界面型や粒界型とも呼ばれ，一体型構造である．Mn-Cu，Cu-Zn-Al，Cu-Al-Ni 合金などがあり，Mn-Cu 系は海水中でも利用でき，低温耐食性にも優れ，潜水艦のスクリュー材などに利用されている．また，Ti-Ni 系の形状記憶合金も双晶型の制振合金に含まれる．

9・6 超塑性合金

超塑性（superplasticity）とは，多結晶固体材料が小さな応力下でネッキング（局部収縮）を生じることなく，数 100％以上に，もちやあめのように伸びる現象で，この合金が**超塑性合金**（superplasticity alloy）である．

超塑性現象は 1934 年に Bi-Zn 系で発見され，現在も研究が続けられている．この現象を利用すると，小さな力で金属をプラスチックのように複雑な形状に加工することができる．超塑性はほとんどの金属で見いだされていて，セラミックスの分野にも広がっている．表 9・1 は超塑性合金の例である．

1. 微細結晶粒超塑性合金
結晶粒を微細化（数 μm 以下）した後に，温度一定のもとで，一定のひずみ速度で引張荷重をかけると変形が生じる．これが微細結晶粒超塑性で**恒温超塑性**とも呼ばれる．これは結晶粒を微細化することにより，粒界すべり（結晶粒の移動）などが起こり，超塑性を可能にしている．結晶粒自身があまり変形しないので，加工硬化をすることなく伸びるが，材料の内部に粒界キャビティー（すきま）が生成するため，材料の強度が低下する．一般に超塑性というと微細結晶粒超塑性のことであり，結晶粒を微細化する方

表9·1 超塑性合金の例

合金系	組 成 [%]	温 度 [℃]	伸 び [%]
Al 合金	Al-17Cu Al-33Cu Al-25Cu-11Mg Al-6Cu-0.4Zr	400 440～520 420～480 350～475	600 ＞500 ＞600 ＞1000
Zn 合金	Zn-0.2Al Zn-0.4Al Zn-22Al Zn-40Al	23 20 200～300 250	465 550 500～1500 700
Cu 合金	Cu-9.8Al Cu-40Zn	700 600	700 515
Ti 合金	Ti-6Al-2.5Sn Ti-6Al-4V	900～1100 800～1000	450 1000
Mg 合金	Mg-33.6Al Mg-5.5Zn-0.5Zr	400 270～310	2100 1700
Ni 合金	Ni-10Cr-15Co-4.5Ti-5.5Al-3Mo Ni-39Cr-10Fe-1.75Ti-1Al	930～1090 810～980	1300 ～1000

法には固液共存領域と固相領域がある．

2. 変態超塑性合金

変態点を上下する熱サイクルを与えたときに発生する延性が**変態超塑性**である．これは引張荷重をかけて，変態点近くで加熱，冷却を繰り返すことにより，新相と母相の界面がそれぞれ変化し，微細粒超塑性と同様の機構で，粒界がすべり超塑性が起こる．結晶粒を微細化する必要はないが，変態点をもつ材料に限られ，大がかりな熱制御装置が必要となる．

9·7 超伝導材料

金属のように電気を通す物質を極低温まで冷却していくと，ある温度〔超伝導転移温度あるいは臨界温度（Tc：Critical Temperature）〕を境に電気抵抗がゼロになる現象がある．これらの性質を示す物質の状態を超伝導状態（superconductive state）といい，超伝導を示す材料が，超伝導材料，**超伝導体**（superconducting material, superconductor）である．超伝導は電気系の分野では**超電導**とも書く．

超伝導体は電気抵抗がゼロのため，エネルギーの消費がなく，エネルギーの節約がで

きる．また，強磁界を発生することができ，電力を蓄えておくこともできる．しかし，加工性や耐久性などの問題が多く，解明されていない性質などもあり，開発途中ではあるが，エネルギー問題や環境問題などで利用分野が広がる材料である．

1. 超伝導の歴史

超伝導はオランダの物理学者カメルリング・オンネス（H.K.Onnes）が，1911年に，水銀の電気抵抗が 4.18 K（-269℃）以下で消失することを発見したのが最初である．その後，この現象の仕組みは長い間未解決の問題であったが，1957年，アメリカの物理学者ジョン・バーディーン，レオン・クーパー，ジョン・シュリーファーの3人が超伝導の仕組みを解明した．この理論は3人の頭文字をとって BCS 理論と呼ばれる．現在でもこの理論は基本的な考え方になっている．

2. 超伝導体の特性

超伝導体の最も基本的な特性は，金属を極低温に冷やしていくと電気抵抗がゼロになることである．しかし電気抵抗の測定値がゼロを示しても，もう一つの特性であるマイスナー効果（Meissner effect）が見られないものは超伝導体とは呼ばない．マイスナー効果は，1933年にドイツの W. マイスナーと R. オクセンフェルドが発見したものである．

図 **9・10** に示すように，臨界温度以下になり超伝導状態になった物体に，磁場を加えても磁束を侵入させないようにする性質があり，これを**完全反磁性**という．反磁性の表れ方で第1種超伝導と第2種超伝導に分けることができる．この二つの現象が観測されたものを**超伝導体**と呼ぶ．

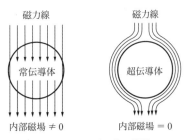

図 **9・10** マイスナー効果

超伝導体は他にもジョセフソン効果と呼ばれる特殊機能をもち，期待される用途は広い．しかし，極低温でしか超伝導状態にならず，この温度を実現するために，高価な液体ヘリウムが必要で，装置も複雑である．そのために超伝導は，まだ身近な現象ではない．

3. 高温超伝導体

オンネスの発見から，超伝導の転移温度を少しでも高くするよう目指したが，予想を超えるような物質は見つからず，転移温度は 23 K までしか上がらなかった．しかし，1986年に，西ドイツの物理学者 J. ベドノルツとスイスの物理学者 K. ミュラーが，これまでの金属とは異なり，銅と酸素を含む化合物が 30 K（約 -240℃）という転移

温度で超伝導を起こすことを発見し,現在では,圧力をかけることにより 160 K（約 −110℃）を超えるようになった．このように比較的高い転移温度で超伝導を起こす物質を**高温超伝導体**（high-Tc superconductors）という．

4. 超伝導材料

超伝導材料は金属系超伝導材料と酸化物系超伝導材料とに大別され,さらに金属系超伝導材料は合金系と化合物系に分けることができる.

(1) **金属系超伝導材料**
(a) **合金系** 合金系超伝導材料の種類は非常に多く 1000 種を上回っていて,代表的なものに Nb-Ti 合金がある. Nb-Ti 合金は取扱いが簡単なうえ,製造費が安く,展延性に優れているため早くから実用化され,超伝導線材として最も大量に使用されている.

Nb-Ti 合金線の製法は, Nb-Ti 合金棒を鍛造で丸棒状に加工する.この丸棒を銅管に入れ,押出し加工によって六角芯線をつくる.これを多数本束ねて銅管に挿入し,伸線加工を繰り返して線材とする.

ほかに Nb-Zr 系, Pb-Bi 系, Mo-Re 系などもある.

(b) **化合物系** 化合物系の超伝導材は,合金系のものと比較すると,超伝導特性は優れているが,きわめてもろいため,特殊な線材化法が必要で実用化が遅れていた.しかし,線材化技術が推進され,表面拡散法や複合加工法により作製され,実用化された.代表的なものに Nb_3Sn や V_3Ga などがあり, Nb_3Sn 線はブロンズ法という複合加工法で作製される.

ブロンズ法は, Cu-Sn 合金棒に穴をあけ,ニオブ棒を多数本挿入して複合体をつくる.この複合体を押出し,引抜加工で細線にする.次に,これを多数本束ねて銅管に挿入し, Nb-Ti 合金同様に伸線加工を繰り返して最後に熱処理を行うと,極細多心線ができる.

Nb_3Sn 線は高磁場マグネットに使われている.

(2) **酸化物系超伝導材料** 酸化物系の超伝導体は高温超伝導体である. 1986 年にセラミックスで発見されてから, La 系, Bi 系, Y 系, Tl 系と多くの超伝導体が発見されている.代表的なものに Y 系の $YBa_2Cu_3O_7$, Bi 系の $Bi_2Sr_2CaCu_2O_8$, Tl 系の $Tl_2Ba_2Ca_2Cu_3O_{10}$ などがある.酸化物系の超伝導体は層状ペロブスカイト構造(ABO_3)をもつ不定比化合物で,超伝導性の出現の有無は銅と酸素の配位数に依存している.

酸化物系の超伝導体は,酸化物でありながら高い臨界温度を示すが,成形は金属系よりもはるかにむずかしく,再現性に乏しく,物性にも問題がある.しかし,臨界温度が高いため,液体ヘリウムに比べ安価で取扱いが簡単な液体窒素による冷却で超伝導状態

にすることができる.現在では,銀被覆法,塗布法,蒸着法などで線材化が進められている.化学的に安定して加工しやすい Bi 系では,1000 m の線材がつくられていて,ほかにも,エレクトロニクス機器やエネルギー分野への応用にも期待されている.

9·8 磁性材料

磁石が鉄を吸いつける性質を**磁性**といい,常温において磁性を示す材料が**磁性材料** (magnetic material) である.古代ギリシア人が,マグネシア地方で採れる石が鉄を吸いつけることを発見したのが,人類と磁性,磁石の最初の出会いである.現代型の磁性材料は,1916 年に日本人の本多光太郎が発明した **KS 鋼**であり,永久磁石の基礎となっている.

磁性材料は,硬磁性材料,軟磁性材料,中間的性質をもつ半硬磁性材料と 3 種に大別することができる.

1. 硬磁性材料

硬くて加工がむずかしいことからこの名前がついた硬磁性材料は,大きな保持力をもっているので,永久磁石などに用いられている.永久磁石は鉄などの磁性体を引きつける能力があり,電力供給をしなくても磁界を発生する.

工業材料として量産されているものは,鋳造磁石(金属系磁石),フェライト磁石(酸化物系磁石),希土類磁石(希土類系磁石)の 3 種類があり,Fe-Ni-Co-Al(アルニコ磁石),Ba フェライト磁石,RCo_5,R_2Co_{17}(希土類磁石)などが代表的であり,回転機,スピーカー,電気計器などに使われている.

表 9·2 は永久磁石の種類と特性である.

表 9·2 永久磁石の種類と特性

	残留時束密度 Br [KG]	保磁力 HcB [kOe]	保磁力 HcJ [kOe]	温度係数 Br [%/°C]	比重	キュリー点 [°C]
アルニコ磁石	11.5	1.6	1.6	−0.02	7.3	850
フェライト磁石	4.4	3.2	3.3	−0.18	5.0	460
サマコバ磁石(希土類)	11.0	6.8	7.0	−0.03	8.4	800
ネオジ磁石(希土類)	13.0	10.0	11.0	−0.12	7.5	310

2. 軟磁性材料

小さな保持力の軟磁性材料は、一般的に透磁率*(permeability)が大きいため**高透磁率材料**(high permeability material)とも呼ばれ、磁性材料の中で最も生産量が多い。代表的なものにパーマロイ(Fe-Ni合金)、けい素鋼板(Fe-Si合金)、Ni-Zn、Mn-Znフェライト、アモルファスなどがあり、変圧器、発電機、搬送コイル、磁気記録用のヘッド材料などとして使われている。また、軟磁気特性がより優れたものを**超高透磁率材料**という。

3. 磁気記録材料

微粉状の永久磁石をテープ、ディスクなどの上に塗布して、硬質磁性体の薄膜をつくる磁気記録材料は、永久磁石と高透磁率材料との中間的な性質をもつ半硬磁性材料で、高度情報化社会の現在では非常によく使われている。半永久的に情報を保つことが可能で、外部磁場の変化に極短時間で対応できるなどの特徴があり、ビット当たりの価格も安い。$\gamma\text{-}Fe_2O_3$、CrO_2、Co-Niなどがあり、磁気テープ、磁気ディスク、磁気カード、光磁気ディスクなど、私たちの生活のあらゆるところで利用されている。

表9·3は代表的な磁気記録媒体の特性である。

表9·3 磁気記録媒体の特性(「金属便覧」日本金属学会編より)

記録媒体			磁性膜厚 t [μm]	保磁力 Hc [kA/m]	磁性膜厚と残留磁束密度との積 tBr [G·μm]
形態	作製法	素材			
テープ	塗布	$\gamma\text{-}Fe_2O_3$	4〜6	25〜35	—
		CrO_2	4〜6	35〜50	
		$Co\text{-}\gamma\text{-}Fe_2O_3$	4〜6	40〜52	
		メタル($\alpha\text{-}Fe$)	2〜4	80〜120	
ディスク	蒸着	Co-Ni	0.1〜0.2	120	
	塗布	$\gamma\text{-}Fe_2O_3$	0.5〜1.0	24〜40	800
		$Co\text{-}\gamma\text{-}Fe_2O_3$	0.5〜1.0	50〜60	850
	めっき	Co-Ni-P	0.04〜0.08	50〜80	400〜800
	スパッタ	$\gamma\text{-}Fe_2O_3$	0.10〜0.20	40〜80	500
		Co-Ni-Cr	0.04〜0.06	50〜80	400〜600
		Co-Cr-Ta	0.03〜0.06	80〜150	200〜300
		Co-Cr-Pt	0.03〜0.06	140〜200	150〜350
		Co-Cr-Ta-Pt	〜0.02	160〜240	100〜200

---

* 磁化されやすさの程度を示すもの.

9·9 発泡金属

ガスによる小さな空間を多量に有する金属のセル状の構造物を，**発泡金属**（foam metal）という．金属の特性と多孔体の特性とを併せもつ発泡金属は，多孔質金属，ポーラスメタルなどの別名がある．発泡金属は多くの気泡を含むスポンジのような形状をしていて，気泡はそれぞれが独立しているものと，お互いにつながっているものがある．

発泡金属は前述のように金属として強度，耐熱性，耐薬品性に優れ，多孔体として気孔率と比表面積が大きく，フィルタとして使用した場合は，大きな捕集効率と通気性をもつ．この特長を生かしてさまざまな用途に応用され，放熱・熱交換材料としてはヒートシンク，熱交換機など，機能性材料としては排ガス用フィルターなど，樹脂複合化部品としては自動車用エンジン部材などに使用される．

カリフォルニア工科大学でアモルファスの金属ガラスで発泡金属素材をつくることに成功していて，この合金を**バブロイ**（bubble alloy）と呼ぶ．バブロイはプラスチックのようななめらかさとガラスのような均質性をもつ．

9章 練習問題

問題 1. 形状記憶効果について説明せよ．
問題 2. アモルファス合金とふつうの結晶金属との違いについて簡単に記述せよ．
問題 3. 水素吸蔵合金の水素吸蔵のメカニズムについて説明せよ．
問題 4. 複合型制振合金の用途を述べよ．
問題 5. 微細結晶粒超塑性合金の欠点について簡単に述べよ．
問題 6. 超伝導とは何か．

付録

付1 金属材料記号の構成と表し方

1. 鉄鋼材料の記号の構成

最も多く用いられる金属材料の中でも，鉄鋼材料は圧倒的に多い．JISにおいて鉄鋼材料の規格はG部門として扱われ，その中で個々の材料はすべて記号を使って表されている．

① 第1位 … 材質を表す（付表1，付表4）．
② 第2位 … 規格名または製品名あるいは合金材料を表す（付表2，付表5）．
③ 最後の部分 … "種類"を示す．

付表1 第1位の記号の意味

記 号	材質名	意 味
S	鋼	Steel
F	鉄	Ferrum
その他		(付表4参照)

付表2 第2位の記号

記 号	規格・製品名	意 味
S	構造用	Structure
C	鋳造品	Casting
N	ニッケル	Nickel
C	クロム	Chromium
その他		(付表5参照)

つぎに，鉄鋼材料の記号の例を示す（なお，主要鉄鋼材料の分類ごとの記号の例を付表6に示しておいた）．

〔例1〕 S S 400 … 一般構造用圧延鋼材

① 鋼（Steel）
② 構造用（Structure）
③ 最低引張強さ：400 N/mm^2

〔例2〕 F C 200 … ねずみ鋳鉄品

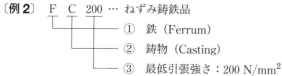

① 鉄（Ferrum）
② 鋳物（Casting）
③ 最低引張強さ：200 N/mm^2

〔例3〕 S NC 415 … ニッケルクロム鋼
　　　　① 鋼（Steel）
　　　　② ニッケル（Nickel）とクロム（Chromium）
　　　　③ 主要合金元素量コード：4（付表3参照）
　　　　　 および炭素量の代表値：0.15×100

例3において，第2位の"NC"はニッケルとクロムを意味し，第1位の"S"と合わせ，ニッケルクロム鋼を意味する．

同第3位の"415"は，上記の2例とは異なり機械構造用鋼の場合で，最初の"4"は

付表3　例3における主要合金元素量コード

合金鋼の区分	ニッケルクロム鋼 (SNC)		ニッケルクロムモリブデン鋼 (SNCM)		
元素	Ni	Cr	Ni	Cr	Mo
主要合金元素量コード 2	1.00 以上 2.00 未満	0.25 以上 1.25 未満	0.20 以上 0.70 未満	0.20 以上 1.00 未満	0.15 以上 0.40 未満
主要合金元素量コード 4	2.00 以上 2.50 未満	0.25 以上 1.25 未満	0.70 以上 2.00 未満	0.40 以上 1.50 未満	0.15 以上 0.40 未満
主要合金元素量コード 6	2.50 以上 3.00 未満	0.25 以上 1.25 未満	2.00 以上 3.50 未満	1.00 以上	0.15 以上 1.00 未満
主要合金元素量コード 8	3.00 以上	0.25 以上 1.25 未満	3.50 以上	0.70 以上 1.50 未満	0.15 以上 0.40 未満

付表4　第1位の記号一覧

記号	材質名	意味	記号	材質名	意味
A	アルミニウム	Aluminium	Ni	ニッケル	Nickel（元素記号）
MCr	金属クロム	Metalic Cr	P	りん	Phosphorus（元素記号）
C	炭素	Carbon（元素記号）	Pb	鉛	Plumbun（元素記号）
C	銅	Copper	S	鋼	Steel
C	クロム	Chromium	Si	けい素	Silicon（元素記号）
F	鉄	Ferrum	T	チタン	Titanium
M	モリブデン	Molybdenum	W	ホワイトメタル	White Metal
M	マグネシウム	Magnesium	W	タングステン	Wolfram（元素記号）
Mn	マンガン	Manganese（元素記号）	Zn	亜鉛	Zinc（元素記号）

付表5　第2位の主な記号一覧

記号	規格・製品名	意味	記号	規格・製品名	意味
B	棒	Bar	M	耐候性	Marine
C	鋳造品	Casting	P	管	Pipe
C	炭素量	Carbon	P	ばね	Spring
D	ダイス用	Die(s)	S	形材	Shape
F	鍛造品	Forging	S	ステンレス	Stainless
G	ガス	Gas	S	構造用	Structure
H	高速度	High Speed	T	鍛造	ローマ字
K	工具	ローマ字	T	管	Tube
K	構造	ローマ字	W	線	Wire
M	機械	Machine	U	特殊用途	Use

その合金の成分を示すコード番号（付表3参照）を表し，つぎの"15"は，炭素含有量0.15％の100倍の数字を表わしている．

付表6　主要鉄鋼材料の分類と記号の例

分類	JIS番号	規格名	記号	意味（―は上欄を参照）	種　類
一般用	G 3101	一般構造用圧延鋼材	SS	S：Steel, S：Structure	330, 400, 490, 540
	G 3106	溶接構造用圧延鋼材	SM	S：Steel, M：Marine	400, 490, 520, 570
機械構造用	G 4051	機械構造用炭素鋼鋼材	S××C	S：―, ××：炭素量（右欄），C：Carbon（CK：はだ焼き用）	10, 12, 15, 17, 20, 22, 25, 28, 30, 33, 35, 38, 40, 43, 45, 48, 50, 53, 55, 58, 09 CK, 15 CK, 20 CK
	G 4053	機械構造用合金鋼鋼材	SNC	S：―, N：Nickel, C：Chromium	236, 415, 631, 815, 836
			SNCM	S：―, N：―, C：―, M：Molybdenum	220, 240, 415, 420, 431, 439, 447, 616, 625, 630, 815
鋼管	G 3452	配管用炭素鋼鋼管	SGP	S：―, G：Gas, P：Pipe	黒管（めっきなし），白管（亜鉛めっき）
	G 3445	機械構造用炭素鋼鋼管	STKM	S：―, T：Tube, K：構造, M：Machine	11, 12, 13, 14, 15, 16, 17, 18, 19, 20
工具鋼	G 4401	炭素工具鋼鋼材	SK	S：―, K：工具	140, 120, 105, 95, 90, 85, 80, 75, 70, 65, 60
	G 4403	高速度工具鋼鋼材	SKH	S：―, K：―, H：High Speed	2, 3, 4, 10, 40, 50, 51, 52, 53, 54, 55, 56, 57, 58, 59
	G 4404	合金工具鋼鋼材	SKS	S：―, K：―, S：Special	主に切削工具鋼用（SKS 11, SKS 2 など）
			SKD	S：―, K：―, D：ダイス	主に耐衝撃工具鋼用（SKS 4, SKS 41 など） 主に冷間金型用（SKS 3, SKD 1 など）
			SKT	S：―, K：―, T：鍛造	主に熱間金型用（SKD 4, SKT 3 など）
特殊用途鋼	G 4303 ほか	ステンレス鋼棒ほか	SUS	S：―, U：Use, S：Stainless	オーステナイト系，オーステナイト・フェライト系，フェライト系，マルテンサイト系，析出硬化系
	G 4801	ばね鋼鋼材	SUP	S：―, U：―, P：Spring	6, 7, 9, 9A, 10, 11A, 12, 13
鋳鍛造品	G 3201	炭素鋼鍛鋼品	SF	S：―, F：Forging	340A, 390A, 440A, 490A, 540A・B, 590A・B, 640B
	G 5101	炭素鋼鋳鋼品	SC	S：―, C：Casting	360, 410, 450, 480
	G 5501	ねずみ鋳鉄品	FC	F：Ferrum, C：―	100, 150, 200, 250, 300, 350

〔注〕　太字の数字は最低引張強さ [N/mm^2]

2. 非鉄金属材料の記号の表し方

付表7に非鉄金属材料①〜③の記号とその表し方を示す．
① 伸銅品の材質記号 … C（Copper）と4けたの数字で表す．
② アルミニウム展伸材の材料記号 … A（Aluminium）と4けたの数字で表す．
③ 銅および銅合金鋳物の記号 … CACと3けたの数字で表す．

付表7　主要非鉄金属材料の記号とその使い方

分類	JIS番号	規格名	記号	表し方
① 伸銅品	H 3100	銅および銅合金の板ならびに条	C1××× C2××× 〜 C7×××	第2位の数字 　1：Cu・高Cu系合金，2：Cu-Zn系合金， 　3：Cu-Zn-Pb系合金，4：Cu-Zn-Sn系合金， 　5：Cu-Sn系合金・Cu-Sn-Pb系合金， 　6：Cu-Al系合金・Cu-Si系合金・特殊Cu-Zn系合金， 　7：Cu-Ni系合金・Cu-Ni-Zn系合金 第3位〜5位の数字 　×××：慣用称呼の合金記号
② アルミニウム展伸材	H 4000	アルミニウムおよびアルミニウム合金の板および条	A1××× A2××× 〜 A8×××	第3位の数字 　1：アルミニウム純度99.00％以上の純アルミニウム， 　2：Al-Cu-Mg系合金，3：Al-Mn系合金， 　4：Al-Si系合金，5：Al-Mg系合金， 　6：Al-Mg-Si-(Cu)系合金， 　7：Al-Zn-Mg-(Cu)系合金， 　8：上記以外の系統の合金 第3位〜5位の数字 　×××：慣用称呼の合金記号
③ 鋳物	H 5120	銅および銅合金鋳物	CAC××× ↑ 第1位の記号	第2位の数字（第1位の合金記号CACのあとの数字） 　　　　　　　　　　　　　　…合金種類を表す． 　1：銅鋳物，2：黄銅鋳物，3：高力黄銅鋳物， 　4：青銅鋳物，5：りん青銅鋳物，6：鉛青銅鋳物， 　7：アルミニウム青銅鋳物，8：シルジン青銅鋳物 第3位の数字 … 予備（すべて0） 第4位の数字 … 合金種類の中の分類を表す．

以上のほか，銅・アルミニウムなどの非鉄金属材料の展伸材の場合は，加工後に熱処理を施すことが多いため，上記の4けたの数字のあとに，付表8に示す質別記号を，ハイフン"–"を用いて付け，また，材料の形状を示す記号（1〜3個のローマ字）を付けたりする．

付表8　非鉄金属材料の質別記号

記号	意味	記号	意味
– F	製造のまま	– EH	特硬質（HとSHの中間）
– O	軟質	– SH	特硬質（ばね質）
– OL	軽軟質	– ESH	特硬質（特ばね質）
– 1/4H	1/4硬質	– OM	ミルハードン材*軟質
– 1/2H	1/2硬質	– HM	ミルハードン材硬質
– 3/4H	3/4硬質	– EHM	ミルハードン材特硬質
– H	硬質	– SR	応力除去

＊ ミルハードン材 … 製造者側で適当な冷間加工と時効効果処理をし，規定された機械的性質を付与した材料．

付2 主要金属材料の用途例

JIS番号	名称	記号	参考用途例
G 3101	一般構造用圧延鋼材	SS 330 SS 400 SS 490 SS 540	車両・船舶・橋・建築その他の構造用，一般機械部品用，ねじ部品など．
G 3106	溶接構造用圧延鋼材	SM 400 SM 490 SM 520 SM 570	同上で，とくに良好な溶接性が要求されるもの．
G 4051	機械構造用炭素鋼鋼材（抜粋）	S 10 C S 15 C S 20 C S 25 C S 30 C S 35 C S 40 C S 45 C S 50 C S 55 C	ケルメット裏金・リベット ボルト・ナット・リベット ボルト・ナット・リベット ボルト・ナット・モータ軸 ボルト・ナット・小物部品 ロッドレバー類・小物部品 連接棒継手・軸類 クランク軸・軸，ロッド類 キー・ピン・軸類 キー・ピン類
		S 09 CK S 15 CK	はだ焼用　カム軸，ピストン，ピンスジローラ
G 4053	機械構造用合金鋼鋼材（抜粋）	SNC 236 SNC 415 SNC 631 SNC 815 SNC 836	ボルト・ナット・クランク軸，歯車，軸類，機械構造用
		SCM 430 SCM 432 SCM 435 SCM 440 SCM 445	クランク軸・歯車・軸類・強力ボルト・機械構造用
G 4401	炭素工具鋼鋼材（抜粋）	SK 140 SK 120 SK 105 SK 95 SK 85 SK 75 SK 65	刃やすり・紙やすり ドリル・かみそり・鉄工やすり ハクソー・プレス型・刃物 たがね・プレス型・ゲージ プレス型・帯のこ・治工具 スナップ・丸のこ・プレス型 刻印・スナップ・プレス型

（次ページに続く）

JIS 番号	名称	記号	参考用途例
G 4403	高速度工具鋼鋼材	SKH 2 SKH 3 SKH 4 SKH 10	一般切削用，その他各種工具 高速重切削用，その他各種工具 難削材切削用，その他各種工具 高難削材切削用，その他各種工具
G 4403	高速度工具鋼鋼材	SKH 40	硬さ，じん性，耐摩耗性を必要とする一般切削用，その他各種工具.
		SKH 50 SKH 51	じん性を必要とする一般切削用，その他各種工具.
		SKH 52 SKH 53	比較的じん性を必要とする高硬度材切削用，その他各種工具.
		SKH 54	高難削材切削用，その他各種工具.
		SKH 55 SKH 56	比較的じん性を必要とする高速重切削用，その他各種工具.
		SKH 57	高難削材切削用，その他各種工具.
		SKH 58	じん性を必要とする一般切削用，その他各種工具.
		SKH 59	比較的じん性を必要とする高速重切削用，その他各種工具.
G 4404	合金工具鋼鋼材（抜粋）	SKS 11 ほか	主として切削工具鋼用	バイト・冷間引抜ダイス・センタドリル
		SKS 4 ほか	主として耐衝撃工具鋼用	たがね・ポンチ・シャー刃
		SKS 3, SKD 1 ほか	主として冷間金型用	ゲージ・シャー刃・プレス型
		SKD 4, SKT 3 ほか	主として熱間金型用	プレス型・ダイカスト型・押出工具
G 3201	炭素鋼鍛鋼品	SF 340 A SF 390 A SF 440 A SF 490 A SF 540 A・B SF 590 A・B SF 640 B	ボルト・ナット・カム・軸・フランジ・キー・クラッチ・歯車・軸継手など.
G 5101	炭素鋼鋳鋼品	SC 360	一般構造用・電動機部品用
		SC 410 SC 450 SC 480	一般構造用
G 5501	ねずみ鋳鉄品	FC 100 FC 150 FC 200 FC 250 FC 300 FC 350	ケーシング・ベッド・カバー・軸受・軸継手・一般機械部品用

（次ページに続く）

JIS番号	名称	記号	参考用途例	
G 4303	ステンレス鋼棒（抜粋）	SUS 201 ほか	オーステナイト系	耐食性に優れ，美観がある．医療用器具・食品工業用・化学工業用のほか，一般器物に広く用いられる．
		SUS 329 J1 ほか	オーステナイト・フェライト系	
		SUS 405 ほか	フェライト系	
		SUS 403 ほか	マルテンサイト系	
		SUS 630 ほか	析出硬化系	
H 3100	銅および銅合金の板ならびに条	C 1020	電気・熱の伝導性に優れ，加工性がよい．電気用など．	
		C 1100	同上で耐候性がよい．一般器物・電気用・ガスケットなど．	
		C 1201 ほか	同上で，より電気の伝導性がよい．化学工業用など．	
		C 2100 ほか	色彩が美しく，加工性がよい．建築用・装身具など．	
		C 2600 ほか	いわゆる黄銅で，加工性，めっき性がよい．深絞用など．	
		C 3560 ほか	とくに被削性に優れ，打抜性もよい．歯車・時計部品など．	
		C 4250 ほか	耐摩耗性，ばね性がよい．スイッチ・リレー・各種ばね	
		C 6161 ほか	強度が高く，耐海水性，耐摩耗性がよい．機械部品など．	
		C 7060 ほか	いわゆる白銅で耐海水性，耐高温性がある．熱交換器など．	
H 4000	アルミニウムおよびアルミニウム合金の板および条	A 1080 ほか	純アルミニウムで成形性，耐食性がよい．化学工業用など．	
		A 2014 ほか	熱処理合金で強度が高く，切削性もよい．航空機用材など．	
		A 3003 ほか	成形性に優れ，耐食性もよい．飲料缶・建築用材など．	
		A 5005 ほか	耐食性，溶接性，加工性がよい．建築・車両内外装材など．	
		A 6061 ほか	耐食性がよく，リベット，ボルト接合用の構造用材	
		A 7075 ほか	アルミニウム合金中最高の強度．航空機用材・スキーなど．	
H 5120	黄銅鋳物	CAC 201 CAC 202 CAC 203	フランジ類・電気部品・計器部品・一般機械部品など．	
	高力黄銅鋳物	CAC 301 CAC 302 CAC 303 CAC 304	強さと耐食性を必要とするものに適し，船用プロペラ・一般機械部品など．	
	青銅鋳物	CAC 401 CAC 402 CAC 403 CAC 406 CAC 407	軸受・ブシュ・ポンプ・バルブ・弁座・弁棒・一般機械部品	
	りん青銅鋳物	CAC 502A CAC 502B CAC 503A CAC 503B	耐食性，耐摩耗性に優れる．歯車・軸受・羽根車・一般機械部品など．	

練習問題解答

1章 機械材料のあらまし

問題 1.

問題 2. 金属特有の光沢をもち，常温では固体で，電気や熱の良導体であり，加工しやすい．

問題 3. 固溶体合金，共晶合金など．

2章 金属材料の性質

問題 1. 外力をはずすと，もとに戻る変形が弾性変形で，外力をはずしてももとに戻らない変形が塑性変形．

問題 2. 加工硬化した金属材料を加熱すると，加工前に近い性質に戻る現象．

問題 3. 純金属は特定な温度で凝固するが，合金はある温度区間をもって凝固する．

問題 4. 展延性，可融性，溶接性，被削性

問題 5. ⓐ 引張試験…材料を引張り，切断するまでの荷重と伸びの関係を図で表わし，機械的性質を求める．
ⓑ 衝撃試験…試験片に衝撃刃をつけたハンマで衝撃を与え，破壊したときのエネルギーから，材料の粘り強さを調べる．
〔以上はごく一部で，他に曲げ試験，硬さ試験（ロックウェル硬さ，ブリネル硬さ，ビッカース硬さ，ショア硬さの各試験），疲れ試験，火花試験，クリープ試験，金属組織試験，非破壊試験などがあるが，それぞれの試験法の要点は本文を参照されたい．〕

問題 6. 疲れ試験で求められる疲れ強さを表す応力‐繰り返し曲線のこと．

問題 7. 引張強さ $= \dfrac{77000}{\pi \times (14/2)^2} = 500.45 \text{ N/mm}^2$ (MPa)

3章 鉄と鋼

問題 1. ⓐ キルド鋼 … 気泡のない均一で良質な鋼.
ⓑ リムド鋼 … 不純物が残る不均質な鋼.
ⓒ セミキルド鋼 … キルド鋼とリムド鋼の中間の鋼.

問題 2. 熱間加工温度で鋼をもろくする性質.

問題 3. 有害元素の一つで鋼をもろくする性質がある.

問題 4. 電解鉄, カーボニル鉄, アームコ鉄, 還元鉄など.

問題 5. 亜共析鋼とは 0.77 % C 以下の鋼で, 過共析鋼とは 0.77 % C 以上の鋼.

問題 6. ① 鋼を標準状態にする熱処理.
② 内部応力を除去し, 粘り強さをもたせる熱処理.

問題 7. 高周波焼入れ, 炎焼入れ

問題 8. ① 厚さ 150 〜 300 mm 程度のほぼ正方形断面の鋼片.
② リムド鋼を製造する過程で起こる対流現象.
③ 炭素鋼の変態で, オーステナイトからパーライトを析出した変態.
④ 鋼を A_1 変態以上の温度から水中急冷したときに現れる組織.
⑤ 等温変態のときにあらわれる羽毛状の組織.
⑥ 鉛浴を用い, 急冷した後に空冷をする等温変態の熱処理.
⑦ 冷間加工法を用いて加工硬化させる鋼の表面硬化法.

4章 合金鋼

問題 1. 熱処理が適当でないと, 材質がもろくなる.

問題 2. ⓐ 切削工具用 … バイト, タップなど.
ⓑ 耐衝撃工具用 … たがね, ポンチなど.

問題 3. ① 高温に熱せられると硬さを増す硬化現象.
② 二段加熱の方法から油焼入れをする.

問題 4. 電気めっき法, 溶融めっき法, 拡散めっき法など.

問題 5. 金属が酸化物や水酸物に変わり, 表面から消耗していくため.

問題 6. ⓐ フェライト系 … 流し台やガスレンジなど.
ⓑ マルテンサイト系 … 航空機部品など.

ⓒ　オーステナイト系 … 化学工業用など．
問題 7. 被削性は向上するが，寒冷地ではあまり使用できない．

5章　鋳鉄

問題 1. 炭素とけい素．
問題 2. もろくさせ，割れを発生しやすくする不純物である．
問題 3. ⓐ　C型黒鉛 … 鋳鉄鋳物に出やすく機械的性質が劣る．
　　ⓑ　E型黒鉛 … 構造用鋳鉄として最も優れた組織．
　　ⓒ　D型黒鉛 … 機械材料には適さない組織．
問題 4. パーライト地のねずみ鋳鉄が加熱・冷却を繰り返すことで体積が増えること．
問題 5. 溶けた鋳鉄が，常温まで冷える間に体積が収縮すること．
問題 6. ⓐ　黒心可鍛鋳鉄 … 粘り強く，機械的性質が優れている鋳鉄．
　　ⓑ　パーライト可鍛鋳鉄 … 耐摩耗性に優れている鋳鉄．
問題 7. ①　ち密で健全な組織をもつ強靱鋳鉄．
　　②　耐熱，耐食性に優れた鋳鉄．

6章　非鉄金属材料

問題 1. 自然に強く硬くなる現象．
問題 2. ⓐ　Al-Cu系合金 … 架線用部品など．
　　ⓑ　Al-Cu-Si系合金 … シリンダーヘッドなど．
　　ⓒ　Al-Si系合金 … カーテンウォールなど．
問題 3. 海水より採取した塩化マグネシウムを電解して精製する電解法と酸化マグネシウムに還元剤を加えて加熱する熱還元法．
問題 4. 海水に対する耐食性．
問題 5. ⓐ　タフピッチ銅 … 電線や電気用．
　　ⓑ　リン脱酸銅 … ふろがま，湯沸かし器
　　ⓒ　無酸素銅 … 電子機器
問題 6. 6・4黄銅は7・3黄銅より，引張強さは大きいが，伸びがあまりない．
問題 7. りん青銅，アルミニウム青銅，ニッケル青銅
問題 8. ①　ニッケル・銅，海水ポンプなど．
　　②　ニッケル・クロム，電熱線など．
　　③　ニッケル・モリブデン，ガスタービン翼など．

問題 9. 衝撃や荷重に耐えられること．
問題 10. 融点が 450 ℃以下のものが軟ろうで，450 ℃以上のものが硬ろう．
問題 11. ジルコニウム，ベリリウム，タンタル

7章　非金属材料

問題 1. 湿った状態を保ち，必要な強度がでるまでの時間．
問題 2. 冬期に使用されるコンクリートが寒中コンクリートで，気温の高い夏期に使用されるコンクリートが暑中コンクリート．
問題 3. 耐火度を調べるための小形三角錐をした標準片．
問題 4. ⓐ 天然砥粒 … ダイヤモンド，エメリー，ガーネット
　　　　ⓑ 人造砥粒 … 溶融アルミナ，炭化けい素，炭化ほう素
問題 5. ⓐ アルミナセラミックス … 硬度が非常に高い．
　　　　ⓑ ジルコニアセラミックス … 体に対しても親和性がある．
　　　　ⓒ 窒化けい素セラミックス … 耐熱衝撃性に優れている．
問題 6. ⓐ 熱可塑性プラスチック … ポリエチレン，ポリプロピレン，ポリ塩化ビニル
　　　　ⓑ 熱硬化性プラスチック … フェノール樹脂，ユリア樹脂，メラミン樹脂
問題 7. タイヤなどに用いるゴムが汎用ゴムで特殊な目的で使われるものが特殊ゴム．
問題 8. ① セメントペーストに砂を混ぜたもの．
　　　　② 耐火物の溶ける温度を示すもの．
　　　　③ 純けい酸のみから成る，耐熱性に優れたガラス．
　　　　④ 砥石の砥粒の大きさ．
　　　　⑤ 生ゴムに硫黄を加えて，天然ゴムにする操作．
　　　　⑥ 輪切りにした木の年輪が平行状態になっていること．

8章　複合材料

問題 1. ⓐ 母材 … 高分子基複合材料，金属基複合材料，セラミック基複合材料
　　　　ⓑ 強化材 … 粒子分散強化複合材料，繊維強化複合材料，積層強化複合材料
問題 2. ガラス，炭素繊維，アルミナなど．
問題 3. ロールなどで強く圧延して炉内で加熱する熱間圧接圧延法などがある．

9章　機能性材料

問題 1. 形状を覚えさせるための熱処理を施しておくと，もとの形状に戻り塑性変形が起こらないこと．

問題 2. 結晶となる前に固体化されるアモルファス合金は，強く，粘り強さもあり，耐食性にも優れている．

問題 3. 水素分子が2個の水素原子に分かれて，金属原子のすきまに侵入して固溶体となり，金属水素化物をつくり，合金内で貯えられる．

問題 4. 自動車のオイルパンやパソコンのハードディスクカバーなど．

問題 5. 材料の内部に粒界すきまが生成するため，材料の強度が低下する．

問題 6. ある温度を境に電気抵抗がゼロになる現象．

索引

〔ア〕

亜鉛　138
亜鉛合金　138
亜鉛めっき法　74
亜共析鋼　44
圧縮成形法（プラスチックの）
　　167
アドバンス　137
アドミラルティ黄銅　130
アドミラルティ青銅　132
アモルファス　188
アモルファス合金　188
アランダム　158
α型チタン合金　123
α鉄　42
$\alpha + \beta$型チタン合金　124
アルブラック　130
アルマイト法　108
アルミナ　107
アルミナイジング　74
アルミナイズド鋼　74
アルミナセラミックス　162
アルミニウム　107
アルミニウム黄銅　130
アルミニウム合金　109
アルミニウム青銅　133
アルメル　137
アンバ　137

〔イ〕

硫黄快削鋼　82
イソプレンゴム　171
板目　173
一般構造用コンクリート　152

インゴット　36
インコネル　137
インジウム　147

〔ウ〕

ウィスカ　180
ウィドマンステッテン組織
　　103
渦電流探傷試験　32
ウレタンゴム　172

〔エ〕

H鋼　66
Hバンド　67
A_1変態　43
A_2点　42
A_3変態　42
A_4変態　42
液相線　14
液体急冷法（アモルファス
　　合金の）　188
易融合金　142
SAP合金　183
S-N曲線　29
FRM　180
FRP　179
Fe-C系(平衡)状態図　44
FGM　181
エポキシ樹脂　169
エメリー　158
エリンバ　137
エルー式アーク電気炉
　　(鋳鉄の)　86
エンプラ　166

〔オ〕

黄銅　127
応力ひずみ曲線　21
応力腐食割れ　77, 129
オーステナイト　44, 49
オーステナイト系ステンレス鋼
　　76
オーステナイト系耐熱鋼　79
オーステナイト・フェライト系
　　ステンレス鋼　77
オーステンパ　53
ODS合金　183
押出し成形法（プラスチック
　　の）　165
鋼帯　40

〔カ〕

ガーネット　158
カーボランダム　159
快削鋼　81
回復　9
改良処理　115
過共析鋼　44
拡散めっき法　74
加工硬化　9
化成処理　74
形鋼　39
硬さ試験　23
可鍛鋳鉄　97
枯らし　95
ガラス　156
からみ　125
加硫　169
カルシウム快削鋼　82

カロライジング 74
かわ 125
乾式製錬法（銅の） 125
乾食 73
含水率 173
寒中コンクリート 152
ガンマーシルミン 115
γ鉄 42

〔キ〕

木裏 173
木表 173
機械構造用合金鋼 62
菊目組織 97
犠牲防食作用 138
機能性材料 185
球状黒鉛鋳鉄 100
キュプロニッケル 134
キュポラ 85
キュリー点 42
凝固 11
凝固区間 14
凝固点 11
共晶反応 15
強靱鋼 62
強靱鋳鉄 96
共析鋼 44
キルド鋼 37
金 143
銀 143
金属ガラス 189
金属間化合物 13, 185
金属組織試験 30
金属溶射法 74

〔ク〕

空間格子 6
クラッド材 179, 181
グラファイト 87
クリープ 29
クリープ試験 29
クリスタルガラス 157
クリンカー 149
クロール法（チタンの） 121
クロマイジング 74

クロム鋼 62
クロムモリブデン鋼 63
クロメル 137
クロロプレンゴム 172

〔ケ〕

傾斜機能材料 181
形状記憶効果 186
形状記憶合金 186
けい素鋼 84
けい素鋼板 198
けい素青銅 135
希有金属 144
結合材 160
結晶格子 6
結晶構造 5
結晶体 5
ケルメット 135
研削 157
研削材 157
研削砥石 159
減衰能 93
研磨 157
研磨材 158

〔コ〕

高温超伝導体 196
鋼塊 36
鋼管 40
合金 2
合金鋼 41, 61
合金工具鋼 59, 70
合金鋼鋳鋼 104
合金鋳鉄 102
工業用純チタン 122
工具用合金鋼 68
工具用炭素鋼 59
高クロム鋳鉄 102
高けい素鋳鉄 102
高周波焼入れ 54
合成樹脂 163
構造用炭素鋼 57
高速度工具鋼 70
高張力鋼 68
鋼板 39

合板 174
降伏点 21
高力黄銅 130
硬ろう 142
コーディエライトセラミックス 163
黒心可鍛鋳鉄 97
固相線 14
コバリオン 146
コバルト 146
コバルト基超耐熱合金 80
ゴム 169
固溶体 12
コンクリート 151
混合セメント 150, 151
コンスタンタン 134, 137

〔サ〕

再結晶 9
再結晶温度 9
材料試験 20
サブゼロ処理 49
ザマック 138
三元合金 2

〔シ〕

C/Cコンポジット 183
シェラダイジング 74
磁気変態 42
磁気変態点 42
時期割れ 129
軸受鋼 83
軸受用合金 140
時効 110
時効硬化 110
自己焼なまし 133
磁性材料 197
自然時効 110
自然割れ 129
湿式製錬法（銅の） 125
湿食 73
磁粉探傷試験 31
射出成形法（プラスチックの） 165
シャルピー衝撃試験 27

収縮応力　95
集成材　175
ジュラルミン　112
純チタン　122
純鉄　41
ショア硬さ試験　26
常温加工　10
衝撃試験　27
焼結　161
晶出　14
初晶　15
暑中コンクリート　152
ショットピーニング　56
ジョミニー曲線　67
ジョミニー試験　66
シリコナイジング　74
シリコンゴム　172
ジルコニアセラミックス　162
ジルコニウム　144
シルジン青銅　135
シルミン　115, 116
人工時効　110
心材　173
人造砥粒　158
浸炭　55
真鍮　127
浸透探傷試験　31
侵入型固溶体　12

〔ス〕

水じん　65
水素吸蔵合金　190
水素ぜい性　127
すず　140
すず入り黄銅　130
すず合金　140
すずめっき法　74
スチレン・ブタジエンゴム　172
ステダイト　92
ステンレス鋼　72, 75
ストロンチウム　147
すべり　8
すべり方向　8
すべり面　8
スラグ　125

スラブ　36

〔セ〕

製鋼　35
制振合金　191
製鉄　35
青銅　130
青熱ぜい性　47
成分　2
ゼーゲルコーン　154
石英ガラス　157
析出　17
析出硬化系ステンレス鋼　78
赤熱ぜい性　39, 47
接種　97
セミキルド鋼　37
セメンタイト　44, 87
セメント　149
セラミックス　161
繊維強化金属　180
繊維強化プラスチック　179
全炭素量　87
銑鉄　34
潜熱　12

〔ソ〕

双晶　8
ソーダ石灰ガラス　157
塑性加工　8, 18
塑性変形　8, 21
粗銅　125
ソルバイト　49

〔タ〕

耐火材料　153
耐火度　154
耐火物　154
耐食鋼　75
体心立方格子　6
第二次硬化　71
耐熱鋼　72, 78
耐熱鋼鋳鋼　80
ダイヤモンド　158
ダクタイル鋳鉄　100

タフピッチ銅　126
炭化けい素　159
炭化けい素セラミックス　162
炭化ほう素　159
タングステン　146
弾性限度　21
弾性変形　8, 21
炭素鋼　41
炭素鋼鋳鋼　104
タンタル　145
丹銅　128
断熱材　155

〔チ〕

置換型固溶体　12
チタン　120
チタン合金　122
窒化　56
窒化けい素セラミックス　162
窒化鋼　68
チップブレーカー　82
鋳鋼　85, 103
鋳造　18
鋳造性　85
鋳造用アルミニウム合金　113
鋳造用マグネシウム合金　118
鋳鉄　40, 85
鋳鉄の成長　94
稠密六方格子　6
超アンバ　137
超音波探傷試験　31
調質　52, 59
超ジュラルミン　112
超塑性　193
超塑性合金　193
超耐熱鋼　79
超耐熱合金　80
超弾性効果　186
超弾性合金　186
超々ジュラルミン　113
超伝導材料　196
超伝導状態　194
超パーマロイ　137
チル　101
チルテスト　87
チルド鋳鉄　101

索引

〔ツ〕

疲れ限度　28
疲れ試験　28
疲れ破壊　28

〔テ〕

低温用鋼　68
低クロム鋳鉄　103
低周波誘導電気炉（鋳鉄の）　86
てこの関係　14
鉄基超耐熱合金　80
δ鉄　42
電解法（チタンの）　121
電解法（マグネシウムの）　117
電気的防食法　74
電気銅　125
電気めっき法　73
電気炉　36
電磁鋼板　84
展伸材用アルミニウム合金　110
展伸材用マグネシウム合金　120
天然ゴム　169, 170
天然砥粒　158
転炉　35

〔ト〕

銅　124
等温変態　52
銅合金　127
同素体　42
同素変態　42
特殊黄銅　129
特殊青銅　132
特殊鋼　61
特殊ゴム　172
特殊用途鋼　81
トランスファ成形法（プラスチックの）　168
砥粒　158, 159
トルースタイト　49
ドロマイト　117

〔ナ〕

ナノコンポジット　183
鉛　139
鉛入り黄銅　130
鉛快削鋼　82
鉛ガラス　157
鉛合金　139
鉛青銅　134
軟ろう　141

〔ニ〕

ニオブ　145
ニクロシラル　103
ニクロム　137
二元合金　2
ニッケル　135
ニッケル黄銅　130
ニッケル基超耐熱合金　80
ニッケルクロム鋼　64
ニッケルクロムモリブデン鋼　65
ニッケル合金　136
ニッケル青銅　134
ニッケルフリー・フェライト系ステンレス鋼　78
ニハード　103
ニレジスト　103

〔ヌ〕

ヌープ硬さ試験　26

〔ネ〕

ネーバル黄銅　130
ねじり試験　29
ねずみ鋳鉄　88, 90, 96
熱可塑性プラスチック　165
熱間加工　10
熱還元法（マグネシウムの）　117
熱硬化性プラスチック　167
熱処理　47
熱分析　11

〔ノ〕

ノジュラ鋳鉄　100

〔ハ〕

パーカライジング　74
パーティクルボード　176
パーマロイ　137, 198
パーライト　44, 89
パーライト可鍛鋳鉄　99
パーライト・フェライト鋳鉄　90
灰色すず　140
バイオプラスチック　169
ハイス　70
ハイテン鋼　68
バイメタル　182
白色合金　140
白色すず　140
白心可鍛鋳鉄　98
白鋳鉄　88, 90
白熱ぜい性　47
ハステロイ合金　137
はだ焼き　55
白金　144
ハッドフィールド鋼　65
発泡金属　199
パテンティング　53
ばね鋼　82
バビットメタル　140
バブロイ　199
はんだ　141
ハンター法（チタンの）　121
汎用ゴム　170

〔ヒ〕

非金属材料　149
非晶体　5
ビッカース硬さ試験　25
引張試験　20
引張強さ　20, 21
非鉄金属材料　107
ヒドロナリウム　116
非破壊試験　31
火花試験　28

索引

ヒビット法（ニッケルの） 135
標準組織 46
表面硬化 54
比例限度 21
ビレット 36

〔フ〕

ファインセラミックス 161
フェノール樹脂 168
フェライト 44
フェライト系ステンレス鋼 75
フェライト系耐熱鋼 80
フェライトセラミックス 163
複合材料 177
複平衡状態図 88
腐食 72
フッ素ゴム 172
不動態 73
浮遊選鉱法（銅の） 124
プラスチック 163
プラチナイト 137
ブリキ板 140
ブリネル硬さ試験 24
ブルーム 36
ブルスアイ組織 100
プレストレストコンクリート 153

〔ヘ〕

平衡状態図 13
ベイナイト 52
β 型チタン合金 123
ベリリウム 145
ベリリウム銅 135
辺材 173
偏析 39
変態 17, 42
変態点 17

〔ホ〕

砲金 130
ほうけい酸ガラス 157
棒鋼 39
放射線透過試験 31

ボーキサイト 102
ホール-エルー法 108
炎焼入れ 55
ポリアセタール 167
ポリアミド 167
ポリエチレン 166
ポリ塩化ビニル 166
ポリカーボネート 167
ポリプロピレン 166
ポリマーコンクリート 153
ポルトランドセメント 150
ボロン鋼 66
ホワイトメタル 140

〔マ〕

マイスナー効果 195
マウラーの組織図 90
マグネサイト 117
マグネシウム 117
マグネシウム合金 118
マクロ組織試験 30
曲げ試験 22
柾目 173
まだら鋳鉄 88, 90
マット 125
マトリックス（母材） 177
マルエージ鋼 66
マルテンサイト 48
マルテンサイト系ステンレス鋼 75
マルテンサイト系耐熱鋼 79
マルテンパ 53
マンガニン 134
マンガンクロム鋼 66
マンガン鋼 65
マンガン青銅 130

〔ミ〕

ミーハナイト鋳鉄 97
ミーハナイト法 97
ミクロ組織試験 30
水セメント比 151
ミラー指数 6

〔ム〕

無酸素銅 127

〔メ〕

メタリコン 74
メラミン樹脂 168
面心立方格子 6

〔モ〕

木材 172
モネルメタル 136
モリブデン 146
モルタル 151
モンド法（ニッケルの） 135

〔ヤ〕

焼入れ 51
焼入性 66
焼入性バンド 67
焼なまし 50
焼ならし 51
焼戻し 51

〔ユ〕

融解 11
融解塩電解 107
融点 11
ユリア樹脂 168

〔ヨ〕

洋銀 130, 134
養生 152
洋白 130, 134
溶融アルミナ 158
溶融めっき法 73

〔ラ〕

ラウタル 115

〔リ〕

リムド鋼　37
粒間腐食　76
粒間割れ　77
粒度　160
りん青銅　132
りん脱酸銅　127

〔レ〕

レアメタル　144
冷間加工　9, 10
冷却曲線　11
レジンコンクリート　153
レデブライト　89
連続鋳造法　38

〔ロ〕

ろう付け　141
ローエックス　116
ロール急冷法（アモルファス
　合金の）　188
緑青　126
ロックウェル硬さ試験　23

〔ワ〕

Y合金　116

- 本書の内容に関する質問は，オーム社ホームページの「サポート」から，「お問合せ」の「書籍に関するお問合せ」をご参照いただくか，または書状にてオーム社編集局宛にお願いします．お受けできる質問は本書で紹介した内容に限らせていただきます．なお，電話での質問にはお答えできませんので，あらかじめご了承ください．
- 万一，落丁・乱丁の場合は，送料当社負担でお取替えいたします．当社販売課宛にお送りください．
- 本書の一部の複写複製を希望される場合は，本書扉裏を参照してください．

JCOPY ＜出版者著作権管理機構 委託出版物＞

- 本書籍は，理工学社から発行されていた『機械工学入門シリーズ 機械材料入門（第2版）』を改訂し，第3版としてオーム社から版数を継承して発行するものです．

機械工学入門シリーズ
機械材料入門（第3版）

2005年11月10日　第1版第1刷発行
2010年 5月 1日　第2版第1刷発行
2018年10月25日　第3版第1刷発行
2025年 1月20日　第3版第6刷発行

著　者　佐々木雅人
発行者　村上和夫
発行所　株式会社 オーム社
　　　　郵便番号　101-8460
　　　　東京都千代田区神田錦町 3-1
　　　　電話　03(3233)0641(代表)
　　　　URL　https://www.ohmsha.co.jp/

© 佐々木雅人 2018

印刷・製本　平河工業社
ISBN978-4-274-22282-5　Printed in Japan

● オーム社の好評図書

JISにもとづく 機械設計製図便覧 第13版

すべてのエンジニア必携。あらゆる機械の設計・製図・製作に対応。

工学博士 津村利光 閲序／大西 清 著　　B6判 上製 720頁 本体4000円【税別】

主要目次 1 諸単位　2 数学　3 力学　4 材料力学　5 機械材料　6 機械設計製図者に必要な工作知識　7 幾何画法　8 締結用機械要素の設計　9 軸，軸継手およびクラッチの設計　10 軸受の設計　11 伝動用機械要素の設計　12 緩衝および制動用機械要素の設計　13 リベット継手，溶接継手の設計　14 配管および密封装置の設計　15 ジグおよび取付具の設計　16 寸法公差およびはめあい　17 機械製図　18 CAD製図　19 標準数　付録

JISにもとづく 標準製図法 第15全訂版

JIS B 0001：2019対応。日本のモノづくりを支える、製図指導書のロングセラー。

工学博士 津村利光 閲序／大西 清 著　　A5判 上製 256頁 本体2000円【税別】

自動車工学概論 [第2版]
竹花有也 著　　A5判 並製 232頁 本体2400円【税別】

AutoCAD LT2019 機械製図
間瀬喜夫・土肥美波子 共著　　B5判 並製 296頁 本体2800円【税別】

機械力学の基礎
堀野正俊 著　　A5判 並製 192頁 本体2200円【税別】

詳解 工業力学 [第2版]
入江敏博 著　　A5判 並製 224頁 本体2200円【税別】

マンガでわかる 溶接作業
[漫画]野村宗弘＋[解説]野原英孝　　A5判 並製 168頁 本体1600円【税別】

機械工学入門シリーズ

書名	版	著者	仕様
生産管理入門	第5版 最新刊	坂本 著・細野 改訂	A5判 並製 240頁 本体2400円【税別】
機械材料入門	第3版	佐々木雅人 著	A5判 並製 232頁 本体2100円【税別】
機械力学入門	第3版	堀野正俊 著	A5判 並製 152頁 本体1800円【税別】
材料力学入門	第2版	堀野正俊 著	A5判 並製 176頁 本体2000円【税別】
機械設計入門	第4版	大西 清 著	A5判 並製 256頁 本体2300円【税別】

◎本体価格の変更、品切れが生じる場合もございますので、ご了承ください。
◎書店に商品がない場合または直接ご注文の場合は下記宛にご連絡ください。
TEL.03-3233-0643 FAX.03-3233-3440　https://www.ohmsha.co.jp/